工业和信息化人才培养规划教材

Technical And Vocational Education

高职高专计算机系列

SQL Server 2008 数据库应用教程

SQL Server 2008 Database and Application

齐志 赵晓丹 ◎ 主编

李季 张永华 郭伟业 ◎ 副主编

人民邮电出版社

北京

图书在版编目（C I P）数据

SQL Server 2008数据库应用教程 / 齐志，赵晓丹主编. -- 北京 : 人民邮电出版社，2012.11（2020.7重印）
工业和信息化人才培养规划教材. 高职高专计算机系列
ISBN 978-7-115-28644-4

Ⅰ. ①S… Ⅱ. ①齐… ②赵… Ⅲ. ①关系数据库－数据库管理系统－高等职业教育－教材 Ⅳ. ①TP311.138

中国版本图书馆CIP数据核字(2012)第205420号

内 容 提 要

本书从应用 SQL Server 2008 设计一个完整的数据库系统的角度出发，以创建一个“商品销售管理系统”的数据库为例，循序渐进地对 SQL Server 数据库进行介绍。全书共 10 章，内容包括数据库与 SQL Server 2008 概述，数据库管理，表的设计，数据查询，Transact-SQL 编程及应用，视图，存储过程、触发器、游标及事务，SQL Server 2008 的安全管理，数据库的备份还原及数据的导入与导出，商业智能开发工具等。本书不仅注重数据库基本知识的掌握，还提供了一个学习用案例“学生成绩管理系统”，使学生能利用所学知识并参照书中案例进行实际的数据库设计。

本书可作为高职高专院校数据库课程的教学用书，也可供各类培训班、计算机从业人员和爱好者学习参考。

工业和信息化人才培养规划教材——高职高专计算机系列

SQL Server 2008 数据库应用教程

◆ 主　　编　齐　志　赵晓丹
　副 主 编　李　季　张永华　郭伟业
　责任编辑　桑　珊
◆ 人民邮电出版社出版发行　　北京市丰台区成寿寺路 11 号
　邮编　100164　　电子邮件　315@ptpress.com.cn
　网址　http://www.ptpress.com.cn
　涿州市京南印刷厂印刷
◆ 开本：787×1092　1/16
　印张：14.75　　　　2012 年 11 月第 1 版
　字数：375 千字　　　2020 年 7 月河北第 5 次印刷

ISBN 978-7-115-28644-4

定价：31.00 元

读者服务热线：(010) 81055256　印装质量热线：(010) 81055316
反盗版热线：(010) 81055315

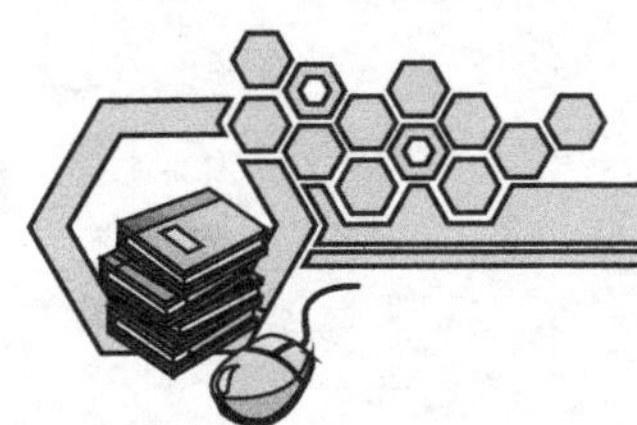

前　言

Microsoft SQL Server 2008 是一个成熟而强大的关系型数据库管理系统，SQL Server 2008 是 SQL Server 2005 的升级版本，增强了许多功能，提升了可靠性、安全性、可用性、可编程性和易用性。SQL Server 2008 可以为各类用户提供完整的数据库解决方案，可以帮助用户建立自己的电子商务体系，使用户对外界变化的反应更敏捷，提高用户的市场竞争力。

本书是作者在总结多年的数据库应用开发经验和一线教学经验的基础上，将授课内容、课内实训及拓展实训紧密结合，使学生围绕一个主线，由浅入深地学习,充分体现了“实训教学、理论与实践相结合”的教学理念。另外，本书的内容丰富、结构合理、讲解细致、代码规范,将知识讲解和技能训练有机结合，从锻炼学生的思维能力以及运用概念解决问题的能力出发，使学生既有扎实的理论功底，又具备运用理论解决实际问题的能力。

全书共分为 10 章。第 1 章介绍了数据库技术基础，包括数据库技术概述、SQL Server 2008 基础、安装 SQL Server 2008。第 2 章介绍了创建与维护数据库。第 3 章介绍了数据类型、创建与维护表、数据完整性的分类及概述。第 4 章介绍了使用 SELECT 查询数据的方法，包括单表查询、连接查询和子查询。第 5 章介绍了 Transact-SQL 语言编程基础，包括 Transact-SQL 语言基础、流程控制语句、常用函数。第 6 章介绍了创建和管理视图。第 7 章介绍了存储过程、触发器、游标及事务。第 8 章介绍了 SQL Server 2008 的安全性机制，包括登录、角色、用户和权限的管理。第 9 章介绍了数据库的备份恢复及数据的导入与导出。第 10 章介绍了商业智能开发工具。

本书由长春职业技术学院齐志、吉林省经济管理干部学院赵晓丹任主编，长春职业技术学院李季、张永华、郭伟业任副主编，具体分工如下：齐志主要负责第 1 章、第 2 章及第 3 章的编写工作；赵晓丹主要负责第 4 章、第 5 章、第 6 章及第 7 章的编写工作；李季主要负责第 8 章的编写工作；张永华主要负责第 9 章的编写工作；郭伟业主要负责第 10 章的编写工作。另外，杨家敏、张静、田晶、吴艳平、张雨、刘心美、沙继东、李东升、范晓辉、许春艳、孙佳帝、金鑫、王依楠也参与了本书的编写工作。李明革教授担任本书的主审工作，给予了很多指导性的建议，在此表示感谢。

由于编者水平有限，本书难免有错误之处，恳请广大读者批评指正。

编　者
2012 年 8 月

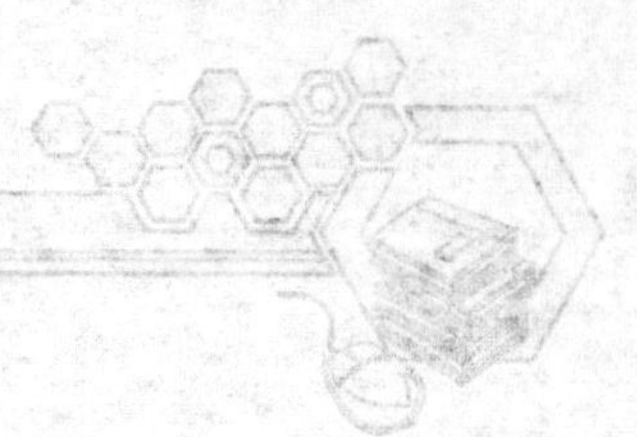

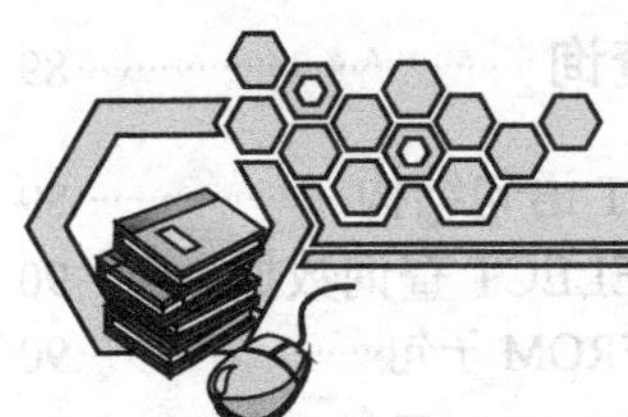

目 录

第1章

数据库与 SQL Server 2008 概述

【知识目标】

- 了解关系型数据库的基础知识
- 掌握 SQL Server 2008 的安装
- 了解 SQL Server 2008 工具及应用程序

【技能目标】

- 熟练安装 SQL Server 2008
- 能够使用 SQL Server 2008 工具及实用程序

1.1 数据库概述

1.1.1 数据库基本概念

数据是描述事物的符号记录。数据包括文字、图形、图像及声音等。

数据库（Database，DB）是一个长期存储在计算机内的、有组织的、可共享的、统一管理的数据集合。数据库中的数据是按照一定的数据模型组织、描述和存储的，有较小的冗余度、较高的数据独立性和易扩展性。

数据库管理系统（Database Management System，DBMS）是使用和管理数据库的系统软件，负责对数据库进行统一的管理和控制。所有对数据库的操作都交由数据库管理系统完成，这使得数据库的安全性和完整性得以保证。

数据库管理员（Database Administrator，DBA）是专门负责管理和维护数据库服务器的人。通常，数据库管理员的工作职责包括安装和升级数据库服务器及应用程序工具，编制数据库设计系统存储方案并制订未来的存储需求计划，根据应用来创建和修改数据

库，管理和监控数据库的用户，监控和优化数据库的性能，制订数据库备份计划，定期进行数据库备份，在灾难出现时对数据库信息进行恢复等。在实际工作中，可能有一个或多个数据库管理员，也可能一个数据库管理员同时负责系统中的其他工作。

数据库系统（Database Systems，DBS）是由数据库及其相关应用软件、支撑环境和使用人员所组成的系统，专门用于完成特定的业务信息处理。数据库系统通常由数据库、数据库管理系统、数据库管理员、用户和应用程序组成。

1.1.2 数据库发展历史

数据库的发展大致可划分为以下几个阶段：人工管理阶段、文件系统阶段、数据库系统阶段。

（1）人工管理阶段。20 世纪 50 年代中期之前，刚刚出现的计算机还主要用于科学计算。硬件存储设备只有磁带、卡片和纸带；软件方面还没有操作系统，没有专门管理数据的软件。因此，程序员在程序中不仅要规定数据的逻辑结构，还要设计其物理结构，包括存储结构、存取方法、输入/输出方式等。数据的组织单纯面向该应用，不同的计算程序之间不能共享数据，使得不同的应用之间存在大量的重复数据，数据与程序不独立。数据是通过批处理方式进行处理的，处理结果不保存，难以重复使用。

（2）文件系统阶段。20 世纪 50 年代中期到 60 年代中期，随着计算机大容量存储设备（如硬盘）和操作系统的出现，数据管理进入文件系统阶段。在文件系统阶段，数据以文件为单位存储在外存，且由操作系统统一管理。用户通过操作系统的界面管理数据文件。文件的逻辑结构与物理结构相对独立，程序和数据分离。用户的程序与数据可分别存放在外存储器上，各个应用程序可以共享一组数据，通过文件来进行数据共享。但是，数据在文件中的组织方式仍然是由程序决定的，因此必然存在相当大的数据冗余。数据的逻辑结构和应用程序相关联，一方修改，必然导致另一方也要随之修改。简单的数据文件不能体现现实世界中数据之间的联系，只能交由应用程序来进行处理，缺乏独立性。

（3）数据库系统阶段。20 世纪 60 年代后，随着计算机在数据管理领域的普遍应用，数据管理开始运用数据库技术，进入了数据库系统阶段。数据库技术以数据为中心组织数据，采用一定的数据模型，数据模型不仅体现数据本身的特征，而且体现数据之间的联系。形成的数据库数据冗余小，易修改，易扩充，便于共享，程序和数据有较高的独立性。不同的应用程序对数据库的操作均由数据库管理系统统一执行，这就保证了数据的安全性、完整性，可有效地完成并发管理。

1.1.3 数据库系统结构

数据库系统在其内部具有三级模式，分别是模式、外模式和内模式，如图 1-1 所示。

模式：模式也称逻辑模式或概念模式，表示数据库中全体数据的逻辑结构、数据之间的联系、安全性和完整性要求，是完整的数据视图。模式所描述的逻辑结构包含了整个数据库。

外模式：外模式也称子模式或者用户模式，表示数据库用户能够使用的部分数据的逻辑结构和特征，是用户的数据视图。外模式面向用户，用于描述用户所关心的数据。

内模式：内模式也称存储模式，表示数据库中数据物理结构和存储结构。内模式描述了数据库在物理存储设备上的存储方式。

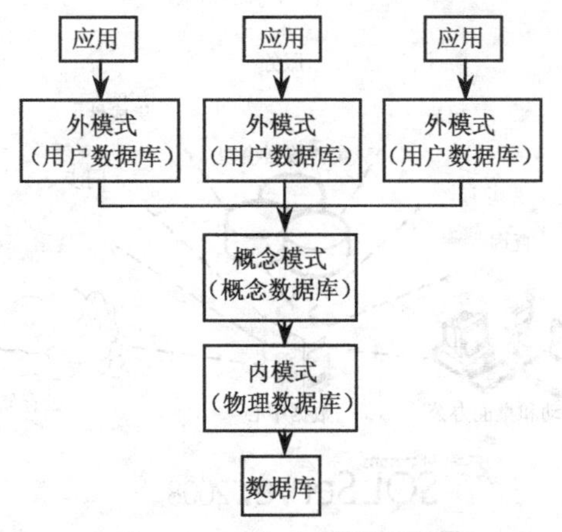

图 1-1　三级模式、二级映射关系

外模式可以有多个，而模式只有一个。每个外模式和模式之间存在外模式与模式映像，是外模式和模式之间的对应关系。当模式改变时，外模式与模式的映像随之改变，使得外模式保持不变，使用外模式的应用程序也保持不变，保证了数据的逻辑独立性。逻辑独立性将数据库的结构与应用程序相分离，减少了修改应用程序的工作量。

内模式和模式一样，只有一个。模式和内模式之间存在模式与内模式映像，是模式和内模式之间的对应关系。当内模式改变时，模式与内模式的映像随之改变，使得模式保持不变，保证了数据的物理独立性。

1.2　SQL Server 2008 概述

1.2.1　SQL Server 2008 简介

Microsoft SQL Server 2008 系统是由微软公司研制和发布的分布式关系型数据库管理系统，可以支持企业、部门以及个人等各种用户完成信息系统、电子商务、决策支持、商业智能等工作。SQL Server 2008 是 Microsoft 新一代的数据库管理产品，与 SQL Server 2005 相比，在性能、稳定性、易用性方面都有相当大的改进。SQL Server 2008 已经成为微软旗下目前最强大、全面的 SQL Server 版本。

Microsoft 数据平台提供一个解决方案来存储和管理许多数据类型，包括 XML、E-mail、时间/日历、文件、文档、地理信息等。同时提供一个丰富的服务集合来与数据交互作用，实现搜索、查询、数据分析、报表、数据整合和同步功能。SQL Server 2008 给出了如图 1-2 所示的平台。

SQL Server 2008 出现在 Microsoft 数据平台上，使得公司可以运行它们最关键的应用程序，同时降低了用户管理数据基础设施和发送观察信息的成本。这个平台有以下特点。

1．可信任性

SQL Server 2008 提供了一个安全可靠且具备高可扩展性的数据平台，用来运行企业内部的关

键任务。

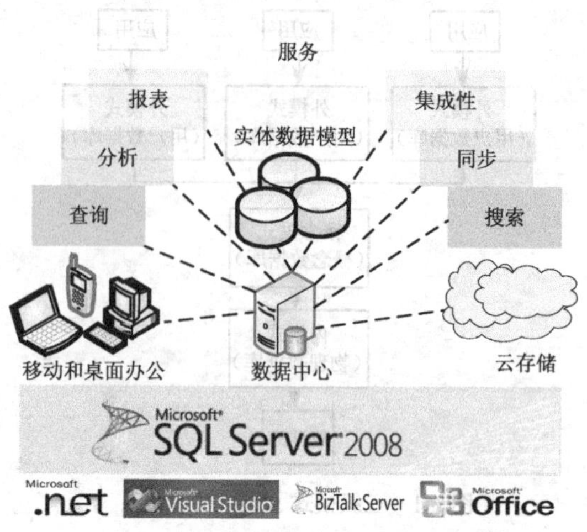

图 1-2 SQL Server 2008 数据平台

2. 高效性

基于 SQL Server 2008 可以快速和高效地开发、部署、运行、维护和管理企业当前的数据基础设施，从而大大缩短了实施应用系统的时间和部署成本。

3. 智能性

SQL Server 2008 在整个企业范围内实现了全面的商务智能，可进行任意大小、任意复杂度的报表和数据分析，实现强大的界面交互并与 Microsoft Office System 高度集成。

SQL Server 2008 具有以下新功能：

- 使用 Resource Governor 管理并发工作负载。
- 通过 Policy-Based Management 在企业范围内加强策略的兼容性。
- 通过数据压缩以及稀疏列来降低存储需求，并提升查询性能。
- 通过 Transparent Data Encryption 和高级审核实现对敏感数据的保护。
- 通过 Performance System Analysis，在企业范围内对 SQL Server 2008 的实例进行排错、调优以及监控。
- 在 SQL Server Analysis Services 中构建高性能分析解决方案，实现可伸缩性、高性能、数据挖掘以及增强的用户界面。
- 在 SQL Server Reporting Services 中利用其提升的性能、高可用性、虚拟化技术与 Microsoft Office 2007 高度集成。
- 通过对空间数据的支持，实现对地理信息软件的集成。

1.2.2 SQL Server 2008 的新特性

在 SQL Server 2008 中，不仅对原有性能进行了改进，还添加了许多新特性，比如新添了数据集成功能，改进了分析服务、报表服务以及 Office 集成等。

1. SQL Server 集成服务

SQL Server 2005 已经提供了微软下一代数据集成平台的第一个版本——SQL Server 集成服务（SQL Server Integration Services，SSIS）。然而它的前身——数据转换服务（Data Transformation Services，DTS）已被许多机构广泛使用来迁移数据，通过允许机构搭建强大和灵活的数据集成平台，提供比 DTS 简单数据移动功能更好的应用程序，SSIS 达到了一个前所未有的高度。

SSIS 汇集了在 ETL（提取、转换、装载）应用中所有的所有企业级功能，同时也允许机构搭建能够管理数据库、系统资源以及对数据库和系统事件做出响应、甚至与用户交互的应用程序。

SSIS 可配置各种各样的任务：通过使用文件传输协议从 ftp 站点上传和下载文件来调用包，操纵目录文件，导入文件到数据库，或者导出数据到文件；SSIS 还能够执行应用程序，与 Web Service 交互，发送或者接收来自微软消息队列（MSMQ）的消息，以及根据 Windows 管理指导事件（WMI）做出响应；多个容器支持 SSIS 在一个循环内执行带有各种输入的完整任务（工作流），这些输入数据来自简单的计数器以及目录中的文件，或者基于一个查询结果；SSIS 还包含一些在环境内用于复制 SQL Server 的特殊对象，完成管理数据库备份、重建索引和其他维护操作的特定任务。如果 SSIS 设计好的任务无法满足自己的具体需求，可以用 Visual Studio Tools for Applications（VSTA）工具来编写自己的进程，甚至可以设计能在 SSIS 中注册和使用的自定义任务。

如同 SQL Server 2005 的 SSIS 一样强大和广泛，SQL Server 2008 扩充了这个世界级数据集成平台的所有功能。表 1-1 列举了 SQL Server 2008 的一些新特性。

表 1–1　集成服务的新特性

特 性 描 述
VTSA 支持脚本，因此可以使用 Visual Basic .NET 或者 C# .NET 来搭建脚本
存储引擎的变化数据采集机制被直接集成到 SSIS，允许包只提取和操纵有变化的数据
新的日期和时间数据类型允许使用用户自定义的精度或者时区偏移
ADO.NET 源组件和目标组件允许从任意 ADO.NET 兼容的提供者发送和接收数据
利用数据缓存来查找转换，提高查询操作的性能
可以在包中获得调试转储文件

2. 分析服务

SQL Server 分析服务（SSAS）的开发弥补了在商业用户数据需求和 IT 提供数据能力之间的差距。SSAS 包括两个组件：OLAP（联机分析处理）和 Data Mining（数据挖掘）。

OLAP 引擎支持部署、查询和管理 BIDS 中设计的多维数据集。多维数据可以包含多个维度（每个维度有多个层次），选择不同的选项（例如什么属性可以显示，成员如何排序）。可以设计一些度量，比如简单附加的元素和使用复杂的用户自定义的聚合方案。通过增加 KPI，可以为终端用户提供有关商业实体状态的图形曲线。多维数据集包含有定义了多维数据集子集的透视来简化显示。内置的元数据层可以在多维数据集的任意层次指定语言转义，以便用户能够浏览本地语言数据。

数据挖掘引擎扩展了商业分析使用户能够发现模式和做出预测。利用 SQL Server 2008 自带的几个挖掘算法的任一个，企业可以跟踪随时间变化的数据趋势，决定哪些因素影响购买决策，或

者基于购买模式重新设计一种购物体验以扩大销售。

SQL Server 2008 为 SSAS 引擎提供了重大改进和新功能。表 1-2 列举了 SQL Server 2008 分析服务的新特性。

表 1–2 分析服务新特性

特 性 描 述
个性化扩展允许您在部署之后为多维数据集增加指标，该多维数据集可以与多维数据集的其他用户间共享
聚合设计器有助于设计和浏览新的聚合
微软时间序列算法可以被配置为使用默认 ARTxp 或新 ARIMA 算法
可以查询挖掘模型中缓存的数据，就像查询在前几个版本中的事实数据一样
为了确认模型的准确性，可以交叉验证多个挖掘模型
可以把数据拆分成永久性的测试和训练数据集

3. 报表服务

SQL Server 报表服务（简称 SSRS）通过在整个企业提供一个灵活的设计报表和分发数据的平台弥补了数据递送的差异。IT 部门能够迅速地编制可以发布到一个或者更多门户且能够根据灵活的安全策略访问的复杂报表。IT 部门也可以设计和发布报表模型，允许终端用户无需理解数据库底层的复杂性就可以编制出自己的报表。由 IT 和终端用户编制的报表可以被发布到一个集中的报表门户，该门户允许企业成员访问工作中所需的信息。

用户也可以配置报表订阅服务，它允许 SSRS 设置一个计划任务来执行报表（格式化为特定规格），然后通过首选的发送渠道传递给用户。例如，一位销售经理创建了一份销售日报订阅，因此在凌晨所有的销售活动停止后将生成报表，以 PDF 格式展现，并在早上投入其电子邮箱供审阅。

SQL Server 2008 比 SQL Server 2005 的报表平台更强大，能够使用报表服务器以外的组件开发更广泛的报表应用。表 1-3 列举了 SQL Server 2008 SSRS 的新特性。

表 1–3 报表服务的新特性

特 性 描 述
管理员可以在报表服务器上设置内存阈值
报表服务器不再要求安装 IIS，能够借助本地环境和利用 HTTP.SYS 库，通过 URL 访问报表和报表服务器管理功能
在配置文件中清除 IIS 后，报表服务器可处理所有的认证请求
子报表和内嵌数据区域可呈现为 Excel 格式
可以使用 Windows Form Web Form，CSV，PDF，Images，Excel，Word 和 XML 格式呈现报表
支持 dundas 自定义报表项目
变量可声明为全局的或限定于特定组的变量
用包含三个全部功能的单个 Tablix 区域代表、矩阵和列表数据区
增强的图表功能提供了更多的图表类型，并实现对图表元素的更强控制
可以使用商业智能开发包（BIDS）或新的独立的报表设计器设计报表
提供了一种新的计量器数据区，功能类似于 SQL Server 分析服务多维数据集的关键性能指标（KPI）
Sharepoint 集成功能随编程接口的增强得以扩展

4. Microsoft Office 2007

SQL Server 2008 能够与 Microsoft Office 2007 完美地结合。例如，SSRS 能够直接把报表导出成为 Word 文档。而且使用 Report Authoring 工具、Word 和 Excel 都可以作为 SSRS 报表的模板。Excel SSAS 新添了一个数据挖掘插件，提高了其性能。

1.2.3　SQL Server 2008 的体系结构

SQL Server 2008 的体系结构，是指对 SQL Server 2008 的组成部分和这些组成部分之间关系的描述。SQL Server 2008 系统由 4 个部分组成：数据库引擎、Analysis Services、Reporting Services 和 Integration Services，如图 1-3 所示。

图 1-3　连接到的服务器类型

在图 1-3 中，通过选择不同的服务器类型来完成不同的数据库操作。其中，SQL Server Compact Edition 不是 SQL Server 2008 系统的组成部分，它是一种功能强大的轻型关系数据库引擎，通过支持熟悉的结构化查询语言（SQL）语法，以及提供与 SQL Server 一致的开发模型和 API，使得开发桌面应用程序变得非常容易。

这 4 种服务器类型之间存在的关系如图 1-4 所示。

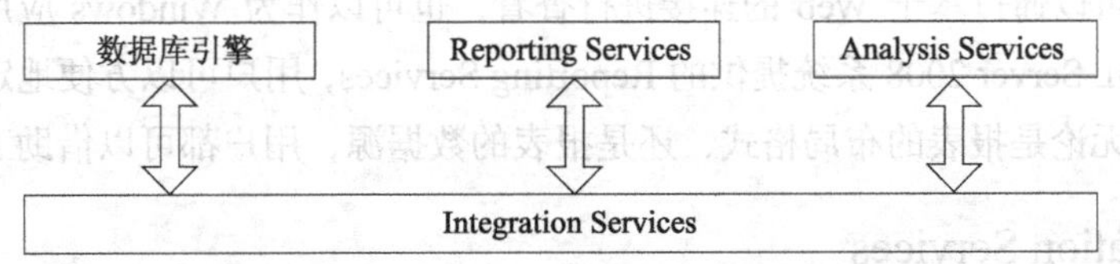

图 1-4　SQL Server 2008 系统的体系结构图

下面分别对这 4 种服务器类型进行介绍。

1. 数据库引擎

数据库引擎是 Microsoft SQL Server 2008 系统的核心服务，是存储和处理关系（表格）类型的数据或 XML 文档数据的服务，负责完成数据的存储、处理和安全管理。例如，创建数据库、创建表、创建视图、查询数据和访问数据库等操作，都是由数据库引擎完成的。

2. Analysis Services

Analysis Services 的主要作用是通过服务器和客户端技术的组合，以提供联机分析处理和数据挖掘功能。相对联机分析处理来说，联机事务处理是由数据库引擎负责完成的。

通过使用 Analysis Services，用户可以进行如下操作。

- 设计、创建和管理包含来自于其他数据源的多维结构，通过对多维数据进行多角度的分析，可以使管理人员对业务数据有更全面的理解。
- 完成数据挖掘模型的构造和应用，实现知识的发现、表示和管理。

Analysis Services 的服务器组件作为 Windows 服务来实现。SQL Server 2008 Analysis Services 支持同一台计算机中的多个实例，每个 Analysis Services 实例作为单独的 Windows 服务实例来实现。

客户端使用 XMLA（XML for Analysis）协议与 Analysis Services 进行通信，作为一项 Web 服务，XMLA 是基于 SOAP（Simple Object Access Protocol，简单对象访问协议）的，用于发出命令和接收响应。还可以通过 XMLA 提供客户端对象模型，可以使用托管提供程序（例如，ADOMD.NET）或本机 OLE DB 访问接口来访问该模型。

可以使用以下语言发出查询命令。

- SQL。
- 多维表达式（一种用于分析的行业标准的查询语言）。
- 数据挖掘扩展插件（一种面向数据挖掘的行业标准查询语言）。
- Analysis Services 脚本语言。

3. Reporting Services

在 Reporting Services 中包含如下内容。

- 用于创建和发布报表及报表模型的图形工具和向导。
- 用于管理 Reporting Services 的报表服务器管理工具。
- 用于对 Reporting Services 对象模型进行编程和扩展的应用程序编程接口（API）。

SQL Server 2008 Reporting Services 是一种基于服务器的解决方案，用于生成从多种关系数据源和多维数据源提取内容的企业报表，发布能以各种格式查看的报表，以及集中管理安全性和订阅。创建的报表可以通过基于 Web 的连接进行查看，也可以作为 Windows 应用程序的一部分进行查看。使用 SQL Server 2008 系统提供的 Reporting Services，用户可以方便地定义和发布满足自己需求的报表。无论是报表的布局格式，还是报表的数据源，用户都可以借助工具轻松地实现。

4. Integration Services

Integration Services 是一个数据集成平台，负责完成有关数据的提取、转换和加载等操作。对于 Analysis Services 来说，数据库引擎是一个重要的数据源，而 Integration Services 是将数据源中的数据经过适当的处理，并加载到 Analysis Services 中以便进行各种分析处理。

SQL Server 2008 系统提供的 Integration Services 包括如下内容。

- 生成并调试包的图形工具和向导。
- 执行如 FTP 操作、SQL 语句执行和电子邮件消息传递等工作流功能的任务。
- 用于提取和加载数据的数据源和目标。

- 用于清理、聚合、合并和复制数据的转换。
- 管理服务，即用于管理 Integration Services 包的 Integration Services 服务。
- 用于提供对 Integration Services 对象模型编程的应用程序接口（API）。

1.2.4　SQL Server 2008 的版本

SQL Server 2008 有多个不同的版本。每个版本适合满足企业内基于各种应用程序所需特性的一类需求。表 1-4 列举了 SQL Server 各个版本的一般特性及适用范围。

表 1–4　　SQL Server 2008 的版本

SQL Server 的各个版本	特　性
企业版、开发人员版和评估版	为满足大型企业的高难度需求而设计。SQL Server 开发人员版和评估版具有企业版包含的所有特性，但在部署方式上有限制。开发人员版只能用于开发 SQL Server 应用程序，不能用于生产环境。评估版具有 180 天的时间限制，可用来评估 SQL Server 的功能，但不能用于生产环境或用来开发应用程序
标准版	包含中小型企业需要的大多数特性
学习版	免费且可随应用分发用于提供本地数据存储，可作为一个基本的基于服务的数据平台
带有高级服务的学习版	包含学习版的所有功能，外加一个受限的报表服务功能和学习版的管理包
移动版	免费且可随应用分发的仅适合单个应用程序的内嵌数据库
工作组版	适合部门级和需要数据平台基本功能的小型企业使用

- 开发人员版和评估版包含企业版相同的特性支持，所以除非特别指明，在本书中引用企业版的任何讨论意味着同样适合开发人员版和评估版。由于每个版本针对于特定的应用和各种规模的企业，所以在 SQL Server 数据库版本之间的主要差别是支持的特性和功能集的不同。
- 企业版是唯一支持数据挖掘、分区、数据库快照、联机或并发维护操作、压缩、数据源管理、点对点复制、热插拔硬件支持、无限制的 CPU，以及最多 16 个节点的故障转移群集的版本。学习版也支持 SQL Server 集成服务，SQL Server 分析服务，支持超过一个以上的 CPU，大于 4 GB 的数据库，超过 1 GB 的内存等，在这仅列出几个举例说明。关于每个版本所支持的特性和功能的详细信息可以通过微软网站查询，网址为 http://www.microsoft.com/sql。

SQL Server 2008 支持几个版本的 Windows 操作系统，既支持 Intel 架构的处理器，也支持 AMD 架构的处理器。

SQL Server 开发人员版和评估版支持以下 Windows 版本。

- Windows Vista 家庭基础版及以上版本。
- Windows 2008 服务器标准版及以上版本。
- Windows Server 2003 标准版 SP2 及以上版本。
- Windows XP 专业版 SP2 及以上版本。

SQL Server 2008 企业版只支持以下两种版本的 Windows 操作系统。

- Windows 2008 服务器标准版及以上版本。
- Windows Server 2003 标准版 SP2 及以上版本。

1.3 SQL Server 2008 的安装与卸载

1.3.1 全新安装 SQL Server 2008

1. 安装前的准备

（1）关闭 Windows 防火墙。

（2）关闭单机版安全软件和杀毒软件，如“360”、“瑞星”、“诺顿”等。

（3）需要.Net Framework 3.5，若在 Vista 或更高版本的 Windows 操作系统上则需要.Net Framework 3.5 SP1（..\预装软件\Microsoft .NETFramework35_sp1.exe）的支持（SQL SERVER 2008 安装程序会自动检测并给出更新或安装的提示）。

（4）需要确保 Windows Installer 4.5（..\预装软件\WindowsXP-KB942288-v3-x86-Installer4.5.exe）已安装并成功启动。

（5）需要 MDAC2.8 SP1 的支持（Windows XP 以上操作系统中已集成）。

2. 执行 SQL Server 2008 安装程序（setup.exe）

（1）进入 SQL Server 安装中心，如图 1-5 所示，选择左侧的“安装”选项，在新的计算机上安装 SQL SERVER 2008 可以直接选择“全新 SQL Server 独立安装或向现有安装功能”，这将会启动 SQL Server 2008 安装程序，单击“下一步”（见图 1-6）。

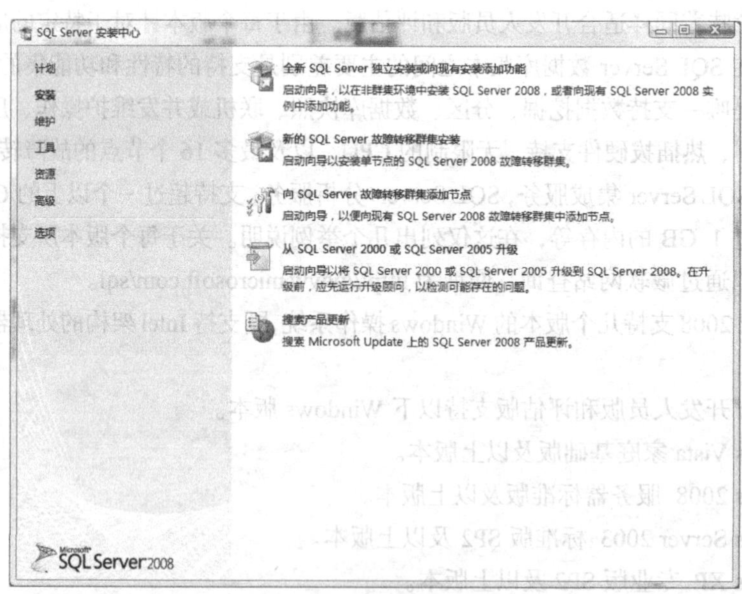

图 1-5 SQL 2008 安装中心

（2）在“SQL Server 2008 安装程序”界面中选择左侧的“功能选择”，勾选以下功能：“数据库引擎服务”、“Analysis Services”、“Reporting Services”、“Business Intelligence Development

Studio”、“Integration Service”、“管理工具 – 基本”、“管理工具 – 完整”，单击“下一步”（见图 1-7）。

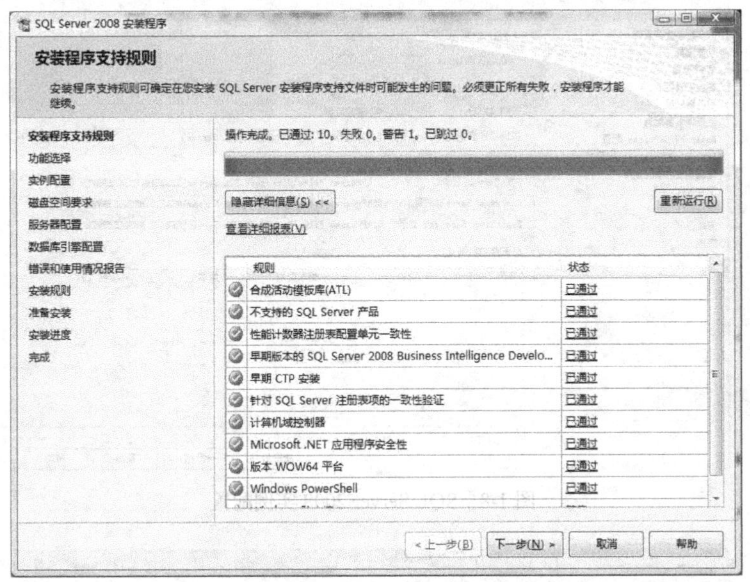

图 1-6　SQL Server 2008 安装程序

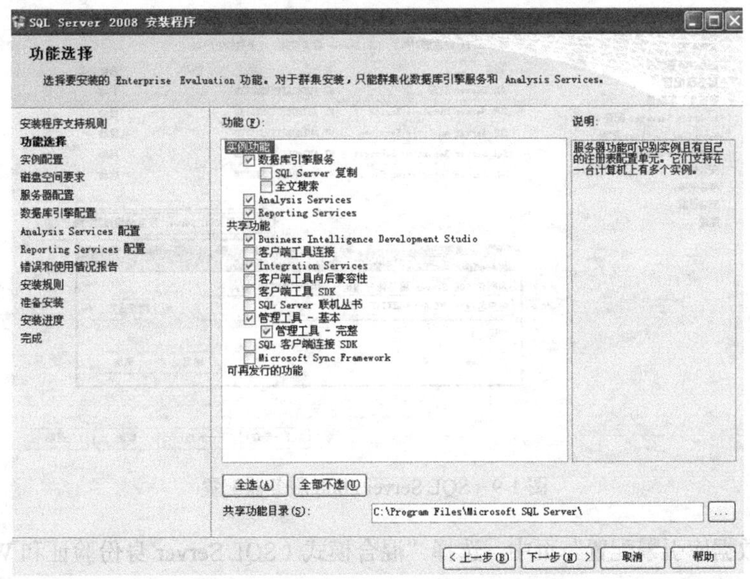

图 1-7　SQL Server 2008 功能选择

（3）在“实例配置”页面中，选择“默认实例”，确认 C：盘剩余空间大于 10GB，把“实例根目录(R):”改为剩余空间够大的盘符（见图 1-8）。单击“下一步”，在“磁盘空间要求”页单击“下一步”。

（4）在“服务器配置”页，单击“对所有 SQL Server 服务使用相同的账户”，在弹出对话框的“账户名(A):”下拉框中选择“NT AUTHORITY\SYSTEM”，单击“确定”，回到“服务器配置”页，单击“下一步”（见图 1-9）。

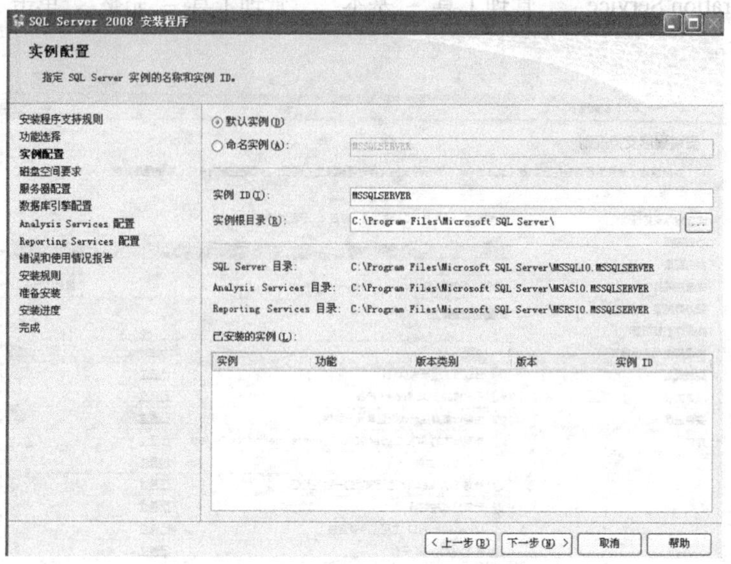

图 1-8 SQL Server 2008 实例配置

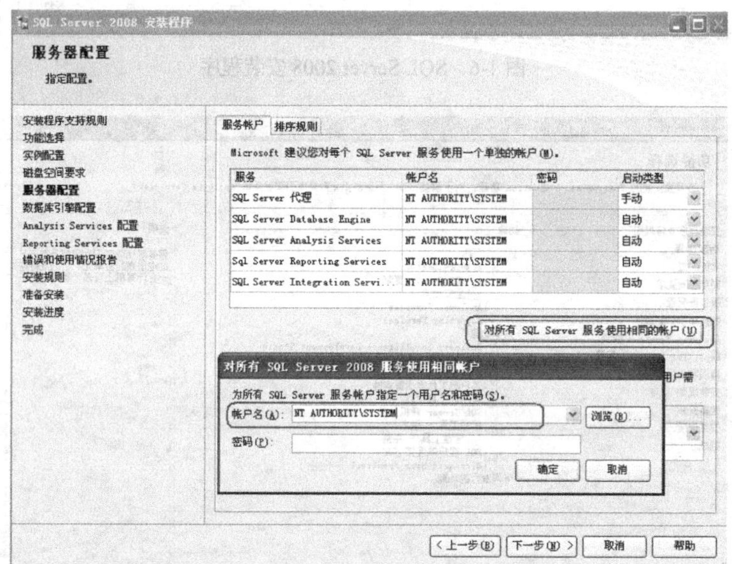

图 1-9 SQL Server 2008 服务器配置

（5）在“数据库引擎配置”页中，选择“混合模式（SQL Server 身份验证和 Windows 身份验证）(M)”，在“输入密码(E)”和“验证密码(O)”框中输入 SQL Server 管理员（sa）密码。单击“添加当前用户(C)”，稍等片刻，单击“下一步”，如图 1-10 所示。

（6）在“Analysis Services 配置”页中，单击“添加当前用户(C)”，稍等片刻。单击“下一步”（见图 1-11）。

（7）在“Reporting Services 配置”页中，直接单击“下一步”。

（8）在“错误和使用情况报告”页中，直接单击“下一步”。

（9）在“安装规则”页中，单击“显示详细信息(S)”（见图 1-12），确认所有规则已通过（见图 1-13），单击“下一步”。

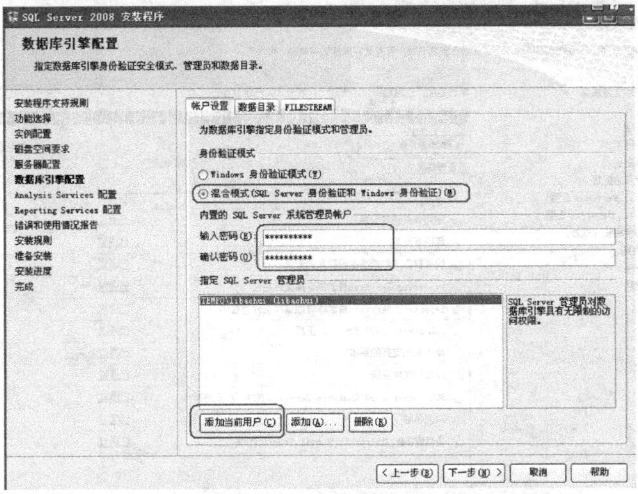

图 1-10　SQL Server 2008 数据库引擎配置

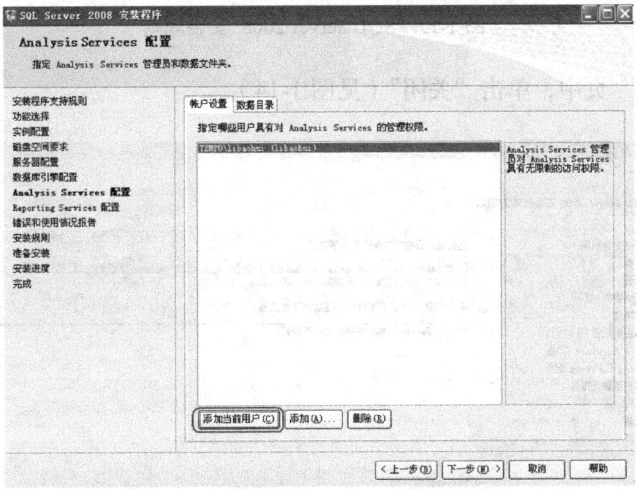

图 1-11　SQL Server 2008 Analysis Services 配置

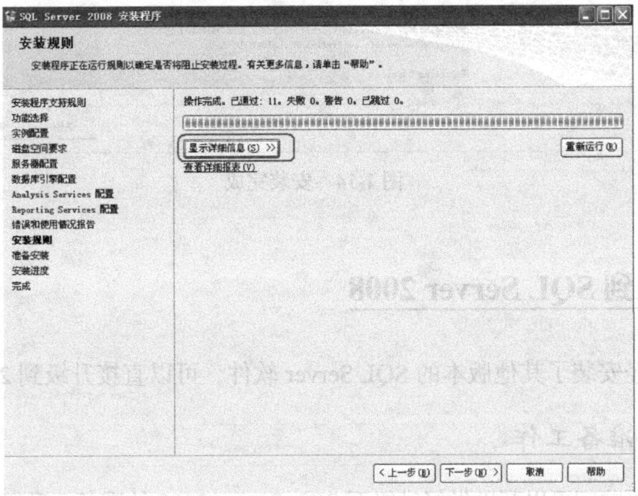

图 1-12　显示详细信息

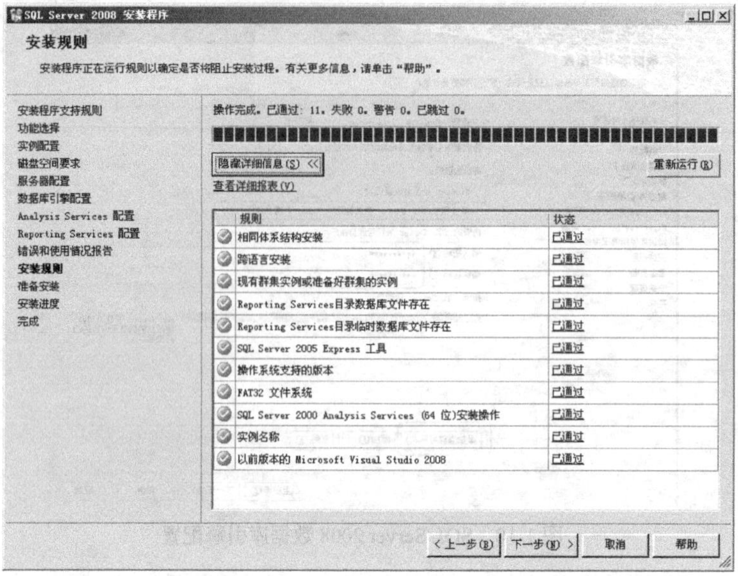

SQL Server 2008 安装程序

安装规则

安装程序正在运行规则以确定是否将阻止安装过程。有关更多信息，请单击“帮助”。

安装程序支持规则
功能选择
实例配置
磁盘空间要求
服务器配置
数据库引擎配置
Analysis Services 配置
Reporting Services 配置
错误和使用情况报告
安装规则
准备安装
安装进度
完成

操作完成。已通过：11。失败 0。警告 0。已跳过 0。

隐藏详细信息(S) <<
重新运行(R)
查看详细报表(V)

规则	状态
相同体系结构安装	已通过
跨语言安装	已通过
现有群集实例或准备好群集的实例	已通过
Reporting Services目录数据库文件存在	已通过
Reporting Services目录临时数据库文件存在	已通过
SQL Server 2005 Express 工具	已通过
操作系统支持的版本	已通过
FAT32 文件系统	已通过
SQL Server 2000 Analysis Services (64 位)安装操作	已通过
实例名称	已通过
以前版本的 Microsoft Visual Studio 2008	已通过

< 上一步(B)　下一步(N) >　取消　帮助

图 1-13　SQL Server 2008 安装规则

（10）在“完成”页中，单击“关闭”（见图 1-14）。

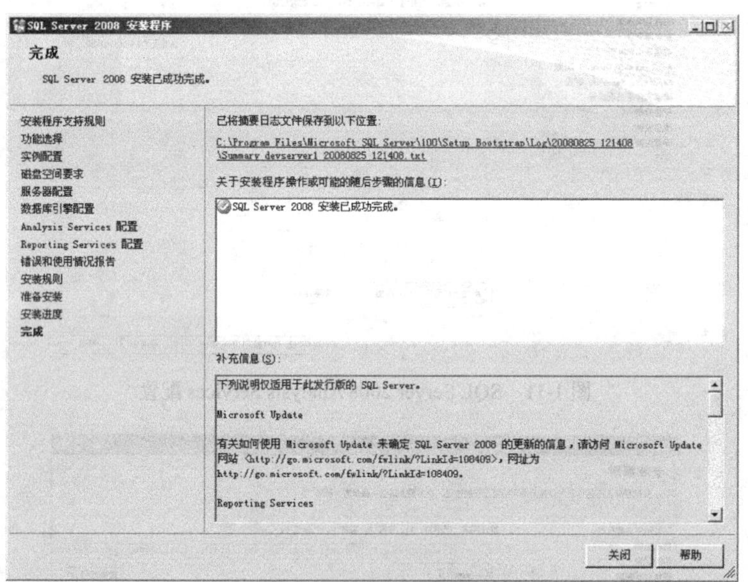

图 1-14　安装完成

1.3.2　升级到 SQL Server 2008

若计算机中已经安装了其他版本的 SQL Server 软件，可以直接升级到 2008 版本。

1. 升级前的准备工作

SQL Server 升级顾问可以帮助做好升级至 SQL Server 2008 的准备。升级顾问分析早期版本的

SQL Server 中已安装的组件，然后生成报告，指出在升级之前或之后应解决的问题。可以在执行 SQL Server 数据库升级计划之前，在一个安全的环境下对当前的 SQL Server 数据库进行调试和分析。

安装和运行升级顾问的前提条件如下。

- Windows XP SP2 或更高版本、Windows Vista、Windows Server 2003 SP1 或更高版本，或者 Windows Server 2008。
- Windows Installer 4.5 或更高版本。
- .NET Framework 2.0 或更高版本。
- SQL Server 2000 决策支持对象。
- SQL Server 2000 客户端组件。
- SQL Server 2005 向后兼容组件。

在运行升级顾问前，首先需要安装升级顾问软件，具体操作步骤如下。

（1）插入 SQL Server 2008 升级顾问安装光盘，然后双击根目录中的 setup.exe 文件，或者双击下载的可执行的安装程序。在打开的“SQL Server 安装中心”窗口中单击“安装升级顾问”超链接，打开“Microsoft SQL Server 2008 升级顾问安装程序”对话框，如图 1-15 所示。

（2）单击“下一步”按钮，在打开的对话框中选中“我同意许可协议中的条款”单选按钮。然后单击“下一步”按钮，在打开的对话框中输入注册信息后，单击“下一步”按钮，接着在打开的对话框中设置软件安装路径，如图 1-16 所示。

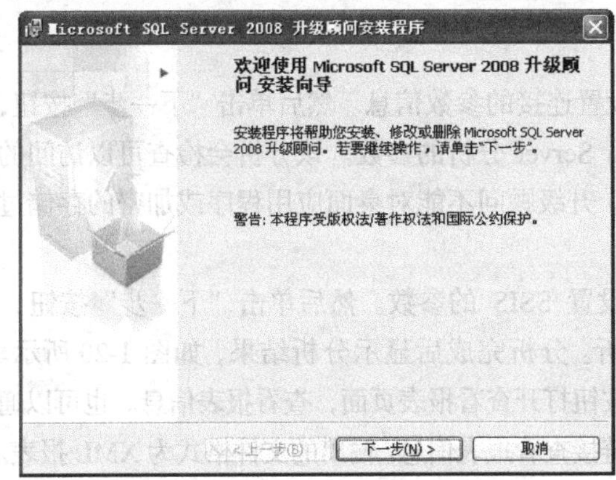

图 1-15　升级顾问安装向导

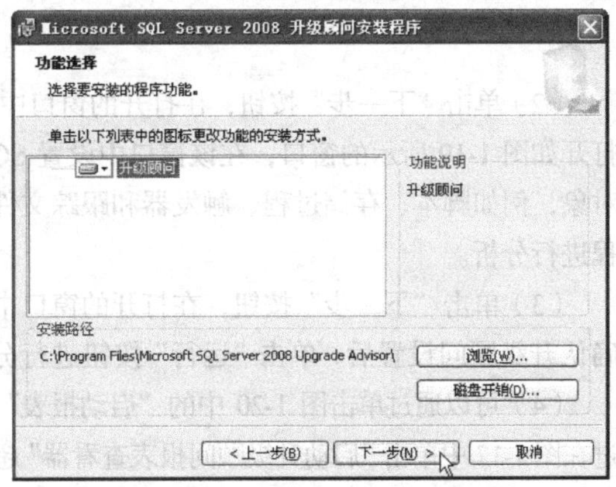

图 1-16　设置软件的安装路径

（3）安装路径设置完成后，单击“下一步”按钮，在打开的对话框中单击“安装”按钮，此时系统自动完成安装。

2. 使用 SQL Server 2008 升级顾问

升级顾问安装成功后，可以从“开始”菜单中，执行“开始”→“所有程序”→Microsoft SQL Server 2008→“SQL Server 2008 升级顾问”命令，将其打开，如图 1-17 所示。在打开的页面中，可以运行升级顾问分析向导、升级顾问报表查看器和升级顾问帮助工具。

第一次使用升级顾问时，应运行升级顾问分析向导来分析 SQL Server 组件。该向导完成分析后，使用升级顾问报表查看器查看生成的报表。每个报表中均有指向升级顾问帮助信息的链接，这些信息可帮助修复已知问题或减少已知问题的影响。

下面以 SQL Server 2005 升级到 SQL Server 2008 为例来介绍如何使用升级顾问。

（1）在“Microsoft SQL Server 2008 升级顾问”页面中，单击“启动升级顾问分析向导”超链接，在打开的窗口中单击“下一步”按钮，打开如图 1-18 所示的窗口，在该窗口中通过单击“检测”按钮来确定希望分析的 SQL Server 组件。升级顾问会对以下 SQL Server 组件进行分析：数据库引擎、Analysis Services、Reporting Services、Integration Services 和 Data Transformation Services。升级顾问不扫描 Notification Services，因为它已从 SQL Server 2008 中删除。

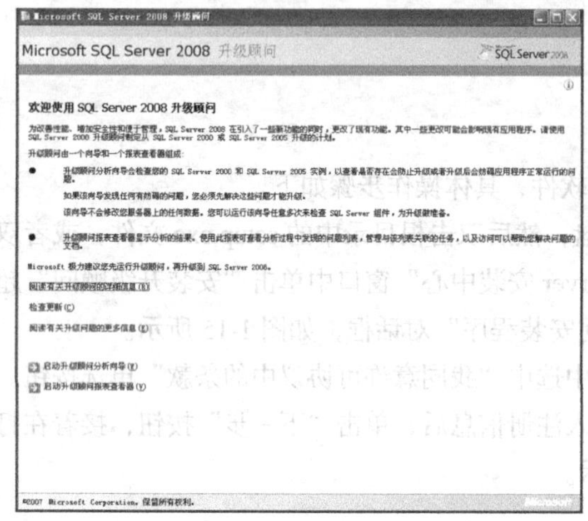

图 1-17　升级顾问页面　　　　图 1-18　设置分析的 SQL Server 组件

（2）单击“下一步”按钮，在打开的窗口中设置连接的参数信息。然后单击“下一步”按钮，打开如图 1-19 所示的窗口，在该窗口中设置 SQL Server 分析的参数。该分析会检查可以访问的对象，例如脚本、存储过程、触发器和跟踪文件。升级顾问不能对桌面应用程序或加密的存储过程进行分析。

（3）单击“下一步”按钮，在打开的窗口中设置 SSIS 的参数。然后单击“下一步”按钮，确认升级顾问设置后，单击“运行”按钮进行分析。分析完成后显示分析结果，如图 1-20 所示。

（4）可以通过单击图 1-20 中的“启动报表”按钮打开查看报表页面，查看报表信息。也可以通过在图 1-17 中单击“启动升级顾问报表查看器”超链接查看报表信息。输出的文件格式为 XML 报表。

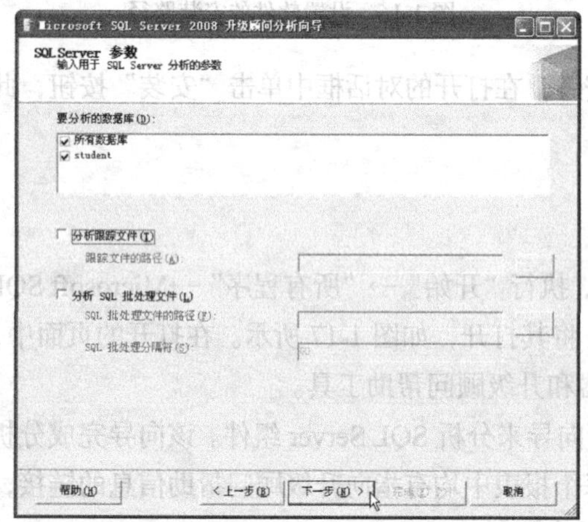

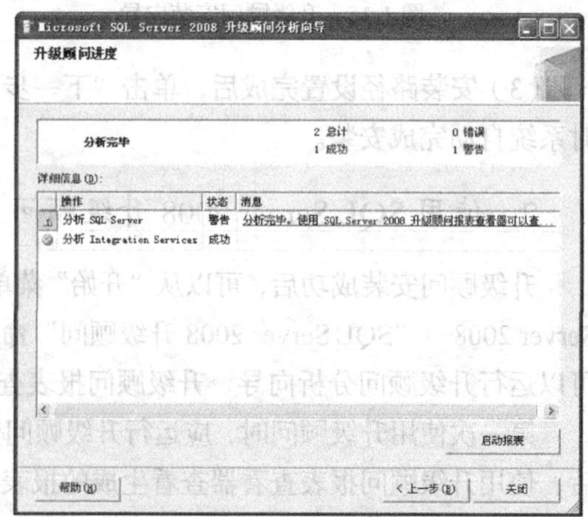

图 1-19　设置 SQL Server 分析的参数　　　　图 1-20　升级顾问显示分析结果

报表可能包含有“其他升级问题”选项。此项链接至一个问题列表，其中列出的问题是升级顾问未检测到，却可能存在于服务器或应用程序中的问题。升级前，应查看无法检测的问题列表，以确定是否由于这些无法检测的问题而必须更改服务器或应用程序。如果升级顾问在分析升级过程中没有发现问题，接下来就可以执行安装程序，在打开的“SQL Server 安装中心”窗口中选择“安装”选项，然后单击“从 SQL Server 2000 或 SQL Server 2005 升级”超链接完成升级。

1.3.3　卸载 SQL Server 2008

1. 卸载前的准备

在卸载 SQL Server 之前，需要注意以下重要信息。

- 最好使用“控制面板”中的“添加或删除程序”卸载 SQL Server。
- 在同时运行 SQL Server 2008 和早期 SQL Server 版本的计算机上，企业管理器和其他依赖于 SQL-DMO（SQL Distributed Management Objects）的程序可能被禁用。
- 从内存大小为最小必需物理内存量的计算机中删除 SQL Server 组件前，应确保有足够大小的页文件。页文件大小必须等于物理内存量的两倍。虚拟内存不足会导致无法完整删除 SQL Server。
- 如果 SQL Server 2005 存在于具有一个或多个 SQL Server 2008 实例的系统上，SQL Server 2008 Browser 在卸载 SQL Server 2008 的最后一个实例后将不会自动删除。随 SQL Server 2008 一起安装的 SQL Server Browser 将保留在系统中，以方便与 SQL Server 2005 实例的连接。
- 如果有多个 SQL Server 2008 实例，则 SQL Server Browser 将在删除 SQL Server 2008 的最后一个实例后自动卸载。

如果在 SQL Server 2005 命名实例存在时删除 SQL Server 2008 Browser，则到 SQL Server 2005 的连接可能中断。在这种情况下，可以通过下面两种方法之一重新安装 SQL Server Browser。

- 使用“控制面板”中的“程序和功能”修复 SQL Server 2005 实例。
- 安装 SQL Server 2005 数据库引擎实例或 Analysis Services 实例。

如果要卸载 SQL Server 2008 的所有组件，则必须从“控制面板”中的“程序和功能”中手动卸载 SQL Server Browser 组件。卸载 SQL Server 之前，需要先执行以下步骤，以免丢失以后需要使用的数据。

（1）备份数据。确保先备份数据，再卸载 SQL Server。或者，将所有数据和日志文件的副本保存在 MSSQL 文件夹以外的文件夹中。卸载期间 MSSQL 文件夹将被删除。

（2）删除本地安全组。卸载 SQL Server 之前，应先删除用于 SQL Server 组件的本地安全组。

（3）保存或重命名 Reporting Services 文件夹。如果将 Reporting Services 与 SQL Server 安装一起使用，应保存或重命名以下文件夹或子文件夹。

- <驱动器>\Microsoft SQL Server\Reporting Services。
- <驱动器>\Microsoft SQL Server\MSSQL\Reporting Services。
- <驱动器>\Microsoft SQL Server\<SQL Server instance name>\Reporting Services。
- <驱动器>\Microsoft SQL Server\100\Tools\Report Designer。

（4）删除 Reporting Services 虚拟目录。使用 Microsoft Internet 信息服务管理器删除虚拟目录：

ReportServer[$InstanceName]和 Reports[$InstanceName]。

（5）删除 ReportServer 应用程序池。使用 IIS 管理器删除 ReportServer 应用程序池。

（6）停止所有 SQL Server 服务，因为活动的连接可能会使卸载过程无法成功完成。建议先停止所有 SQL Server 服务，然后再卸载 SQL Server 组件。

2. 卸载

下面介绍卸载 SQL Server 2008 的步骤。

（1）从"开始"菜单中，执行"设置"→"控制面板"命令，然后在打开的"控制面板"窗口中双击"添加或删除程序"图标。

（2）选择要卸载的 SQL Server 组件，然后单击"更改/删除"按钮，打开如图 1-21 所示的对话框。

（3）单击"删除"链接，将运行安装程序支持规则以验证计算机配置，如果要继续，则单击"确定"按钮。

（4）在打开的"选择实例"对话框中，"要从中删除功能的实例"下拉列表框中选择要删除的 SQL Server 实例，或者指定与仅删除 SQL Server 共享功能和管理工具相对应的选项，如图 1-22 所示。

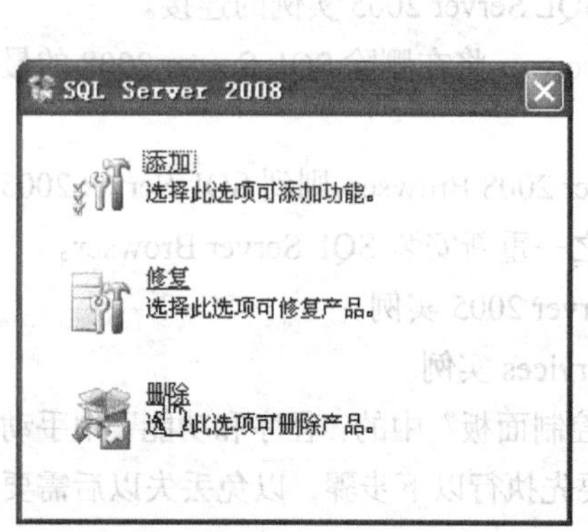

图 1-21 卸载 SQL Server 2008

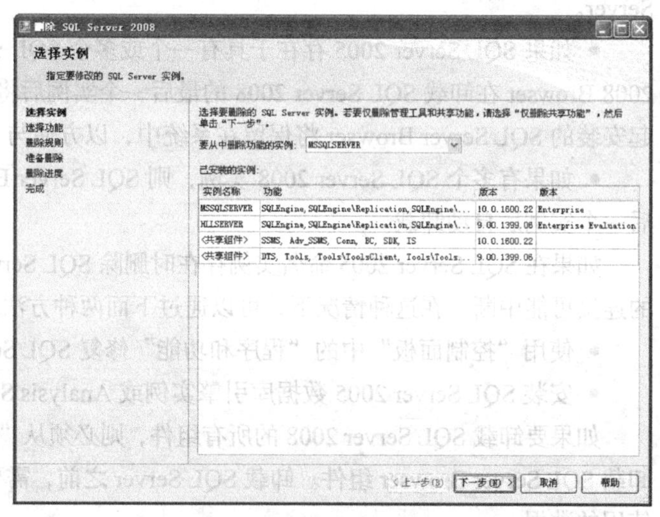

图 1-22 卸载选择的实例

（5）设置完成后，单击"下一步"按钮。在"选择功能"页面中选择要从指定的 SQL Server 实例中删除的功能，如图 1-23 所示。

（6）设置完成后，单击"下一步"按钮，运行删除规则以验证是否可以成功完成删除操作，如图 1-24 所示。

（7）单击"下一步"按钮，在"准备卸载"页面中查看要卸载的组件和功能的列表，然后单击"删除"按钮。

（8）在"删除进度"页面中查看删除状态，然后单击"下一步"按钮。

（9）在打开的页面中单击"关闭"按钮，退出删除向导。

（10）重复步骤（2）~（9），直到删除所有 SQL Server 2008 组件。

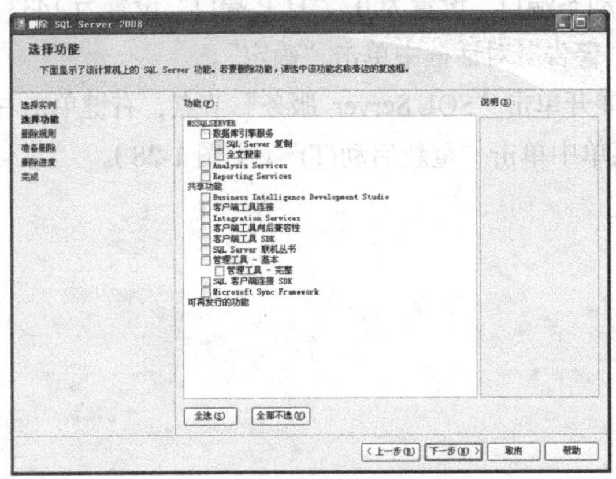

图 1-23　卸载所选择的功能

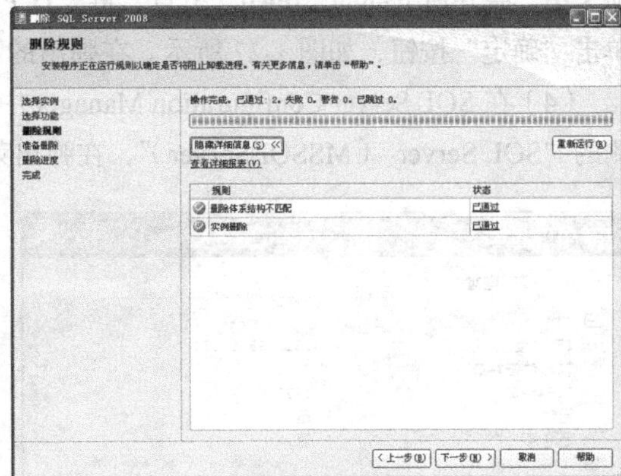

图 1-24　删除规则

1.4　配置 SQL Server 2008

1. 配置服务器 TCP/IP

（1）在 Windows“开始”菜单中选择“运行”，输入“SQLServerManager10.msc”（不区分大小写），回车或单击“确定”（见图 1-25）。

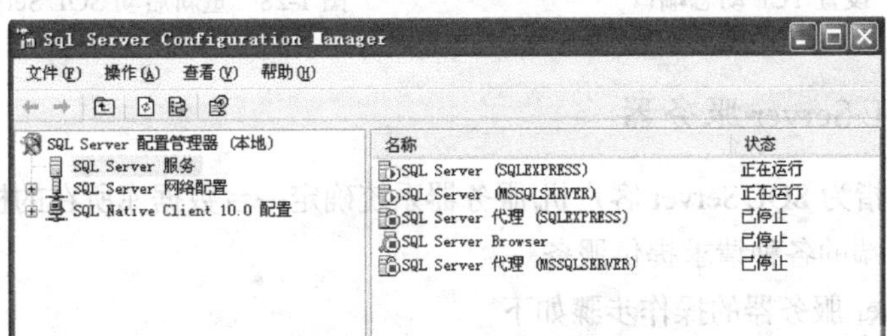

图 1-25　SQL Server 2008 配置管理器

（2）在 SQL Server Configuration Manager 中展开左侧的“SQL Server 网络配置”节点，选中右侧的“TCP/IP”，右键单击之，选择“启用”（见图 1-26）。

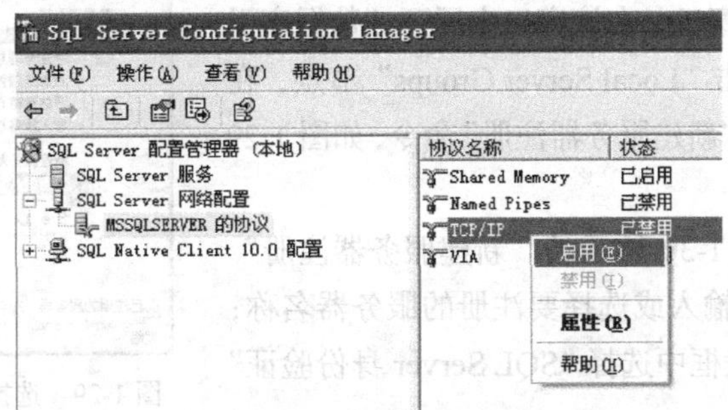

图 1-26　启用 TCP / IP 协议

（3）重复上一步骤，在快捷菜单中选择“属性”，打开“TCP/IP 属性”对话框，在“IP”选

项卡中，展开最下部的“IPAll”节点，将“TCP 动态端口”设置为 0，“TCP 端口”设置为 1433，单击“确定”按钮，如图 1-27 所示。在弹出的“警告”对话框中单击“确定”。

（4）在 SQL Server Configuration Manager 中展开单击“SQL Server 服务”节点，右键单击右侧的“SQL Server （MSSQLServer）”，在弹出菜单中单击“重新启动(T)”（见图 1-28）。

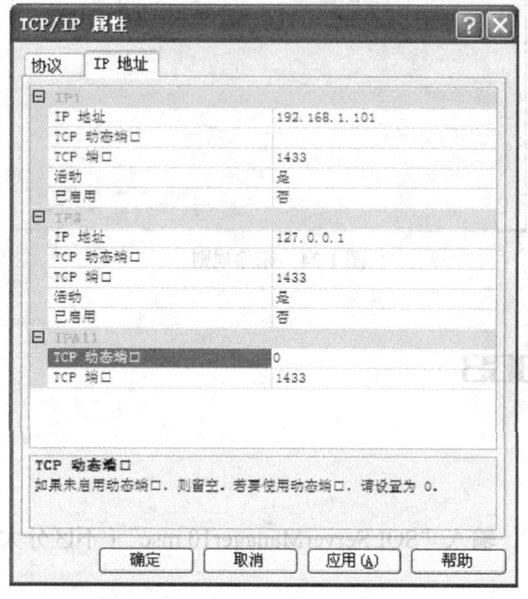

图 1-27 设置 TCP 动态端口

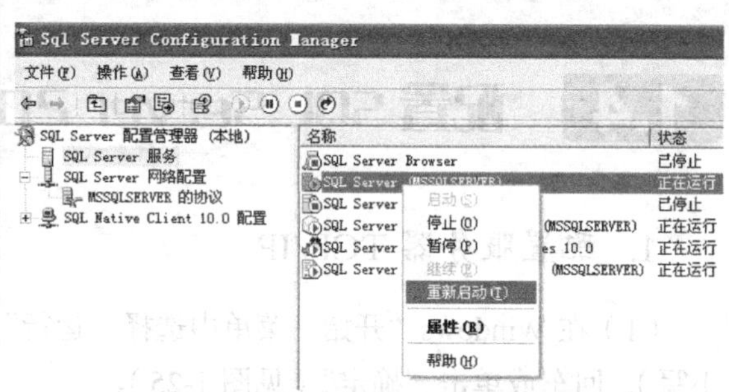

图 1-28 重新启动 SQL Server 2008 服务

2. 注册 SQL Server 服务器

注册服务器是指为 SQL Server 客户机/服务器系统确定一台数据库所在的机器，该机器作为服务器，可以为客户端的各种请求提供服务。

注册 SQL Server 服务器的操作步骤如下。

（1）从“开始”菜单中选择“程序”→Microsoft SQL Server 2008→SQL Server Management Studio 命令，打开 Microsoft SQL Server Management Studio 窗口，并单击“取消”按钮。

（2）在“视图”菜单中选择“已注册的服务”命令，打开“已注册的服务”窗口，在该窗口中展开“数据库引擎”节点，然后右键单击“Local Server Groups”节点，在弹出的快捷菜单中选择“新建服务器注册”命令，如图 1-29 所示。

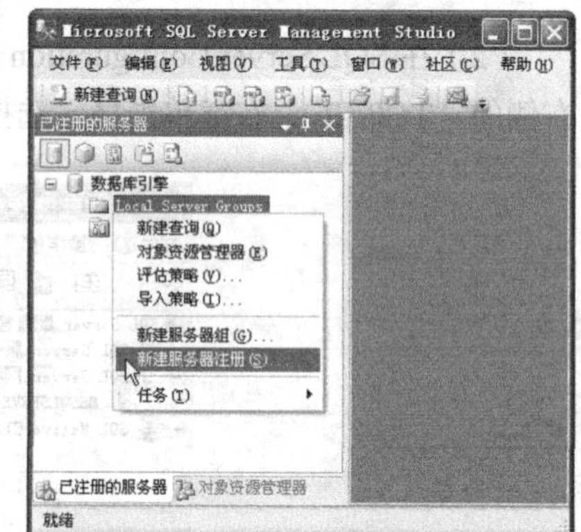

图 1-29 选择“新建服务器注册”命令

（3）此时打开如图 1-30 所示的“新建服务器注册”对话框。在该对话框中输入或选择要注册的服务器名称；在“身份验证”下拉列表框中选择“SQL Server 身份验证”选项。

（4）设置完成后，在“新建服务器注册”对话框中切换到“连接属性”选项卡，此时可以设置连接到的数据库、网络以及其他连接属性，如图 1-31 所示。

（5）“连接到数据库”下拉列表框用于指定当前用户将要连接到的数据库名称，包含“默认值”和“浏览服务器”两个选项。如果在“连接到数据库”下拉列表中选择“浏览服务器”选项，将打开如图 1-32 所示的“查找服务器上的数据库”对话框，在此可以指定当前用户连接服务器时默认的数据库。如果从“连接到数据库”下拉列表中选择“默认值”选项，表示连接到 SQL Server 系统中当前用户默认使用的数据库。

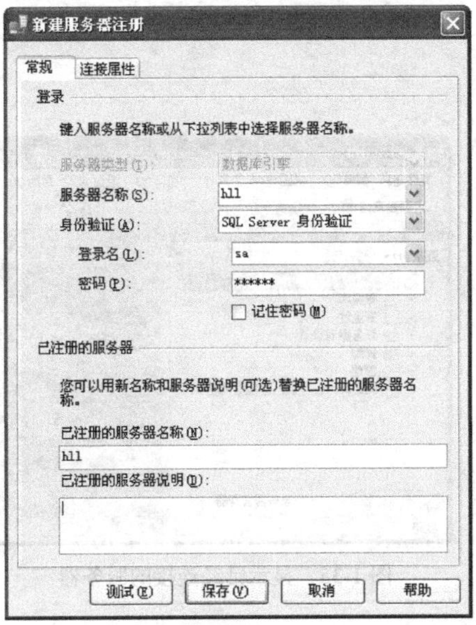

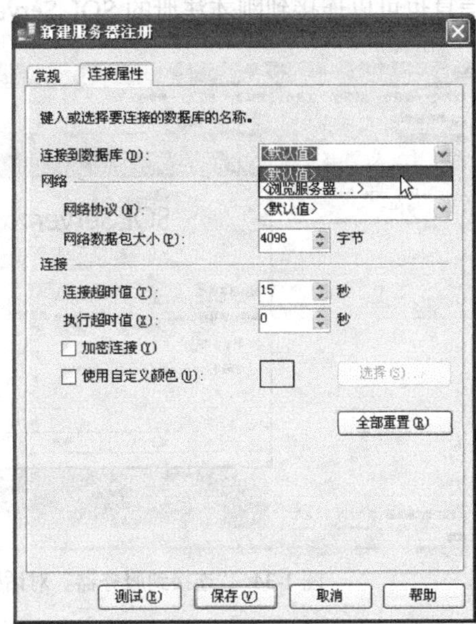

图 1-30　“新建服务器注册”对话框

图 1-31　设置连接属性

（6）设置完成后，单击“确定”按钮返回到“连接属性”选项卡，单击“测试”按钮验证连接是否成功。

（7）最后单击“保存”按钮完成注册服务器操作。在 Local Server Groups 节点下将显示刚才所注册的服务器，如图 1-33 所示。

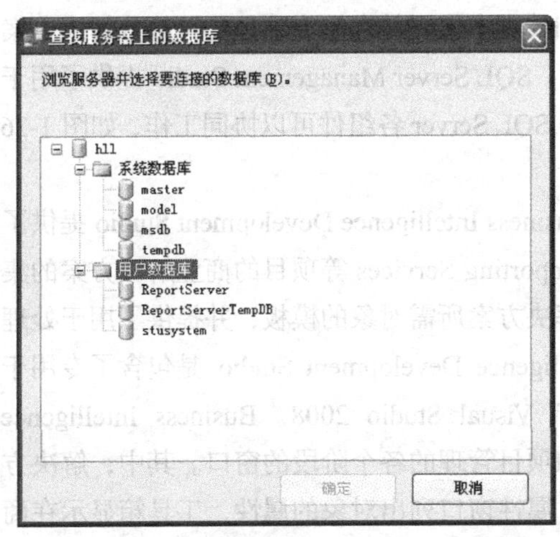

图 1-32　“查找服务器上的数据库”对话框

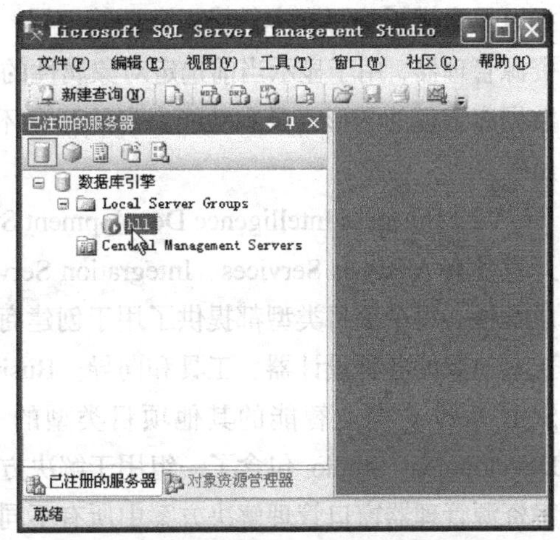

图 1-33　查看已经注册的服务器

上面已经注册一个 SQL Server 服务器，如果想连接到该服务器对其进行配置，可以右键单击

已经注册的服务器节点，在弹出的快捷菜单中选择“对象资源管理器”命令，在打开的“连接到服务器”对话框中输入注册服务器的信息，如图 1-34 所示。

然后单击“连接”按钮，此时自动打开“对象资源管理器”窗口，在该窗口中显示已经连接的服务器 hll，如图 1-35 所示。当然，从“开始”菜单中选择“程序”→Microsoft SQL Server 2008→SQL Server Management Studio 命令，然后在弹出的“连接到服务器”对话框中，输入注册服务器信息也可以连接到刚才注册的 SQL Server 服务器。

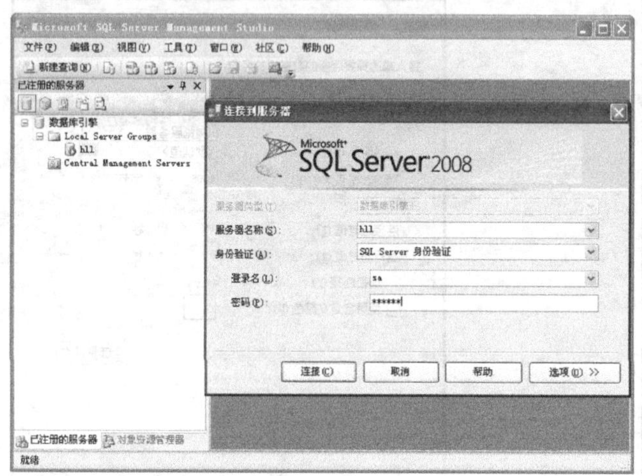

图 1-34 “连接到服务器”对话框

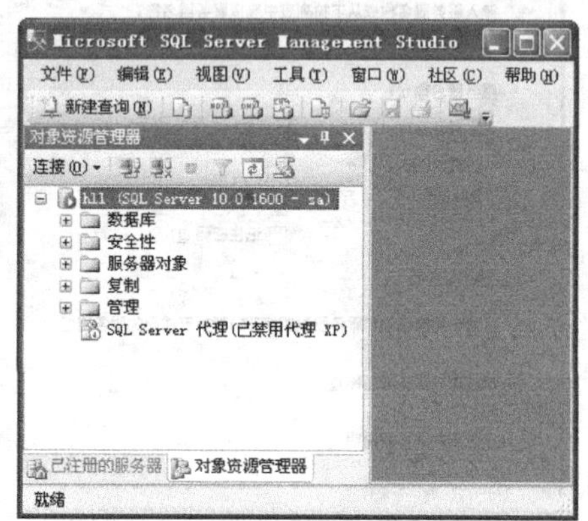

图 1-35 显示已经连接的服务器

1.5 SQL Server 2008 管理工具

（1）SQL Server Management Studio。SQL Server Management Studio 是一套管理工具，用于管理从属于 SQL Server 的组件。SQL Server Management Studio 包含用于编写和编辑脚本的代码编辑器，用于查找、修改、编写、运行脚本或运行 SQL Server 实例的对象资源管理器，用于查找模板以及为模板编写脚本的模板资源管理器，用于将相关脚本组织并存储为项目的一部分解决方案资源管理器，用于显示当前选定对象属性的属性窗口。SQL Server Management Studio 提供了用于数据库管理的图形工具和功能丰富的开发环境，使得 SQL Server 各组件可以协同工作，如图 1-36 所示。

（2）Business Intelligence Development Studio。Business Intelligence Development Studio 提供了开发含有 Analysis Services、Integration Services 和 Reporting Services 等项目的商业解决方案的集成环境。每个项目类型都提供了用于创建商业智能解决方案所需对象的模板，并提供了用于处理这些对象的各种设计器、工具和向导。Business Intelligence Development Studio 是包含了专用于 SQL Server 商业智能的其他项目类型的 Microsoft Visual Studio 2008。Business Intelligence Development Studio 包含了一组用于解决方案开发和项目管理的各个阶段的窗口。其中，解决方案资源管理器窗口管理解决方案中所有不同的项目，属性窗口列出对象的属性，工具箱显示在商业智能项目中使用的各种项，设计器提供对象的代码视图和设计视图。

（3）SQL Server 配置管理器。使用 SQL Server 配置管理器可以配置 SQL Server 服务和网络连接，如图 1-37 所示。SQL Server 配置管理器管理与 SQL Server 相关的服务，包括启动、停止

和暂停服务，配置服务启动方式，禁用服务，修改服务配置，更改 SQL Server 服务所使用的账户密码，使用命令行参数启动 SQL Server，查看服务的属性。SQL Server 配置管理器可以启用或禁用服务器 SQL Server 网络协议，配置服务器 SQL Server 网络协议。SQL Server 配置管理器可以完成客户端连接到 SQL Server 实例时的协议顺序，配置客户端连接协议，创建 SQL Server 实例的别名，使客户端能够使用自定义连接字符串进行连接。

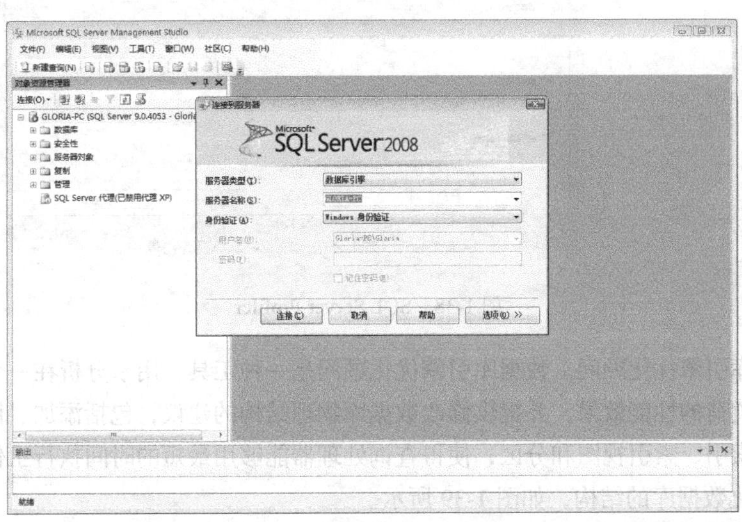

图 1-36　SQL Server Management Studio

（4）SQL Server Profiler。SQL Server Profiler 是用于监视 SQL Server 2008 数据库引擎和分析服务的实时监视工具，如图 1-38 所示。SQL Server Profiler 显示 SQL Server 的内部解析查询，供用户监视系统和分析查询性能。SQL Server Profiler 可以创建基于可重用模板的跟踪，在跟踪运行时监视跟踪结果，并将跟踪结果存储在表中，根据需要启动、停止、暂停和修改跟踪结果，重播跟踪结果。

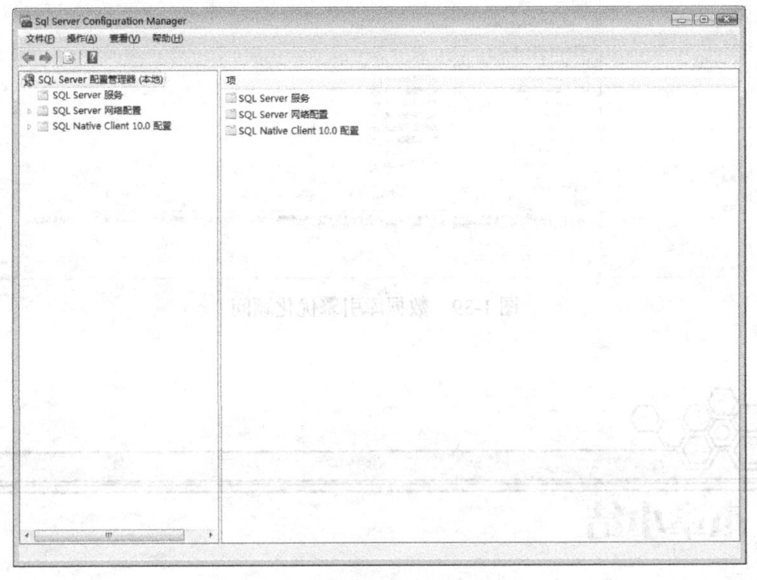

图 1-37　SQL Server 配置管理器

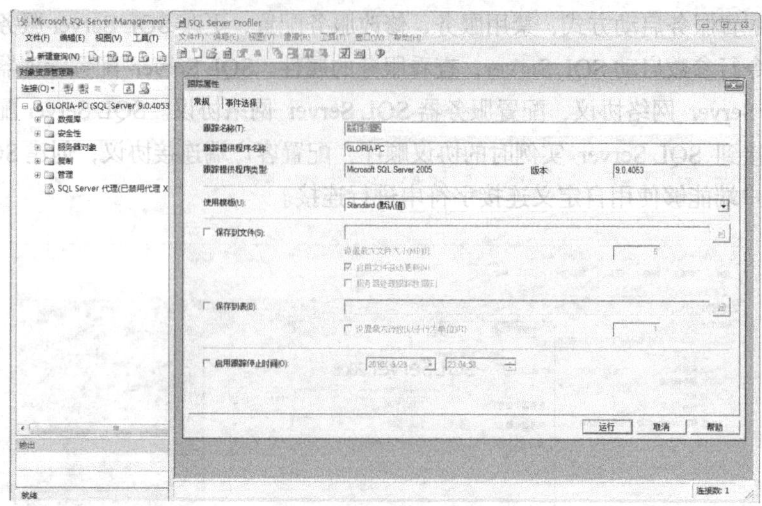

图 1-38　SQL Server Profiler

（5）数据库引擎优化顾问。数据库引擎优化顾问是一种工具，用于分析在一个或多个数据库中运行的工作负荷的性能效果，并提供修改数据库物理结构的建议，包括添加、修改和删除聚集索引、非聚集索引、索引视图和分区，使得查询处理器能够用最短的时间执行工作负荷任务，从而帮助用户优化数据库的结构，如图 1-39 所示。

（6）命令行工具。SQL Server 2008 中包含许多命令行工具，这些工具分别有着特定的用途。其中，bcp 工具用于在 SQL Server 2008 和特定的数据文件之间进行大容量的数据复制，osql 工具用于在命令提示符下输入和执行 T-SQL 语句和脚本文件。

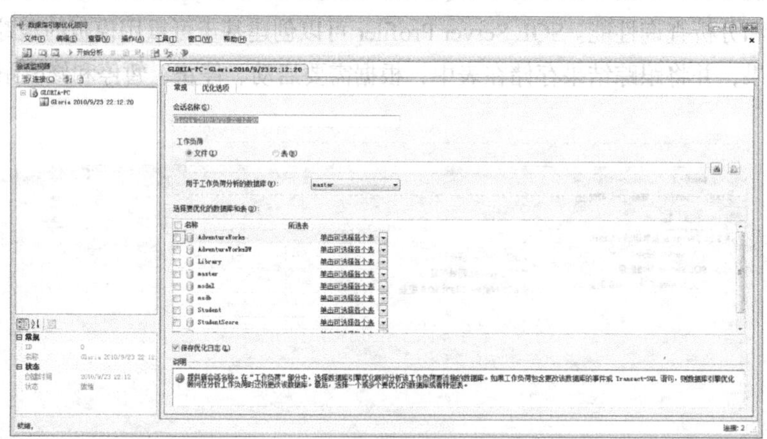

图 1-39　数据库引擎优化顾问

本章小结

- 关系模型是关系数据库的基础，它利用关系来描述现实世界。

- 关系模型规范化的目的是为了消除存储异常，减少数据冗余、保证数据的完整性和存储效率，一般规范为三项范式即可。
- SQL Server 2008 的版本有：SQL Server 2008 Enterprise Edition（企业版）、SQL Server 2008 Standard Edition（标准版）、SQL Server 2008 Workgroup Edition（工作组版）、SQL Server 2008 Developer Edition（开发版）及 SQL Server 2008 Express Edition（简易版）。
- SQL Server Management Studio 用于访问、配置、控制、管理和开发 SQL Server 的全部组件。
- SQL Server Profiler 是 SQL 跟踪的图形用户界面，用于监视 SQL Server Database Engine 或 SQL Server Analysis Services 的实例。用户能够捕获有关每个事件的数据并将其保存到文件或表中，供以后分析。
- 借助数据库引擎优化顾问，用户在并不精通数据库结构或 SQL Server 的精髓时，也能够选择和创建索引、索引视图及分区的最佳集合。
- SQL Server 2008 Analysis Services 为商业智能解决方案提供了联机分析处理（OLAP）及数据挖掘功能。
- SQL Server 配置管理器是基于管理控制台的一种管理工具，用于管理与 SQL Server 相关联的服务、配置 SQL Server 使用的网络协议以及从 SQL Server 客户端计算机管理网络连接配置。
- SQL Server 2008 提供了丰富的帮助。
- SQL Server 2008 包括 master、model、msdb 及 tempdb 等系统数据库。

测试与练习

1. SQL Server 2008 包括哪些版本？
2. 如何在 SQL Server Management Studio 中查询数据？
3. 简述 SQL Server 2008 如何配置。

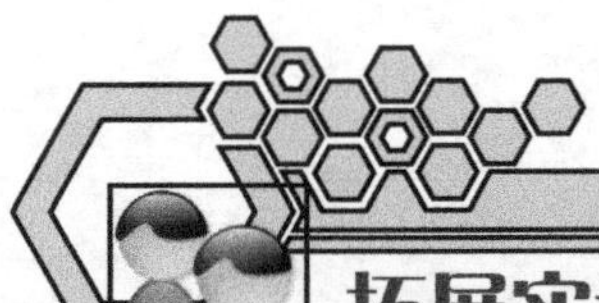

拓展实训 SQL Server 2008 的安装与启动

【实训目标】

1. 掌握安装 SQL Server 2008 所必备的软硬件要求。
2. 掌握 SQL Server 2008 的安装方法。
3. 理解安装过程中需要配置的参数。

【预估时间】

60 分钟。

【实训步骤】

1．安装 SQL Server 2008 准备工作。

2．安装 SQL Server 2008。

3．配置 SQL Server 2008。

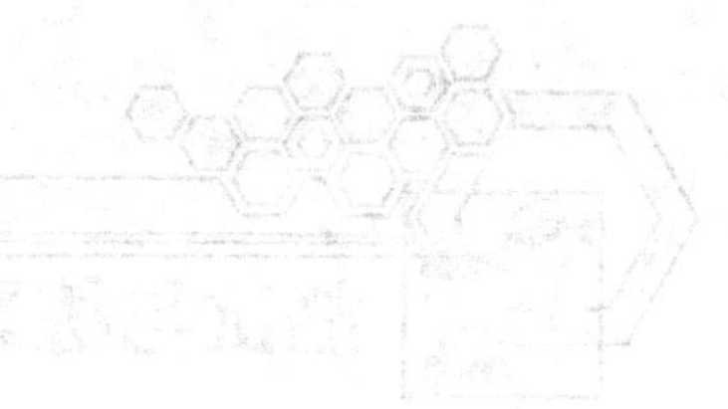

第2章 数据库管理

【知识目标】

- 了解数据库的相关知识
- 掌握 SQL Server 数据库的创建、修改及删除操作
- 理解 SQL Server 数据库的构成

【技能目标】

- 能够熟练创建 SQL Server 数据库
- 能够对数据库进行有效的管理

2.1 数据库的组成

在 SQL Server 2008 中，数据库是表、视图、存储过程、触发器等数据库对象的集合，是数据库管理系统的核心内容。为了更好地学习并理解数据库，首先来了解一个数据库的组成及数据库中的数据文件、事务日志文件及文件组等基本概念。

2.1.1 系统数据库

系统数据库分别是 master、model、msdb、tempdb 和 resource 数据库。这些系统数据库对于用户来说是不能随意修改的。

1. master 数据库

master 数据库用于记录 SQL Server 实例的所有系统级信息，是 SQL Server 的核心，不能对其进行直接修改，应当对其定期进行备份。如果 master 数据库变得不可用，那么 SQL Server 数据库引擎将无法启动。

2. model 数据库

model 数据库作为 SQL Server 2008 实例上创建的所有数据库的模板。若对 model 数据库进行修改，都将应用于以后创建的用户数据库中。

3. msdb 数据库

msdb 数据库用于 SQL Server 2008 代理计划警报和作业，是 SQL Server 中的一个 Windows 服务。

4. Tempdb 数据库

一个工作空间，用于保存临时对象或中间结果集。

5. resource 数据库

resource 数据库是一个只读和隐藏的数据库，它包含了 SQL Server 2008 中的所有系统对象，对于 resource 数据库是唯一没有显示在其中的系统数据库，这是因为它存在于 sys 框架中。

2.1.2 数据库文件及文件组

在 SQL Server 2008 中，一个数据库至少需要有一个数据文件和一个事务日志文件。也可以有多个数据文件和多个事务日志文件。数据库中的数据文件用于存放数据库的数据和各种对象，而事务日志文件用于存放事务日志。数据库中存放数据文件和日志文件的默认位置为：C:\Program Files\Microsoft SQL Server \MSSQL10.MSSQLSERVER \MSSQL \DATA 的文件夹下。

1. 数据库的文件组成

- 主数据文件：默认的扩展名为.mdf
- 辅助数据文件：默认的扩展名为.ndf
- 事务日志文件：默认的扩展名为.ldf

建立好数据库之后，在进行具体的操作之前应当首先配置事务日志。事务日志文件记录 SQL Server 对这个数据库的操作，以便于在系统出现故障时恢复数据库。

2. 配置事务日志

建立好数据库之后，在进行具体的操作之前应当首先配置事务日志。事务日志文件记录 SQL Server 对这个数据库的操作，以便于在系统出现故障时恢复数据库。

3. 文件组

文件组是文件的逻辑集合，分为主要文件组、用户定义文件组和默认文件组。文件组可以把一些指定的文件组合在一起，方便管理和分配数据。

4. 数据库对象

数据库对象是存储、管理和使用数据不同结构形式，主要包括表、视图、存储过程、触发器、索引等。

2.2 使用SQL Server Management Studio管理数据库

2.2.1 创建数据库

创建数据库的过程就是为数据库确定名称、大小、存放位置、文件名和所在文件组的过程。数据库的名称（逻辑名）必须满足 SQL Server 标识符命名规则，最好使用有意义的名称命名数据库。在一台 SQL Server 服务器上，各数据库名称是唯一的。每个数据库至少有两个文件（一个主文件和一个事务日志文件）和一个文件组，可以为每个数据库指定最多 32 767 个文件和 32 767 个文件组。

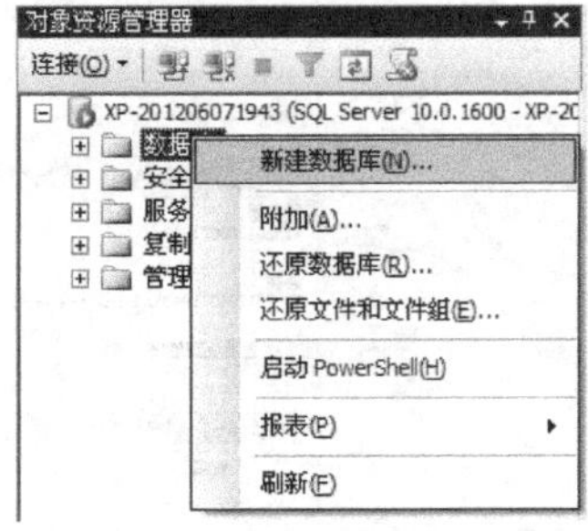

图 2-1 选择“新建数据库”

【例 2-1】使用 SQL Server Management Studio 创建数据库 SALES。

（1）启动 SQL Server Management Studio，连接服务器后，展开其树形目录，右键单击“数据库”节点，在弹出的快捷菜单中，选择“新建数据库”菜单项，如图 2-1 所示。

（2）在“新建数据库”对话框的“常规”页的“数据库名称”文本框中输入所建数据库的名称 SALES，该页面中还能够修改所有者名称、启用数据库的全文索引及更改数据库文件的默认设置等，如图 2-2 所示。

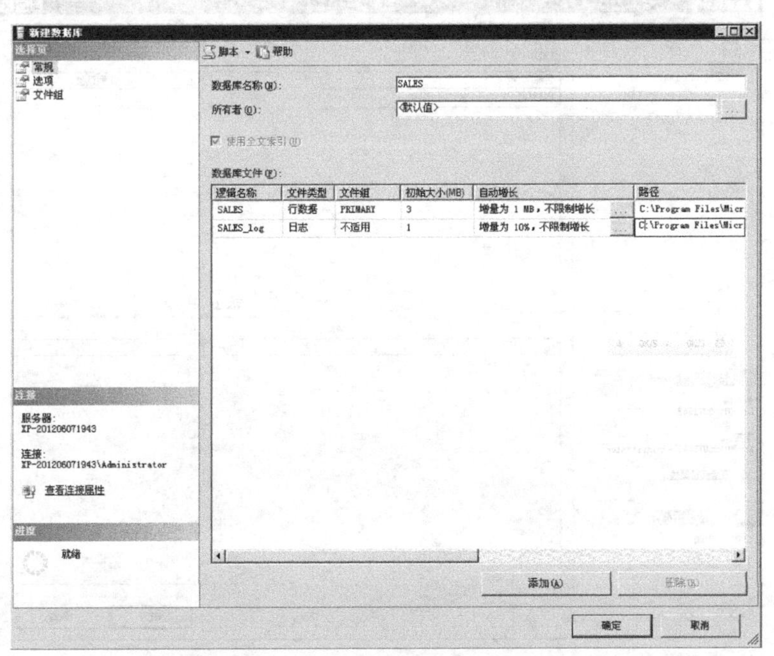

图 2-2 “新建数据库”对话框

（3）如果进行更多选项的设置，则单击“选择页”项下的“选项”，如图 2-3 所示。在此选项下能够设置数据库的排序规则、恢复模式、兼容级别及其他选项。

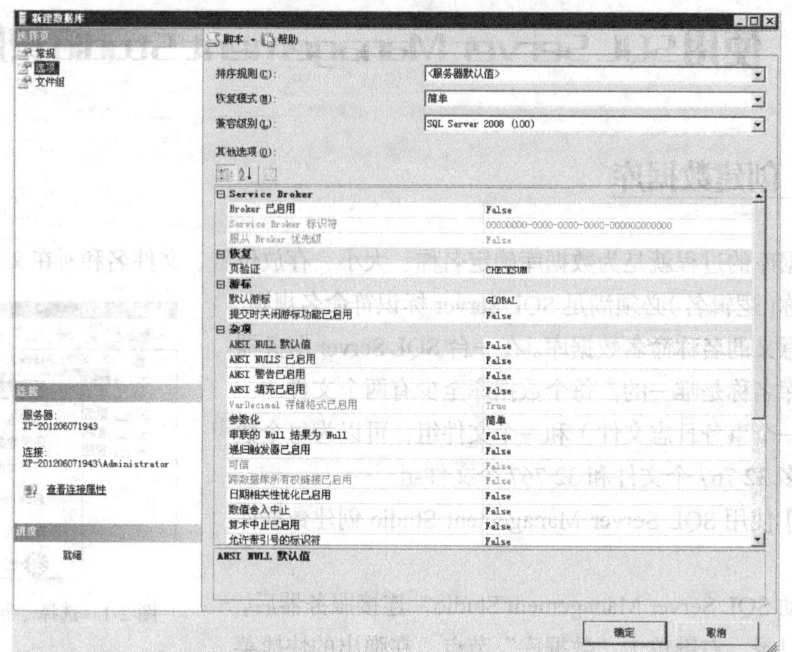

图 2-3 “选择页”项下的“选项”页面

（4）对文件组的设定。在文件组对话框中，能够设置添加文件组或删除用户所添加的文件组，如图 2-4 所示。

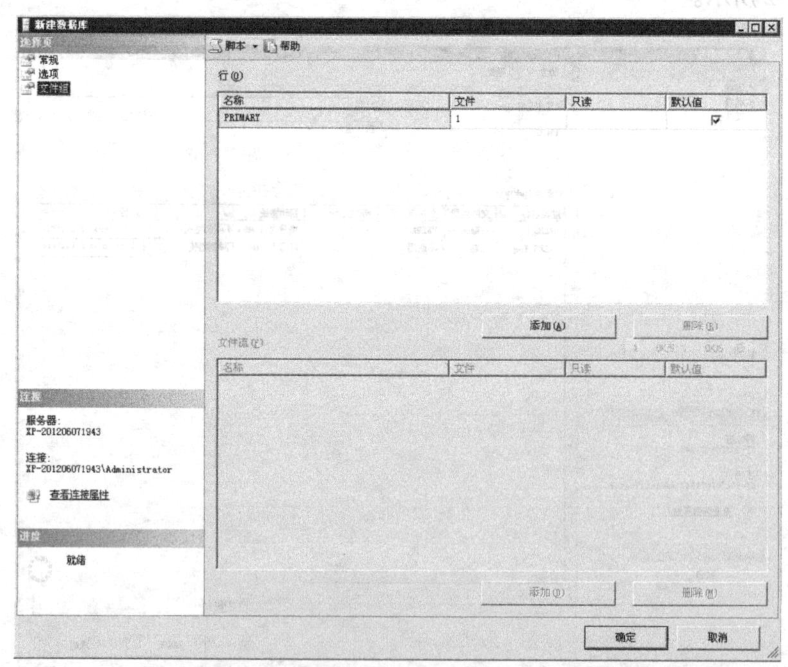

图 2-4 添加文件组

（5）单击“确定”按钮，完成对数据库的创建。创建完成后，在“对象资源管理器”中，增加了一个新建的数据库 SALES，如图 2-5 所示。

图 2-5　完成 SALES 数据库的创建

2.2.2　修改数据库

对于已经存在的数据库，可以对数据库的名称、大小、存放位置、文件名和所在文件组进行修改。

2.2.3　重命名数据库

实际应用中，有时需要修改数据库的名称。但在重命名前，应将数据库设置为单用户模式，并且新的名称应符合命名规则。

1. 使用 SQL Server Management Studio 重新命名数据库

【例 2-2】使用 SQL Server Management Studio 将数据库 SALES 重新命名为 PosSales。

（1）启用 SQL Server Management Studio，连接服务器后，展开其树形目录，右键单击数据库 SALES，在弹出的快捷菜单中，选择“重命名”选项，如图 2-6 所示。

（2）在弹出的对话框中将数据库 SALES 的名字直接修改为 PosSales，如图 2-7 所示。

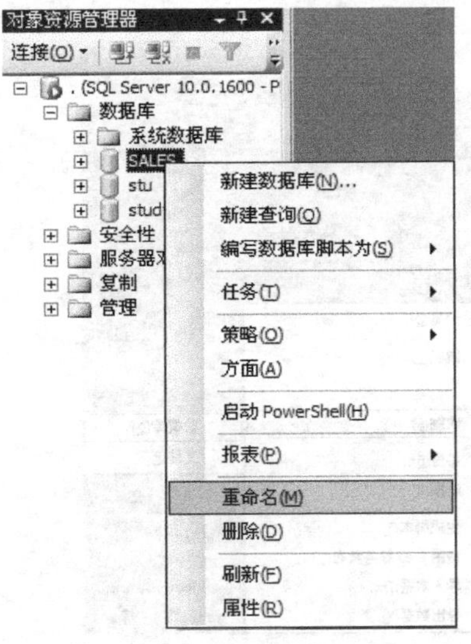

图 2-6　选择“重命名”选项

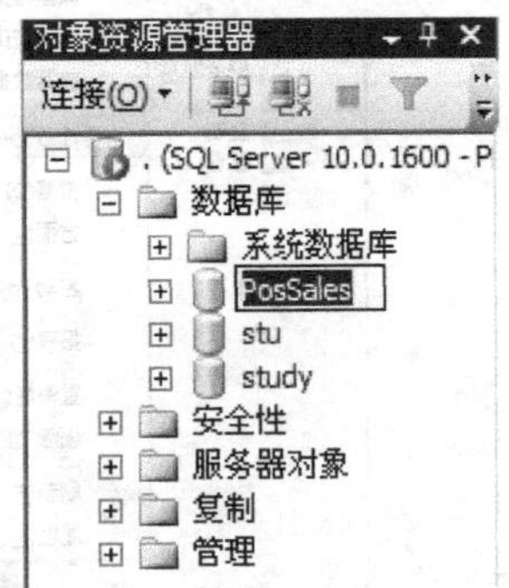

图 2-7　数据库重命名为 PosSales

2. 使用系统存储过程 sp_renamedb 重新命名数据库

语法格式如下：

```
sp_renamedb [ @dbname = ] 'old_name' , [ @newname = ] 'new_name'
```

参数说明：

- [@dbname =] 'old_name'　表示数据库的当前名称。
- [@newname =] 'new_name'　表示数据库的新名称。

【例 2-3】使用系统存储过程 sp_renamedb 将数据库 PosSales 重新命名为 ProductsSALES，运行结果如图 2-8 所示。

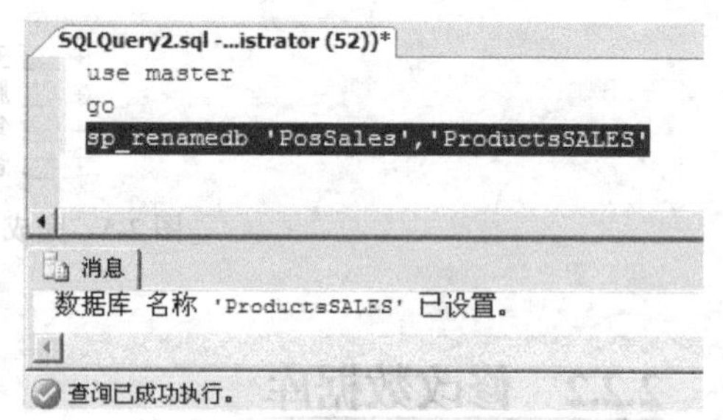

图 2-8　使用系统存储过程 sp_renamedb 重命名数据库

【练一练】使用系统存储过程 sp_renamedb 将数据库 LXDB1 重新命名为 Rename_LXDB1。

2.2.4　收缩数据库

SQL Server 2008 允许用户通过收缩数据库把未使用的空间释放出来，数据文件及日志文件都能够缩小，可以通过手动或自动两种方法收缩数据库。数据库的收缩是有一定限制的，数据库不会收缩到小于初始创建时的数据库大小，可以使用 SQL Server Mangement Studio 进行可视化操作，也可以应用 Transact-SQL 语言进行收缩。

【例 2-4】收缩数据库 ProductsSALES。

（1）启动 SQL Server Management Studio，连接服务器后，展开其树形目录，右键单击数据库 ProductsSALES。

（2）若要将整个数据库进行收缩，在弹出的快捷菜单中，选择“任务”→“收缩”→“数据库”，如图 2-9 所示。可以选择“在释放未使用的空间前重新组织文件”复选框，并指定“收缩后文件中的最大可用空间”，如图 2-10 所示。

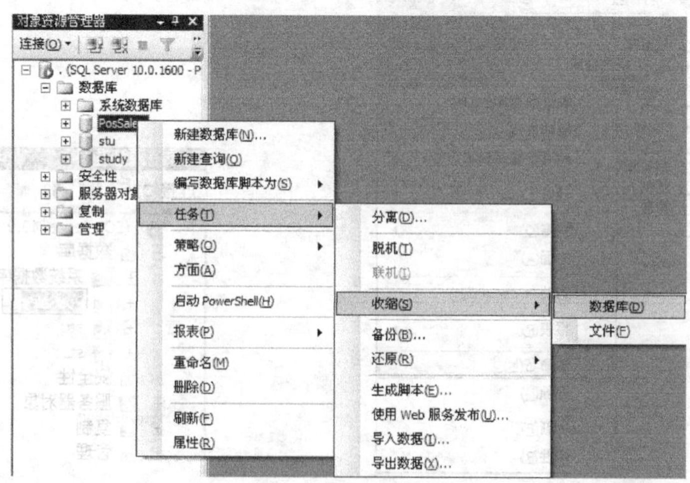

图 2-9　收缩数据库

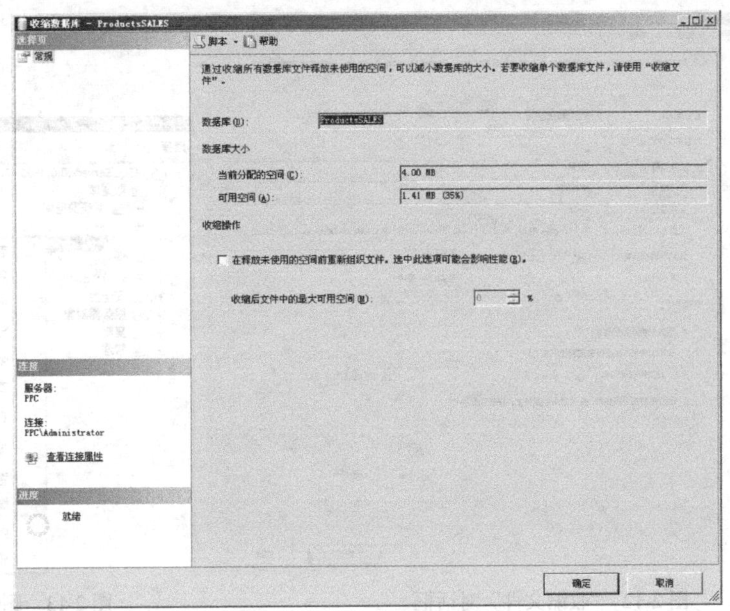

图 2-10　“收缩数据库”对话框

（3）若收缩文件的空间，则在弹出的快捷菜单中，选择“任务”→“收缩”→“文件”，如图 2-11 所示。在“收缩文件”对话框中，能够选择要收缩的文件，选择并设置相应的“收缩操作”，单击“确定”按钮，完成文件的收缩操作，如图 2-12 所示。

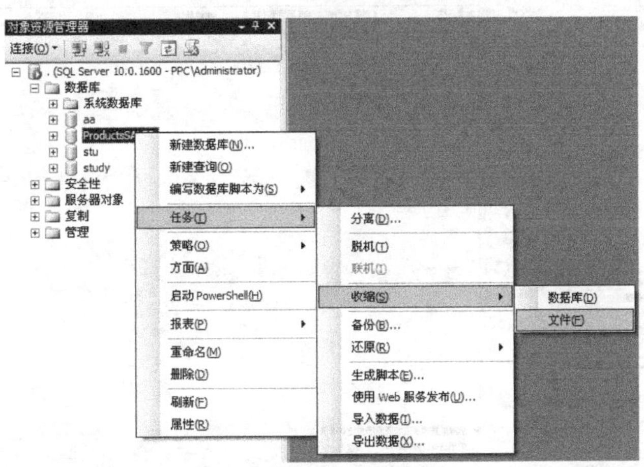

图 2-11　收缩文件

2.2.5　删除数据库

对于不再需要的数据库，可以将其删除以释放所占用的磁盘空间。数据库删除之后，文件及其数据都从服务器上的磁盘中删除，数据库被永久删除。

【例 2-5】使用 SQL Server Management Studio 删除 ProductsSALES 数据库。

（1）启动 SQL Server Management Studio 后，展开“数据库”，在要删除的数据库位置单击鼠标右键，从弹出的快捷菜单中选择“删除”命令，如图 2-13 所示。

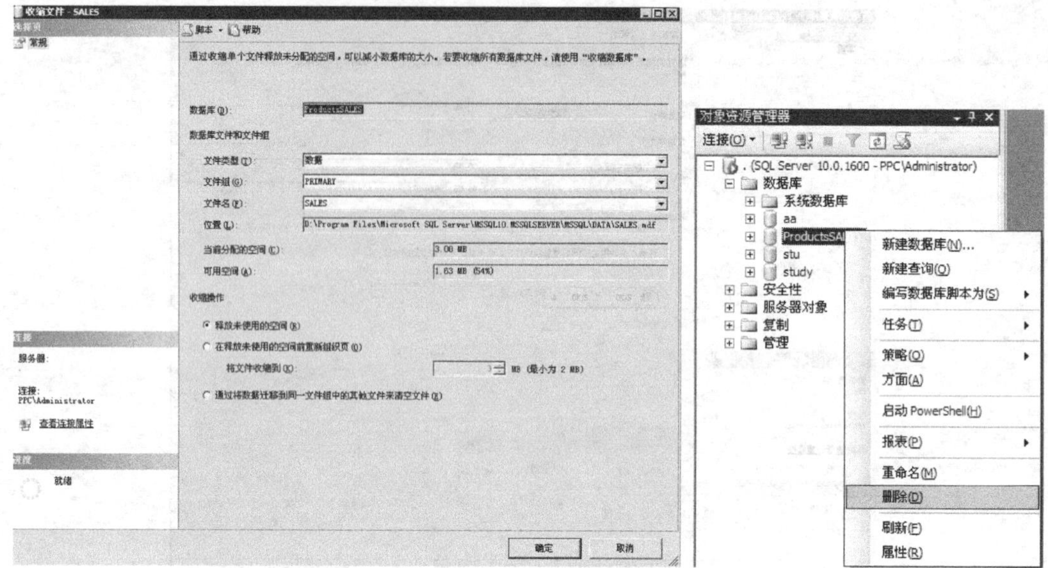

图 2-12 “收缩文件”对话框　　　　图 2-13 删除数据库

（2）在“删除对象”对话框中，要求用户确认是否删除该数据库，单击“确定”按钮，该数据库将被删除，如图 2-14 所示。

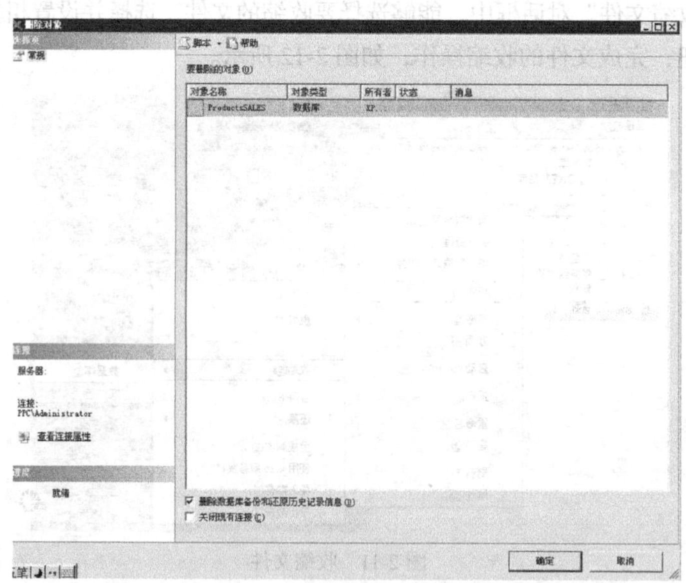

图 2-14 删除数据库对象

2.3 使用 Transact-SQL 管理数据库

2.3.1 使用 CREATE DATABASE 语句创建数据库

语法格式如下：

```
CREATE DATABASE 数据库名称
```

```
    [ ON
       [ PRIMARY ] [ <filespec> [ ,...n ]
       [ , <filegroup> [ ,...n ] ]
    [ LOG ON { <filespec> [ ,...n ] } ]
    ]
    [ COLLATE 排序规则名称]
]
```

其中：

- <filespec> ::=

```
{
(
    NAME = 逻辑文件名 ,
    FILENAME = '操作系统文件名'
    [ , SIZE =初始尺寸[ KB | MB | GB | TB ] ]
    [ , MAXSIZE = { 最大尺寸 [ KB | MB | GB | TB ] | UNLIMITED } ]
    [ , FILEGROWTH = 增长尺寸 [ KB | MB | GB | TB | % ] ]
) [ ,...n ]
}
```

- <filegroup> ::=

```
{
FILEGROUP 文件组名 [ DEFAULT ]
    <filespec> [ ,...n ]
}
```

参数说明如下。

- 数据库名称：新数据库的名称。数据库名称在 SQL Server 的实例中必须唯一，并且符合标识符的规定。
- LOG ON：指定数据库的日志文件的磁盘文件清单。该选项省略时，SQL Server 自动为数据库建立一个日志文件，文件名由系统生成，大小为数据库所有数据文件长度和的 25%或 512 KB，取其中的较大者。
- PRIMARY：指定数据库的主文件。在主文件组的 <filespec> 项中指定的第一个文件将成为主文件，一个数据库只能有一个主文件。

1. 创建未指定文件的数据库

【例 2-6】创建名为 TestDatabase 的数据库，并创建相应的主文件和事务日志文件。

（1）输入以下代码并运行。

```
CREATE DATABASE TestDatabase
```

（2）运行结果如图 2-15 所示。

（3）验证数据库文件及大小，如图 2-16 所示。

【说明】因为语句没有 <filespec> 项，所以主数据库文件的大小为 model 数据库主文件的大小。事务日志将设置为下列值中的较大者：512 KB 或主数据文件大小的 25%。因为没有指定 MAXSIZE，文件可以一直增大到填满所有可用的磁盘空间为止。

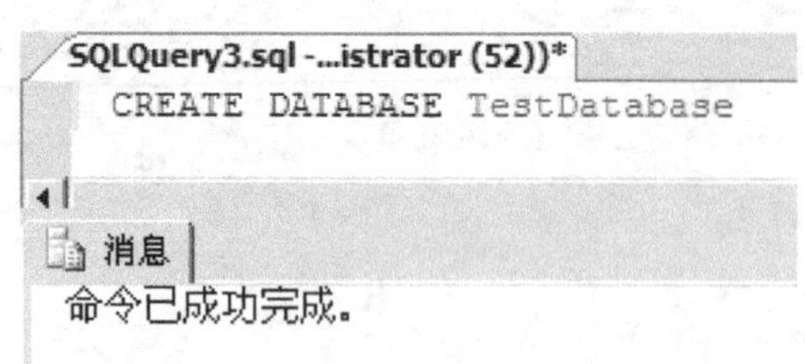

图 2-15 创建数据库 TestDatabase

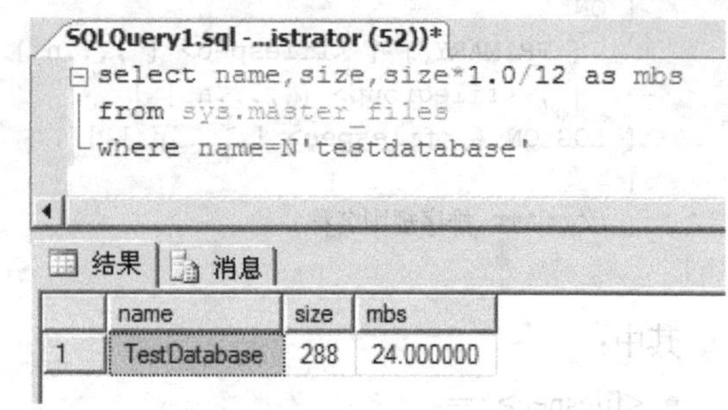

图 2-16 验证数据库文件及大小

2. 创建指定数据和事务日志文件的数据库

【例 2-7】创建数据库 TestDatabase1，该数据库有一个初始大小为 10MB、最大容量为 50MB、文件增量为 5MB 的主数据文件 TestDatabase1_data.mdf 和一个初始大小为 5MB、最大容量为 25MB、文件增量为 5MB 的事务日志文件 TestDatabase1_log.ldf。

```
CREATE DATABASE TestDatabase1
ON
(
NAME = Sales_dat,
   FILENAME='D:\TEST\TestDatabase1_data.mdf',
   SIZE = 10,
   MAXSIZE = 50,
   FILEGROWTH = 5
)
LOG ON
(
 NAME = Sales_log,
   FILENAME='D:\TEST\TestDatabase1_log.ldf',
   SIZE = 5MB,
   MAXSIZE = 25MB,
   FILEGROWTH = 5MB
)
```

【说明】TestDatabase1_data.mdf 为主数据文件，在 TestDatabase1_data 文件的 SIZE 参数中没有指定 MB 或 KB，将按 MB 分配。TestDatabase1_log 文件以 MB 为单位进行分配，因为 SIZE 参数中显式声明了 MB。

3. 通过指定多个数据和事务日志文件创建数据库

【例 2-8】创建数据库 TestDatabase2，该数据库具有三个 100MB 数据文件和两个 100MB 事务日志文件。主数据文件是列表中的第一个文件，并使用 PRIMARY 关键字显式指定。事务日志文件在 LOG ON 关键字后指定。

```
CREATE DATABASE TestDatabase2
ON
PRIMARY
```

```
    (NAME = Test1,
    FILENAME = 'D:\TEST\Testdat1.mdf',
    SIZE = 100MB,
    MAXSIZE = 200,
    FILEGROWTH = 20),
    ( NAME = Test2,
    FILENAME = 'D:\TEST\Testdat2.ndf',
    SIZE = 100MB,
    MAXSIZE = 200,
    FILEGROWTH = 20),
    ( NAME = Test3,
    FILENAME = 'D:\TEST\Testdat3.ndf',
    SIZE = 100MB,
    MAXSIZE = 200,
    FILEGROWTH = 20)
LOG ON
    (NAME = Testlog1,
    FILENAME = 'D:\TEST\Testlog1.ldf',
    SIZE = 100MB,
    MAXSIZE = 200,
    FILEGROWTH = 20),
    (NAME = Testlog2,
    FILENAME = 'D:\TEST\Testlog2.ldf',
    SIZE = 100MB,
    MAXSIZE = 200,
    FILEGROWTH = 20)
```

【注意】FILENAME 选项中各文件的扩展名：.mdf 用于主数据文件，.ndf 用于次要数据文件，.ldf 用于事务日志文件。

4. 创建具有文件组的数据库

【例 2-9】创建数据库 TestDatabase3，该数据库具有以下文件组。

- 包含文件 Sjk1dat.mdf 和 Sjk2dat.ndf 的主文件组，将 FILEGROWTH 指定为 15%。
- 名为 TestGroup1 的文件组，其中包含文件 TG1F1_dat 和 TG1F2_dat。
- 名为 TestGroup2 的文件组，其中包含文件 TG2F1_dat 和 TG2F2_dat。

```
CREATE DATABASE TestDatabase3
ON PRIMARY
(NAME = SPri1_dat,
    FILENAME = 'D:\TEST\Sjk1dat.mdf',
    SIZE = 10,
    MAXSIZE = 50,
    FILEGROWTH = 15%),
(NAME = SPri2_dat,
   FILENAME = 'D:\TEST\Sjk2dat.ndf',
    SIZE = 10,
    MAXSIZE = 50,
    FILEGROWTH = 15%),
FILEGROUP TestGroup1
```

```
(NAME = TG1F1_dat,
   FILENAME = 'D:\TEST\TG1F1.ndf',
   SIZE = 10,
   MAXSIZE = 50,
   FILEGROWTH = 5),
(NAME = TG1F2_dat,
   FILENAME = 'D:\TEST\TG1F2.ndf',
   SIZE = 10,
   MAXSIZE = 50,
   FILEGROWTH = 5),
FILEGROUP TestGroup2
(NAME = TG2F1_dat,
   FILENAME = 'D:\TEST\TG2F1.ndf',
   SIZE = 10,
   MAXSIZE = 50,
   FILEGROWTH = 5),
(NAME = TG2F2_dat,
   FILENAME = 'D:\TEST\TG2F2.ndf',
   SIZE = 10,
   MAXSIZE = 50,
   FILEGROWTH = 5)
LOG ON
(NAME = TestDatabase3_log,
   FILENAME = 'D:\TEST\TestDatabase3_log.ldf',
   SIZE = 5MB,
   MAXSIZE = 25MB,
   FILEGROWTH = 5MB)
```

【练一练】使用 CREATE DATABASE 语句创建数据库 LXDB1，该数据库有一个初始大小为 15MB、最大容量为 200MB、文件增量为 10%的主数据文件 LXDB1_data.mdf 和一个初始大小为 5MB、最大容量为 20MB、文件增量为 10%的事务日志文件 LXDB1_log.ldf，均存放在“D:\LX”文件夹下，并且假设该文件夹已经存在。

2.3.2 使用 ALTER DATABASE 语句修改数据库

在创建数据库的过程中，经常会对原来的设置进行修改，可以使用 ALTER DATABASE 表达式在数据库中添加或删除文件和文件组，也可以更改文件和文件组的属性等，但不能改变数据库的存储位置。

语句格式如下：

```
ALTER DATABASE <数据库文件名>
(ADD FILE <数据库名称>
|ADD LOG FILE <日志文件>
|REMOVE FILE <逻辑文件名>
|ADD FILEGROUP <文件组名>
|REMOVE FILEGROUP <文件组名>
|MODIFY FILE <文件名>
|MODIFY NAME = <新数据库名称>
|MODIFY FILEGROUP <文件组名>
```

```
|SET<选项>)
```

参数说明如下。

- ADD FILE：将文件添加到数据库中。
- ADD LOG FILE：向数据库添加事务日志文件。
- REMOVE FILE：从数据库删除逻辑文件，且删除其物理文件，文件只有为空时才能够被删除。
- ADD FILEGROUP：向数据库添加文件组。
- REMOVE FILEGROUP：从数据库中删除指定文件组的定义，文件组只有为空时才能够被删除。
- MODIFY FILE：指定要修改的文件，一次只能修改一个属性。
- MODIFY FILEGROUP：修改文件组及其属性。文件组属性的取值可以为 READONLY（只读）、READWRITE（可读写）、DEFAULT（默认）。

1. 添加次数据文件

【例 2-10】对“student”数据库增加数据文件 stu2，初始大小 5MB，最大容量 10MB，增长方式 10%。

```
ALTER DATABASE student
ADD FILE
(   NAME = stu2,
  FILENAME='C:\stu2.ndf',
  SIZE=5MB,
  MAXSIZE=10MB,
  FILEGROWTH=10%
)
```

2. 更改指定文件

【例 2-11】将“student”数据库主数据文件的最大容量增加 10MB。

```
ALTER DATABASE student
MODIFY FILE
(  NAME = stu,
  MAXSIZE=10MB,
)
```

3. 删除指定文件

【例 2-12】将学生信息管理数据库中的“学生信息管理 2”文件从数据库中删除。

```
ALTER DATABASE 学生信息管理
REMOVE FILE 学生信息管理 2
```

2.3.3　重命名数据库

通过使用 ALTER DATABASE 表达式，可以对数据库进行重命名操作，语法格式如下：

```
ALTER DATABASE <原数据库名称>
MODIFY NAME = <新数据库名称>
```

【例 2-13】将数据库“学生信息管理”名称更改为“学生信息管理_bak”。

代码如下：

```
ALTER DATABASE 学生信息管理
MODIFY NAME = 学生信息管理_bak
```

命名执行成功后，如图 2-17 所示。

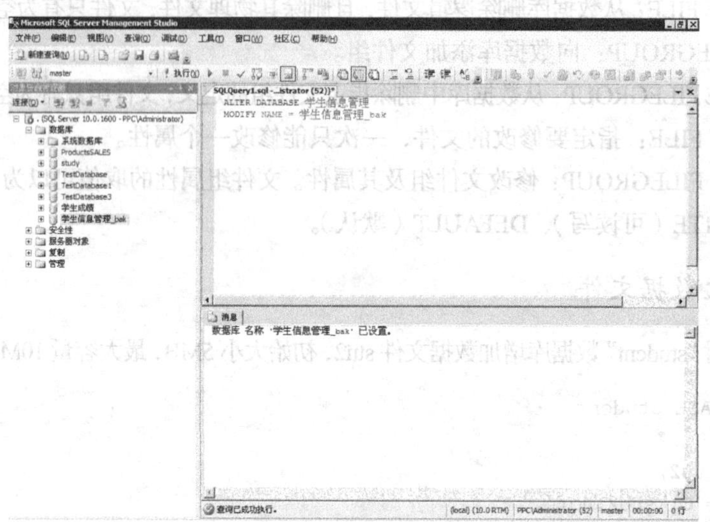

图 2-17　重命名数据库

2.3.4　收缩数据库

（1）自动收缩数据库。

使用 ALTER DATABASE 语句可以实现用户数据库自动收缩，其语法格式如下：

```
ALTER DATABASE database_name
SET AUTO_SHRINK ON/OFF
```

参数说明如下。

ON：将数据库设为自动收缩；

OFF：将数据库设为不自动收缩。

（2）手动收缩数据库。

使用 DBCC SHRINKDATABASE 语句可以实现用户数据库手动收缩，其语法格式如下：

```
DBCC SHRINKDATABASE
( database_name | database_id | 0 [ , target_percent ]
[ , { NOTRUNCATE | TRUNCATEONLY } ]
)
```

【注意】

target_percent：数据库收缩后的数据库文件中所需的剩余可用空间百分比。

NOTRUNCATE：通过将已分配的页从文件末尾移动到文件前面的未分配页来压缩数据文件中的数据。

TRUNCATEONLY：将文件末尾的所有可用空间释放给操作系统，但不在文件内部执行任何页移动。

【例 2-14】将数据库 student 的大小收缩，并保留数据库有 10%的可用空间。

```
DBCC SHRINKDATABASE (student,10)
```

（3）收缩指定数据文件。

使用 DBCC SHRINKFILE 语句可以实现收缩指定数据文件，其语法格式如下：

```
DBCC SHRINKFILE
( { file_name | file_id } { [ , EMPTYFILE ] | [ [ , target_size ]
[ , { NOTRUNCATE | TRUNCATEONLY } ] ] }
)
 [ WITH NO_INFOMSGS ]
```

【注意】target_size，即用兆字节表示的文件大小（用整数表示）。如果未指定，则将文件大小减少到默认文件大小。默认大小为创建文件时指定的大小。

2.3.5　使用 DROP DATABASE 语句删除数据库

语法格式如下：

```
DROP DATABASE 数据库名称 [,…n]
```

参数说明如下。

- 数据库名称：指定要删除的数据库，且一次可以删除多个数据库，数据库名称之间用逗号隔开。

【注意】不要将系统数据库删除，否则会造成 SQL Server 系统崩溃。

【例 2-15】删除数据库 TestDatabase2。

```
DROP DATABASE TestDatabase2
```

【练一练】使用 DROP DATABASE 语句删除数据库 Rename_LXDB1。

2.4　分离和附加数据库

2.4.1　分离数据库

分离数据库是指将数据库从 SQL Server 实例中删除，但不会删除数据文件和事务日志文件。用户可以使用这些文件将数据库附加到任何 SQL Server 实例，包括分离该数据库的服务器。附加数据库将创建一个新的数据库，并使用已有的数据文件和事务日志文件中的数据。

【例 2-16】分离 ProductsSALES 数据库。

（1）在 SQL Server Management Studio 对象资源管理器中，展开“数据库”文件夹，右键单击 ProductsSALES 数据库，在弹出的快捷菜单中选择“任务”→“分离”，如图 2-18 所示。

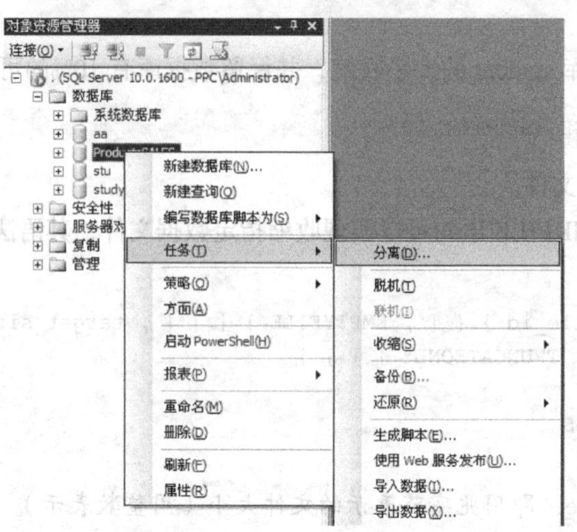

图 2-18　选择“分离”

（2）单击“确定”按钮，把数据库分离出去，如图 2-19 所示。

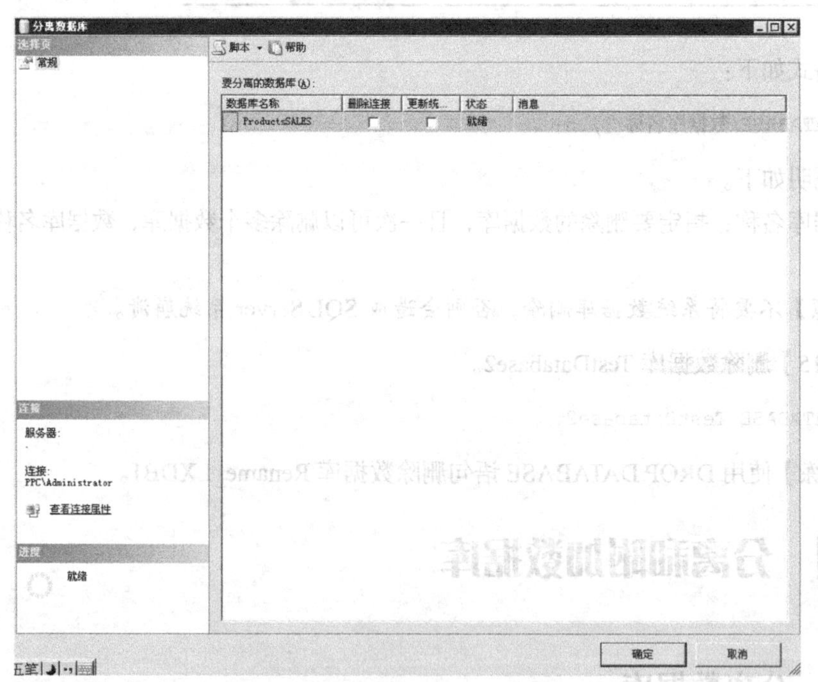

图 2-19　“分离数据库”对话框

【看一看】　默认情况下，分离操作将在分离数据库时保留过期的优化统计信息。若要更新现有的优化统计信息，请选中“更新统计信息”复选框。

默认情况下，分离操作保留所有与数据库关联的全文目录。若要删除全文目录，则清除“保留全文目录”复选框。

“状态”列将显示当前数据库状态（“就绪”或者“未就绪”）。

2.4.2　附加数据库

【例 2-17】附加例 2-16 所分离的 ProductsSALES 数据库，其主数据文件为 D:\TEST\ProductsSALES.mdf。

（1）在 SQL Server Management Studio 对象资源管理器中，展开“数据库”文件夹，右键单击“数据库”，在弹出的快捷菜单中选择“附加”，如图 2-20 所示。

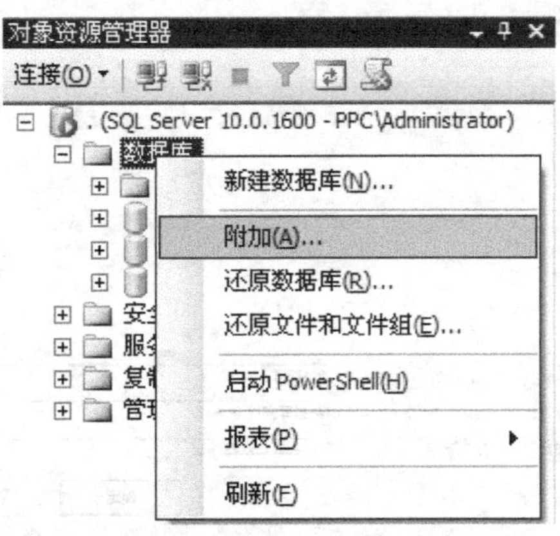

图 2-20　单击“附加”

（2）在“附加数据库”对话框中单击“添加”按钮，指定要附加的数据库，如图 2-21 所示。

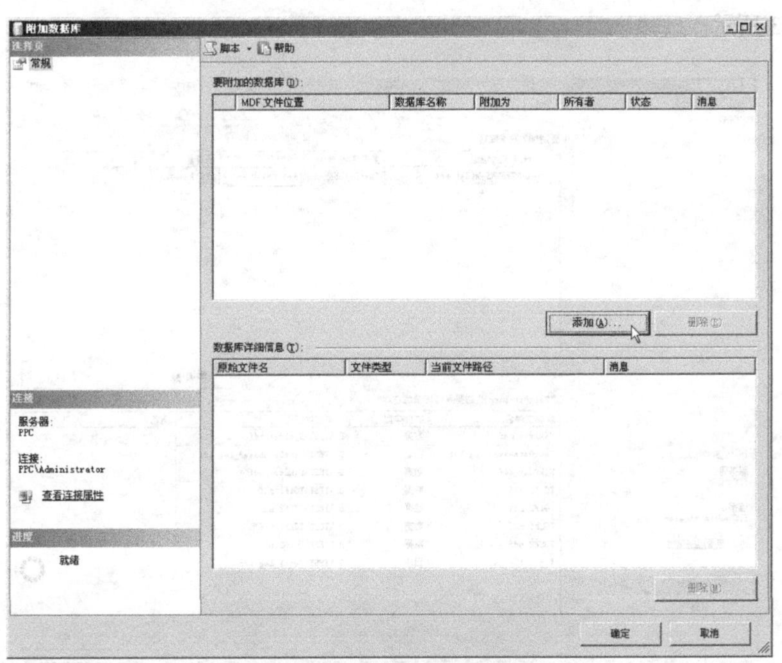

图 2-21　“附加数据库”对话框

（3）在“定位数据库文件”对话框中选择该数据库所在的磁盘驱动器，展开目录树以查找和选择该数据库的.mdf 文件，例如：D:\TEST\ProductsSALES.mdf，如图 2-22 所示。

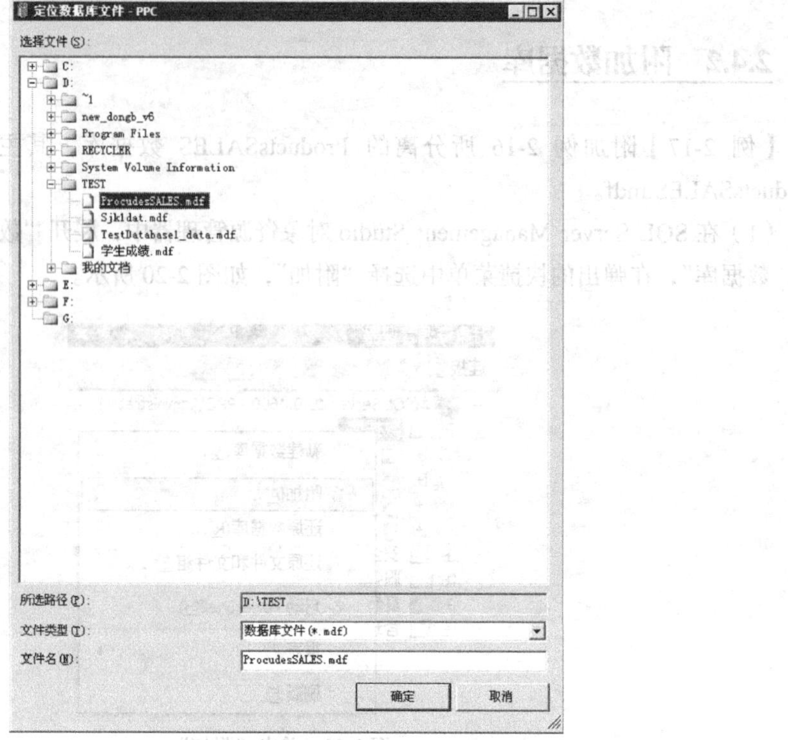

图 2-22 “定位数据库文件”对话框

（4）若要指定以其他名称附加数据库，可在“附加数据库”对话框的“附加为”列中输入名称，如图 2-23 所示。

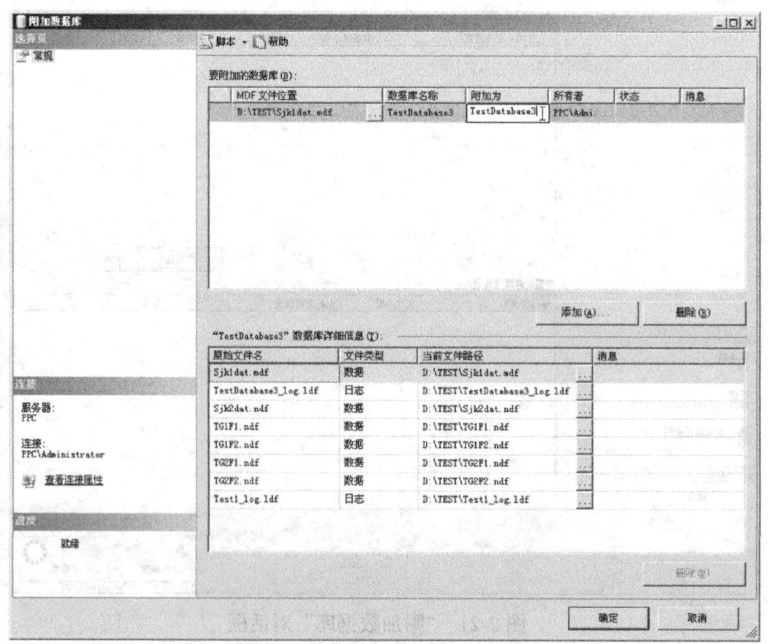

图 2-23 指定以其他名称附加数据库

（5）准备好附加数据库后，单击“确定”按钮。

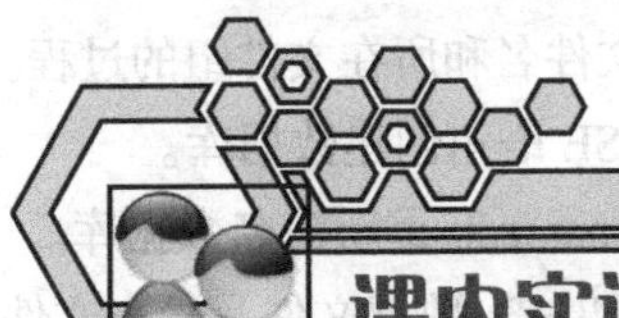

课内实训　学生成绩管理数据库的创建

【任务描述】

创建学生成绩管理数据库。

【技术要点】

创建数据库一般应遵循以下步骤。

① 为数据库命名。

② 确定数据库的位置。

③ 确定数据库文件的大小及增长方式。

④ 使用SQL Server Management Studio或CREATE DATABASE语句创建数据库。

【实现过程】

数据库命名为“学生成绩”（在实际工程中请使用英文字母组合）。“学生成绩”数据库有两个文件，一个是主文件，扩展文件名为.mdf，另一个是日志文件，扩展文件名为.ldf，均存放在“D:\student”文件夹下。主文件的初始大小为 50MB，最大为 200M，日志文件的初始大小为 10MB，最大为 50M，主文件按 10%增长，日志文件按 1MB 增长。

在此使用 CREATE DATABASE 语句创建数据库。

```
CREATE DATABASE 学生成绩
ON
PRIMARY
    (NAME = 学生成绩主数据文件,
    FILENAME = 'D:\student\学生成绩.mdf',
    SIZE = 50MB,
    MAXSIZE = 200MB,
    FILEGROWTH = 10%)
LOG ON
   (NAME = 学生成绩日志文件,
    FILENAME = 'D:\student\学生成绩.ldf',
    SIZE = 10MB,
    MAXSIZE = 50MB,
    FILEGROWTH = 1MB)
```

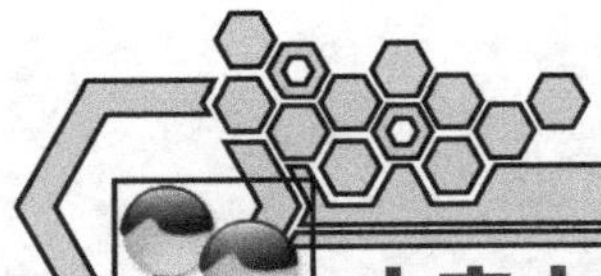

本章小结

- SQL Server2008 数据库具有三种类型的文件：主要数据文件、次要数据文件及事务日志文件。

• 创建数据库的过程就是为数据库确定名称、大小、存放位置、文件名和所在文件组的过程。

• 可以使用 SQL Server Management Studio 或 CREATE DATABASE 语句创建数据库。

• 可以使用 SQL Server Management Studio 或系统存储过程 sp_renamedb 重新命名数据库。

• SQL Server 2008 允许用户通过收缩数据库把未使用的空间释放出来，数据文件及日志文件都能够缩小，可以手动收缩或自动收缩数据库。

• 可以使用 SQL Server Management Studio 对数据库的属性设置进行修改，也可以使用 ALTER DATABASE 语句来修改数据库。

• 分离数据库是指将数据库从 SQL Server 实例中删除，但不会删除数据文件和事务日志文件。附加数据库将创建一个新的数据库，并使用已有的数据文件和事务日志文件中的数据。

• 可以使用 SQL Server Management Studio 或 DROP DATABASE 语句删除数据库。

测试与练习

1. 创建数据库的命令是以下哪个选项？（　　）

A. CREATE PROCEDURE

B. ALTER DATABASE

C. DROP DATABASE

D. CREATE DATABASE

2. 删除数据库的命令是以下哪个选项？（　　）

A. DROP TABLE

B. CREATE TABLE

C. DROP DATABASE

D. ALTER DATABASE

3. 修改数据库的语句是以下哪个选项？（　　）

A. CREATE TABLE

B. CREATE DATABASE

C. ALTER DATABASE

D. DROP TABLE

4. SQL Server 中的数据库文件组分为（　　）。

A. 主文件组和用户自定义文件组

B. 主文件组和次文件组

C. 用户自定义文件组和次文件组

D. 以上都不是

5. SQL Server2008 数据库有哪三种类型的文件？

6. 简述使用 SQL Server Management Studio 分离及附加数据库的步骤。

7. SQL Server 2008 系统数据库包括哪几个？分别有什么作用？

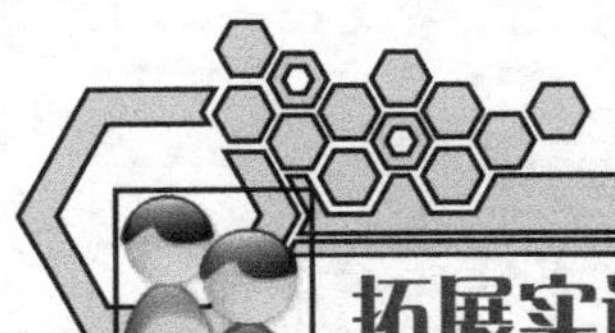

拓展实训　学生成绩管理数据库的修改

【实训目标】

能够根据需要对 SQL Server 数据库进行修改。

【预估时间】

40 分钟。

【实训步骤】

1. 将数据库“成绩管理”重新命名为“学生成绩管理”。
2. 分离“学生成绩管理”数据库。
3. 附加步骤 2 分离的“学生成绩管理”数据库。
4. 收缩“学生成绩管理”数据库。
5. 使用联机丛书，查看“CREATE DATABASE”相关资料。
6. 使用联机丛书，查看“ALTER DATABASE”相关资料。
7. 使用联机丛书，查看“DROP DATABASE”相关资料。

第3章 表的设计

【知识目标】

- 熟悉表的基础知识及表的关系
- 掌握 SQL Server 2008 中的数据类型
- 掌握表的创建、修改及删除
- 掌握索引的相关操作
- 掌握数据完整性

【技能目标】

- 熟练使用 SQL Server Management Studio 可视化创建、修改及删除表
- 能够使用 Transact-SQL 创建、修改及删除表
- 熟练维护表数据
- 能够利用数据完整性对表中的数据进行有效的管理

3.1 数据表的基础知识

表是 SQL Server 中一种重要的数据库对象。SQL Server 通过数据库存储和管理数据，而在数据库中，数据则是分门别类地存储在各个表中，每个表包含特定功能的数据。数据在表中是按行和列的组织形式存储的，每行用来保存一条记录，每一列代表记录中的一个字段。如图 3-1 所示，生产厂家表中每一行代表一个厂商信息记录，每列表示厂家的各种信息，如厂家编号、厂家名称、国家等。

厂家编号	厂家名称	国家
101010001	青岛海尔	中国
101010002	杭州娃哈哈	中国
101020001	同仁堂制药	中国

图 3-1　生产厂家表

3.2 表之间的关系

表间的关系有 3 种类型即一对多关系、多对多关系和一对一关系。

1. 一对多关系

一对多关系是最常用的关系类型。在一对多关系中，A 表中的一行在 B 表中能够有许多与之匹配的行，但 B 表中的一行在 A 表中只能有一个与之匹配的行。

2. 多对多关系

在多对多关系中，A 表中的一行在 B 表中有许多匹配行，反之亦然。需要通过定义第三个表（称为连接表）来创建多对多的关系，该表的主键由来自 A 表和 B 表的外键组成。

3. 一对一关系

一对一关系不是很常用。在一对一关系中，A 表中的一行只能与 B 表中的一行匹配，反之亦然。

【相关链接】表通常具有包含唯一标识表中每一行的值的一列或一组列，这样的一列或多列称为表的主键（PK），用于强制表的实体完整性。外键（FK）是用于建立和加强两个表数据之间的链接的一列或多列。

3.3 SQL Server 2008 系统数据类型

“物以类聚”，数据要分门别类存放，所以，字段的数据类型对数据进行分类起到了决定数据特性的作用。SQL Server 2008 提供的数据类型有精确数字型、近似数字型、日期时间型、字符串型、Unicode 字符串型、二进制字符型和其他数据类型。系统数据类型是 SQL Server 预先定义好的，可以直接使用。在实际使用中，SQL Server 会自动限制每个系统数据类型取值的范围。当数据的值超过了数据类型允许的范围，SQL Server 系统就会自动报错。SQL Server 2008 提供的系统数据类型，如图 3-2 所示。

3.3.1 精确数字

精确数字类型分为整数类型、带固定精度和小数位数的数据类型、货币类型 3 种。

1. 整数类型

没有小数的正数或负数包括 0 在内，即是整数。例如：123、0、–1 000 等数据，都是整数。SQL Server 提供以下类型存储整数类型数据。

- bit：位数据类型，其数据有 0 和 1 两种取值。这种数据类型常作为逻辑变量使用，用来表示真、假或者是、否等布尔值。所以，当字段要存储的数据只有两种结果之一时，采用 bit 数据类型是最适合。比如，性别只有男或女两种取值，因此，以 1 代表男，0 代表女；再比如，是否为团员，以 1 代表是团员，以 0 代表不是团员。

SQL Server 在存储 bit 数据类型时做了一定的优化，如果一个表中有 1~8 个 bit 列时，用 1 个字节存放；如果有 9~16 个 bit 列时，用 2 个字节存放。

- tinyint：每个 tinyint 类型的数据占用 1 个字节的存储空间，它可以存储从 0~255 范围的整数。
- smallint：每个 smallint 类型的数据占用 2 个字节的存储空间。可以存储在-2^{15}（–32 768）~$2^{15}-1$（32 767）范围的整数。
- int（integer）：每个 int 数据类型的值占用 4 个字节的存储空间。int 数据类型可以存储在-2^{31}（–2 147 483 648）~（$2^{31}-1$）（–2 147 483 647）范围的整数。
- bigint：每个 bigint 类型的数据占用 8 个字节的存储空间。用于存储从-2^{63}（–9 223 372 036 854 775 808）~（$2^{63}-1$）（–9 223 372 036 854 775 807）范围的整数。

以上整数类型最要的区别在于所存储的整数值范围不同，它们容量范围从大到小排列次序是 bigint、int、smallint、tinyint，bit 主要用来存储逻辑类型的数据。

2. 带固定精度和小数位数的数据类型

SQL Server 2008 提供以下两种数据类型：

- decimal [(p [, s])]
- numeric [(p [, s])]

系统数据类型
- 精确数字
  - bit
  - tinyint
  - smallint
  - int
  - bigint
  - numeric
  - decimal
  - smallmoney
  - money
- 近似数字
  - float
  - real
- 日期和时间
  - datetime
  - smalldatetime
  - time
  - date
  - datetimeoffset
  - datetime2
- 字符串
  - char
  - varchar
  - text
- Unicode 字符串
  - nchar
  - nvarchar
  - ntext
- 二进制字符串
  - binary
  - varbinary
  - image
- 其他数据类型
  - sql_variant
  - timestamp

图 3-2　SQL Server 2008 系统数据类型

decimal 数据类型和 numeric 数据类型完全相同，分为两种是为了保持与 ANSI 标准兼容。这两种数据类型可以提供数据所需的实际存储空间，可以用 5~17 个字节来存储（$-10^{38}+1$）~（$10^{38}-1$）之间的数值。其中，p 用来指定要采用的精度，表示可供存储数值的总位数，包括整数部分和小数部分，默认设置为 18，精度 p 值可介于 1 和 38 之间。s 表示小数点右侧的小数部分的位数，默认设置为 0。

比如，decimal（3,1）表示精度为 3，小数位数为 1，也就是说，数据一共有 3 位，其中整数部分 2 位，小数部分 1 位。可以存储 12.3，45.0 等类似的数据。

3. 货币类型

用来存储货币数据，比如：价格、人员工资等。SQL Server 2008 提供以下两种数据类型：

- money：用于存储货币值，存储大小为 8 个字节。存储范围为–922 337 203 685 447.580 8~922 337 203 685 447.580 7。
- smallmoney：与 money 数据类型类似，但范围比 money 数据类型小，存储大小为 4 个字节。其存储范围为–214 748.364 8~214 748.364 7。

当定义 money 或 smallmoney 数据类型输入数据时，必须在有效位置前面加一个货币单位符号。比如：$ 或￥。

3.3.2　近似数字

近似数据类型用于存储十进制小数，也称浮点数。当要存储的数字极大而无法用 decimal 数据类型和 numeric 数据类型来定义时，就必须采用近似数字的数据类型。比如：分数 1/3 的小数表示法是 0.333333。SQL Server 2008 提供以下两种数据类型：

- float：可以精确到第 15 位小数，其范围为（–1.79E+308）~（1.79E+308）。如果不指定 float 数据的长度，它占用 8 个字节的存储空间。float 数据类型也可以写为 float（*n*）的形式，*n* 指定字段的长度，*n* 为 1~53 之间的整数值。
- real：每个 real 类型的数据占用 4 个字节的存储空间，最大可以有 7 位精确位数。它的存储范围在（–3.40E+38）~（–3.40E+38）。

3.3.3　日期和时间类型

SQL Server 2008 支持的日期和时间数据类型主要有以下两种：

- datetime：用于存储日期和时间的结合体。它可以存储在公元 1753 年 1 月 1 日零时—公元 9999 年 12 月 31 日 23 时 59 分 59 秒之间的所有日期和时间。

datetime 数据类型所占用的存储空间为 8 个字节。datetime 的准确度可达 1/300 秒，也就是 3.33 毫秒。

当存储 datetime 数据类型时，默认的格式是：MM DD YYYY hh：mm A.M/P.M。当插入数据或者在其他地方使用 datetime 类型时，需要用单引号把数据括起来。比如：'2010-01-01'。datetime 数据类型允许使用“/”、“-”和“.”作为不同时间单位的分隔符。

- smalldatetime：与 datetime 数据类型类似，但其日期时间范围较小，它存储在 1900 年 1 月 1 日—2079 年 6 月 6 日之间的日期。Smalldatetime 数据类型使用 4 个字节存储数据。Smalldatetime 的准确度为 1 分钟。

3.3.4　字符串

字符数据类型是 SQL Server 中最常用的数据类型之一，它可以用来存储中英文、数字符号（不具备数值意义的数字，比如：电话号码等）和特殊符号。在使用字符串数据类型时，需要在其前后加上英文单引号或者双引号。SQL Server 2008 提供以下四种数据类型：

- char：此数据类型用来存储固定长度的非 Unicode 字符数据。其定义格式为：char(*n*)。其中，*n* 表示所有字符所占的存储空间，*n* 的取值为 1 ~ 8 000。

当用 char 数据类型存储数据时，每个字符和符号占用 1 个字节的存储空间。如果不指定 *n* 值，系统默认 *n* 的值为 1。如果输入数据的字符串长度小于 *n*，则系统自动在其后添加空格来填满设定好的空间。若输入的数据过长，将会截掉其超出部分。比如：char(10)来存储“HELLO”，SQL Server 会将字符串后补 5 个空格存成“HELLO”。char(5)来存储“HELLO　I am lily”，SQL Server 会将字符串截断存成“HELLO”。

此数据类型适合存储定长的字符串，比如：身份证号、电话号码、邮政编码等。

● varchar：此数据类型用来存储可变长度的非 Unicode 字符数据。其定义形式为：varchar(*n*)。其中，*n* 表示对应的字段最多可以存储的字节数。*n* 的取值为 1~8 000。

varchar 类型的存储空间根据输入数据的实际长度而变化。如果存储字符串的数据长度比 *n* 值大，将会截掉其超出部分。如果输入数据的字符串长度小于 *n*，则字符串的后面不会加上空格来填满，而是根据字符串的实际长度来存储。比如：varchar(10)来存储“HELLO”，SQL Server 会存成“HELLO”。

该数据类型适合存储变长的字符串，以提高存储空间的利用率，比如：家庭住址、工作单位等。

● text：用于存储大容量文本数据。当要存储的字符型数据非常巨大，char 和 varchar 已经不能满足其存储要求时，应选择 text 型数据类型。但实际应用时要根据硬盘的存储空间而定。

在定义 text 数据类型时，不需要指定数据长度，SQL Server 会根据数据的长度自动为其分配空间。

● varchar(max)：用于存储“可变长度”超过 8 000 个字符（8KB）的非 Unicode 字符。

3.3.5 Unicode 字符串

Unicode（统一字符编码标准）字符集标准，用于支持国际上的非英语语种。每个 Unicode 字符用两个字节为一个存储单位，所以 Unicode 数据类型所占用的存储空间是非 Unicode 数据类型的两倍。SQL Server 2008 提供以下四种数据类型：

● nchar：此数据类型用来存储固定长度的 Unicode 字符数据。定义形式为 nchar(*n*)。其中，*n* 表示字符所占的存储空间，*n* 的取值为 1 ~ 4 000。

● nvarchar：此数据类型用来存储可变长度的 Unicode 字符数据。其定义形式为 nvarchar(*n*)。其中，*n* 表示字符所占的存储空间，*n* 的取值为 1 ~ 4 000。

● ntext：用于存储大容量文本数据。其理论上的容量为 $2^{30}-1$（1 073 741 823）个字节。

● nvarchar(max)：用于存储“可变长度”超过 4 000 个字符（4KB）的 Unicode 字符。

3.3.6 二进制字符串

SQL Server 2008 支持的二进制数据类型主要有以下 3 种：

● binary：其定义形式为 binary(*n*)，数据的存储长度是固定的。存储大小为 *n*+2 个字节，当输入的二进制数据长度小于 *n* 时，余下的部分填充 0。*n* 值介于 1 与 8 000 之间，常用于存储图像等数据。

● varbinary：其定义形式为 varbinary(*n*)。数据的存储长度是变化的，它为实际所输入数据的长度加上 4 字节。其他含义同 binary。在输入二进制常量时，需要该常量前面加一个前缀 0x。

● image：用于存储照片、目录图片或者图画，其容量为 $2^{31}-1$（2 147 483 647）个字节。

3.3.7 其他数据类型

SQL Server 2008 支持的其他数据类型主要有以下几种。

● sql_variant：用于存储除文本、图形数据和 timestamp 类型数据外的其他任何合法的 SQL

Server 数据。此数据类型极大地方便了开发工作。

- timestamp：timestamp 是一种自动记录时间的数据类型，主要用于在数据表中记录数据的修改时间。它提供数据库范围内的唯一值，反映数据库中数据修改的相对顺序，相当于一个单调上升的计数器。
- uniqueidentifier（GUID）：也称为唯一标识数据类型。用于存储一个 16 字节长的二进制数据类型。它是 SQL Server 根据计算机网络适配器地址和 CPU 时钟产生的全局唯一标识符代码，因此，该数据类型可以保证在全球范围内不同的计算机所产生的标识符是唯一的。
- xml：可以在 SQL Server 数据库中存储 XML 文档和片段。XML 片段是缺少单个顶级元素的 XML 实例。
- table：用于存储对表或者视图处理后的结果集。使用该数据类型可以利用变量存储一个表，从而使函数或过程返回查询结果更加方便快捷。
- cursor：游标的引用。

3.4 使用 SQL Server Management Studio 管理表

在 SQL Server Management Studio 可以实现对数据表的创建、修改、重命名和删除等操作。

3.4.1 创建表

【例 3-1】使用 SQL Server Management Studio 创建商品大类表。

（1）启动 SQL Server Management Studio，在“对象资源管理器”窗口中展开实例节点→展开数据库文件夹→展开 ProcudesSALES→在“表”节点上，单击鼠标右键，在弹出的快捷菜单中选择“新建表”，如图 3-3 所示。

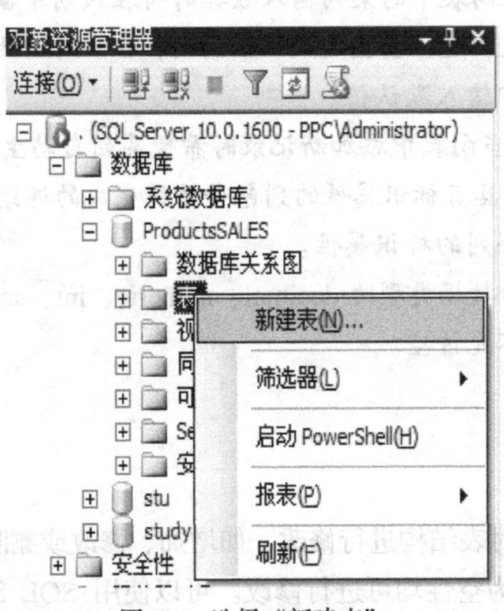

图 3-3　选择“新建表”

（2）定义列的属性，如列名、数据类型、长度、是否允许空等，如图 3-4 所示。

（3）单击工具栏中的“💾”按钮，输入表名称“商品大类”，单击“确定”按钮，如图 3-5

所示。

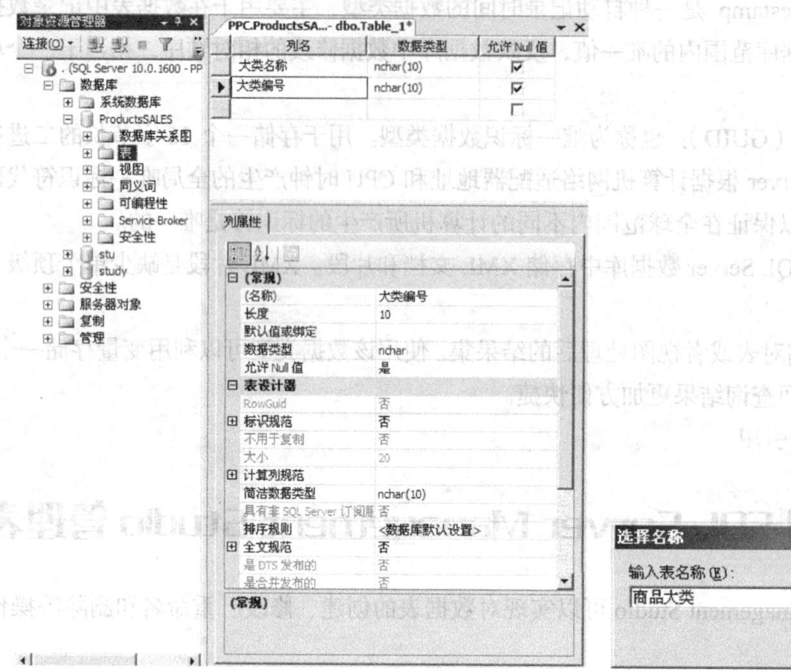

图 3-4 定义列

图 3-5 输入表名称

【看一看】

- “允许空”选项：该选项的设置很简单，在表设计器的右侧选择“允许空”复选框，表示该列允许为空值（NULL），否则表示不允许为空值。需要注意的是，空值（NULL）与零（0）或空格并不相同，空值（NULL）表示未输入内容。主键列及标识列不能为空值。
- 为列指定默认值：未向表中的某列输入数据时将在该列中输入默认值。设置方法为：在表设计器中打开要修改的表，选择要指定默认值的列，在“列属性”选项卡中的“常规”项下的“默认值或绑定”属性中输入默认值。
- “标识规范”选项：当向表中添加新记录时希望某列自动生成存储于列中的序列号时，则应设置该列的标识属性。具有标识属性的列包含系统生成的连续值，它唯一地标识表中的每一行。每个表只能设置一个列的标识属性。

需要注意的是：只能为数据类型为 decimal、numeric、int、smallint、bigint 及 tinyint 的列设置标识属性，并且该列不允许空。

3.4.2 修改表结构

创建表之后，有时需要对表结构进行修改，如增加、修改或删除列，列的名称、长度、数据类型、精度、小数位数以及为空性均可进行修改。可以使用 SQL Server Management Studio 和 ALTER TABLE 语句修改表的结构。

【例 3-2】使用 SQL Server Management Studio 将生产厂家表内国家字段更改为允许空。

（1）启动 SQL Server Management Studio，在“对象资源管理器”窗口中展开实例节点→数据

库→ProcudesSALES→表→在“dob.生产厂家”处单击鼠标右键，选择“设计”，如图 3-6 所示。

（2）选取生产厂家表中的“国家”列的“允许空”选项，如图 3-7 所示。

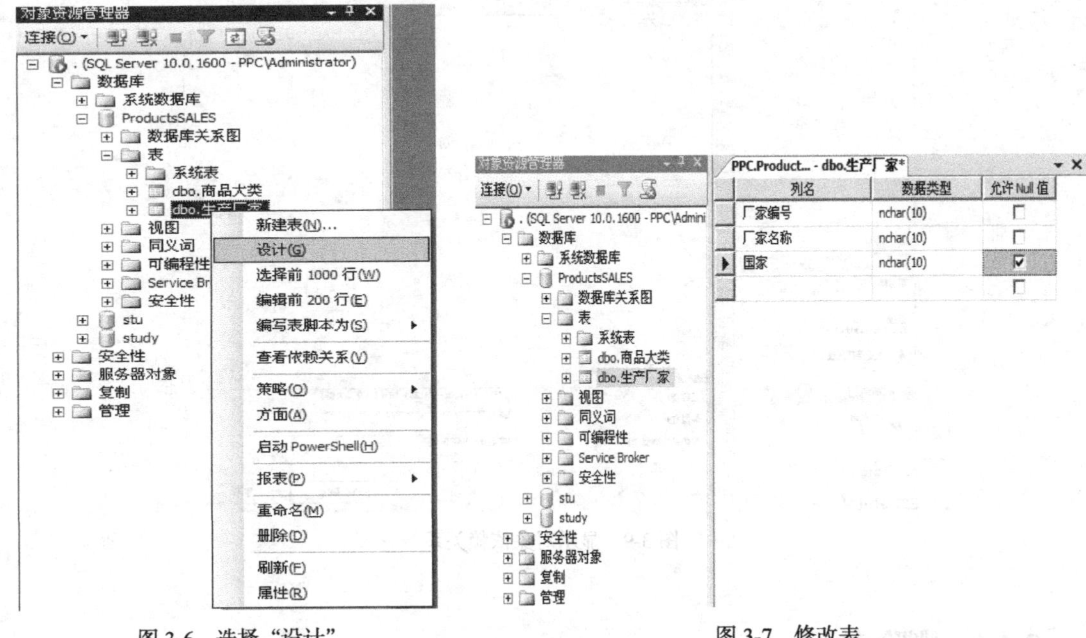

图 3-6　选择“设计”

图 3-7　修改表

（3）单击图 3-7 中工具栏处的“ ”按钮，保存表的修改。

3.4.3　查看表

启动 SQL Server Management Studio，在“对象资源管理器”窗口中展开实例节点→数据库→ProcudesSALES→表→在所要查看的表处（如：“dbo.商品大类”）单击鼠标右键，选择“查看依赖关系”选项（见图 3-8）后，则显示对象的依赖关系，如图 3-9 所示。

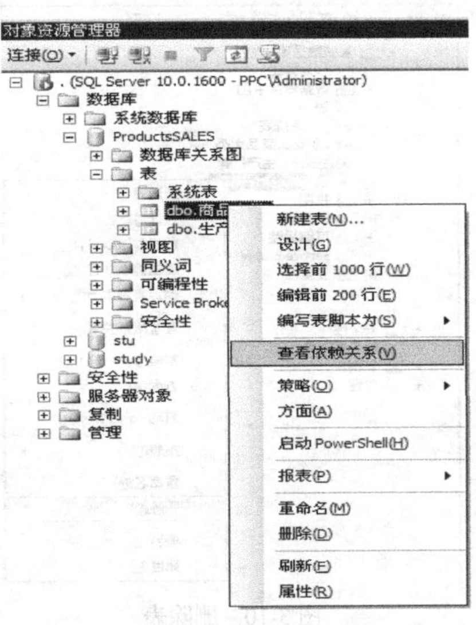

图 3-8　查看依赖关系

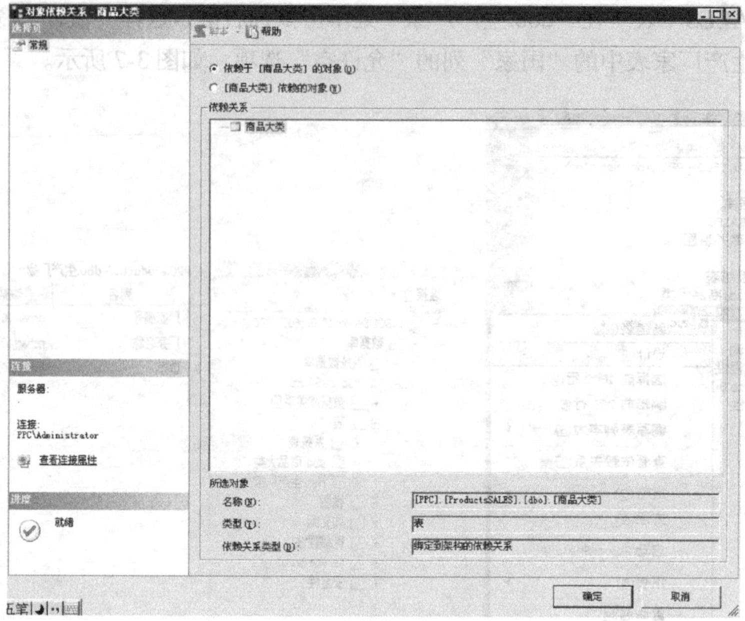

图 3-9　显示对象依赖关系

3.4.4 删除表

当数据库中的某个表失去作用时，可将其删除。在删除表时，该表的结构定义、表中的所有数据以及表的索引、约束等将从数据库中永久删除。

【例 3-3】使用 SQL Server Management Studio 删除 ProductsSALES 数据库中的“操作员表”。

（1）启动 SQL Server Management Studio，在“对象资源管理器”窗口中展开实例节点→数据库→ProcudesSALES→表→在“dbo.操作员表”处单击鼠标右键，选择“删除”，如图 3-10 所示。

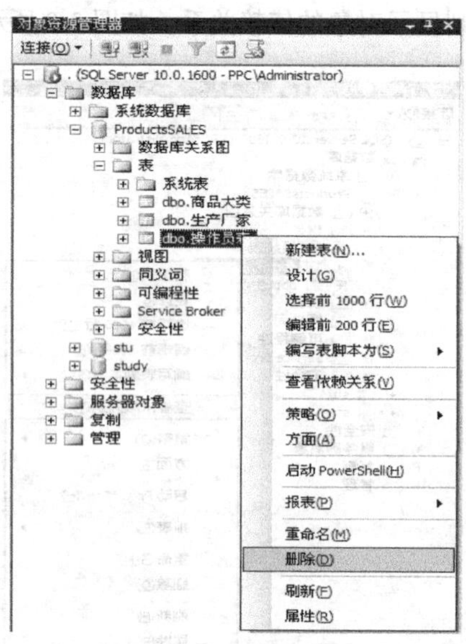

图 3-10　删除表

（2）在“删除对象”对话框中，单击“确定”按钮即可将表删除，如图3-11所示。

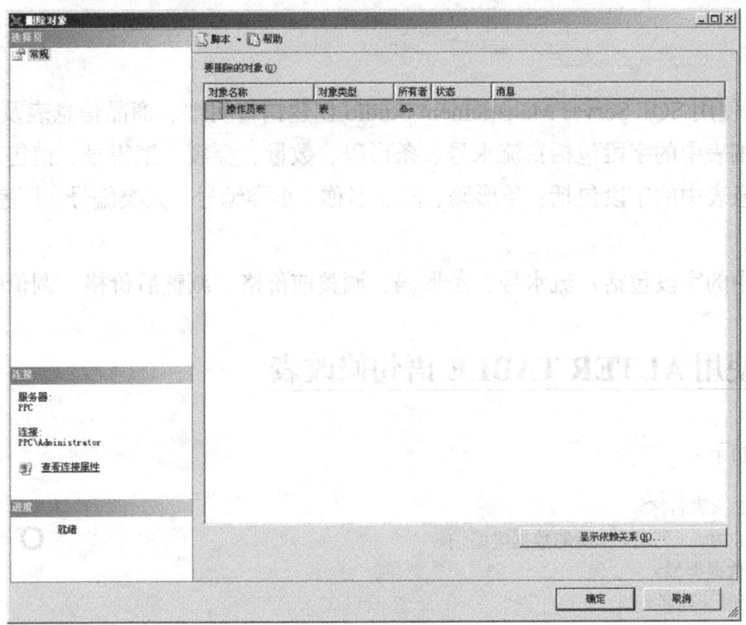

图3-11　删除表

3.5 使用Transact-SQL管理表

3.5.1 使用CREATE TABLE语句创建表

语法格式如下：

```
CREATE TABLE 表名
(
列名 列的属性 [,…n]
)
```

【注意】关于CREATE TABLE语句，更详尽的格式可参阅SQL Server 2008的联机丛书。

【例3-4】使用CREATE TABLE语句创建商品小类表及生产厂家表。

```
USE ProductsSALES
GO
CREATE TABLE 商品小类(
 小类编号 varchar(10) NOT NULL PRIMARY KEY,
 小类名称 varchar(50) NOT NULL,
 大类编号 varchar(10) NOT NULL
)
   GO
CREATE TABLE 生产厂家(
   厂家编号 varchar(10) NOT NULL PRIMARY KEY,
```

```
    厂家名称 varchar(100) NOT NULL,
    国家 varchar(50) NOT NULL
)
GO
```

【练一练】使用 SQL Server Management Studio 创建销售明细、商品信息表及调价表。

- 销售明细表中的字段包括：流水号、条形码、数量、金额、销售号、销售时间、操作员。
- 商品信息表中的字段包括：条形码、商品名称、小类编号、大类编号、厂家编号、进货价、零售价。
- 调价表中的字段包括：流水号、条形码、调整前价格、调整后价格、调价时间、操作员。

3.5.2 使用 ALTER TABLE 语句修改表

语法格式如下：

```
ALTER TABLE <表名称>
{[ALTER COLUMN <列名> <新的数据类型>]
|ADD 列名 <数据类型>
|DROP COLUMN <列名>
```

参数说明如下。

- ALTER COLUMN：指定要修改的列。
- ADD：表明要向表中添加一列。
- DROP COLUMN：表示要删除表中的一列。

【例 3-5】使用 CREATE TABLE 语句在 ProductsSALES 数据库中创建操作员表（见表 3-1）；使用 ALTER TABLE 语句在表中添加“员工类型”字段，数据类型为“char”，长度为“2”；删除表中的“薪水”字段；修改“员工类型”字段，将其数据类型改为“varchar”，长度为“3”。

表 3-1　　操作员表（Operate_yg）结构

列　名	数据类型	长　度	是否主键	允许空值
操作员编号	varchar	5	是	否
姓名	varchar	20	否	否
性别	char	2	否	否
权限	varchar	8	否	是
薪水	money		否	是
密码	varchar	50	否	是

```
USE ProductsSALES
GO
CREATE TABLE 操作员表
(
操作员编号 varchar(5) NOT NULL PRIMARY KEY,
姓名 varchar(20) NOT NULL,
权限 varchar(8),
薪水 money,
```

```
密码 varchar(50)
)
GO
ALTER TABLE 操作员表 ADD 员工类型 char(2)
ALTER TABLE 操作员表 DROP COLUMN 薪水
ALTER TABLE 操作员表 ALTER COLUMN 员工类型 varchar(3)
GO
```

【说明】使用 CREATE TABLE 语句在 ProductsSALES 数据库中创建操作员表。使用 ALTER TABLE 修改操作员表，修改表结构时，一次只能完成一项修改。使用 ADD 关键字增加一列“员工类型”，使用 DROP COLUMN 关键字删除“薪水”列，使用 ALTER COLUMN 关键字修改“员工类型”列，使其类型为 varchar，长度为 3。

3.5.3　使用语句查看表

表创建完成后，可能需要查找有关表属性的信息（如列名、数据类型或其索引的性质），但更多是要查看表中的数据。

还需要显示表的依赖关系来确定哪些对象（如视图、存储过程及触发器）是由表决定的。在更改表时，相关对象或许会受到影响。

可以使用系统存储过程 sp_help (Transact-SQL)来查看表的定义，语法格式如下：

```
sp_help [ 对象名 ]
```

1. 返回有关所有对象的信息

【例 3-6】使用系统存储过程 sp_help 列出有关 ProductsSALES 数据库中每个对象的信息，运行结果如图 3-12 所示。

```
USE ProductsSALES
GO
EXEC sp_help
GO
```

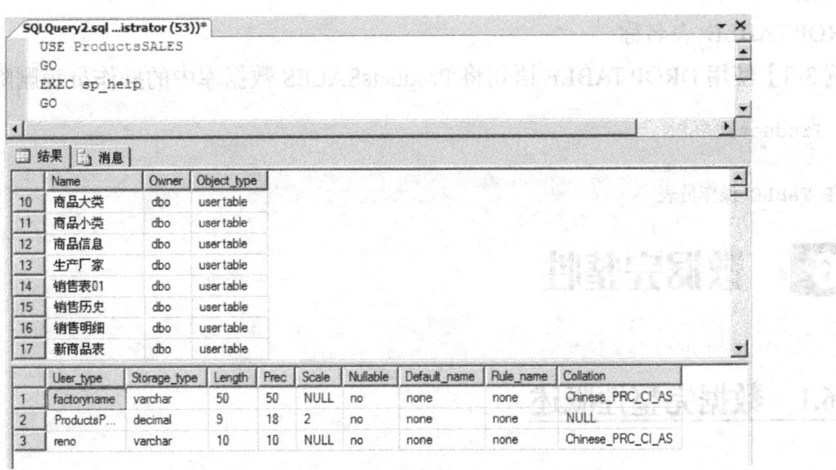

	Name	Owner	Object_type
10	商品大类	dbo	user table
11	商品小类	dbo	user table
12	商品信息	dbo	user table
13	生产厂家	dbo	user table
14	销售表01	dbo	user table
15	销售历史	dbo	user table
16	销售明细	dbo	user table
17	新商品表	dbo	user table

	User_type	Storage_type	Length	Prec	Scale	Nullable	Default_name	Rule_name	Collation
1	factoryname	varchar	50	50	NULL	no	none	none	Chinese_PRC_CI_AS
2	ProductsP...	decimal	9	18	2	no	none	none	NULL
3	reno	varchar	10	10	NULL	no	none	none	Chinese_PRC_CI_AS

图 3-12　返回有关所有对象的信息

2. 返回有关单个对象的信息

【例 3-7】使用系统存储过程 sp_help 列出有关 ProductsSALES 数据库中商品大类表的信息，运行结果如图 3-13 所示。

```
USE ProductsSALES
GO
EXEC sp_help '商品大类'
GO
```

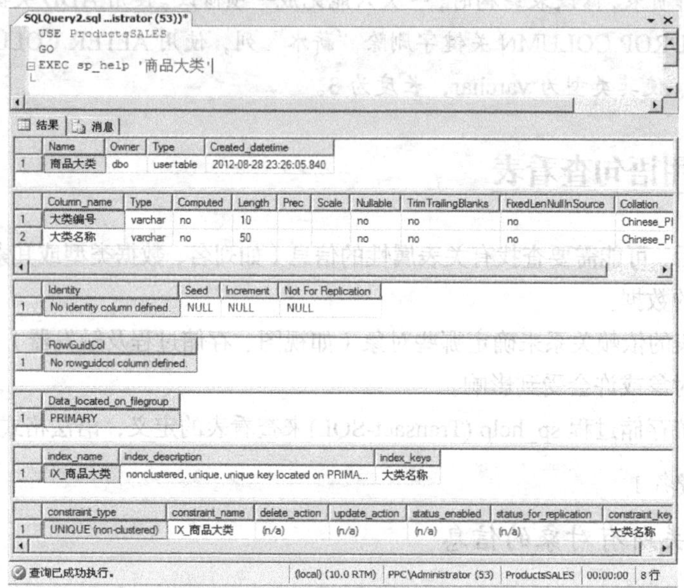

图 3-13 返回有关单个对象的信息

3.5.4 使用 DROP TABLE 语句删除表

语法格式如下：

DROP TABLE 表名称

【例 3-8】使用 DROP TABLE 语句将 ProductsSALES 数据库中的操作员表删除。

```
USE ProductsSALES
GO
DROP TABLE 操作员表
```

3.6 数据完整性

3.6.1 数据完整性概述

强制数据完整性能够保证数据库中数据的质量。例如，若向操作员表的“操作员编号”列输

入了值为“01001”的信息，则不应允许其他操作员使用具有相同值的“操作员编号”。如果表中有一个存储商品小类编号的“小类编号”列，则数据库应只允许接受有效的“小类编号”的值。

数据完整性分为实体完整性、域完整性、引用完整性和用户定义完整性这 4 类。

1. 实体完整性

实体完整性将行定义为特定表的唯一实体。实体完整性通过索引、UNIQUE 约束、PRIMARY KEY 约束或 IDENTITY 属性强制表的标识符列或主键的完整性。

2. 域完整性

域完整性是指数据库表中的列必须满足某种特定的数据类型及约束。例如，商品信息表中的零售价必须是大于等于 0 的数值，不能出现类似于“50 元”的描述信息。域完整性可以通过使用数据类型、使用 CHECK 约束和规则限制格式或通过使用 FOREIGN KEY 约束、CHECK 约束、DEFAULT 定义、NOT NULL 定义和规则限制可能值的范围来实现。

3. 引用完整性

在输入或删除记录时，引用完整性保持表之间已定义的关系。在 SQL Server 2008 中，引用完整性通过 FOREIGN KEY 和 CHECK 约束，以外键与主键之间或外键与唯一键之间的关系为基础，引用完整性确保键值在所有表中一致。这类一致性要求不引用不存在的值，如果一个键值发生更改，则整个数据库中，对该键值的所有引用要进行一致的更改。

4. 用户定义完整性

用户定义完整性使您可以定义不属于其他任何完整性类别的特定业务规则。所有完整性类别都支持用户定义完整性。这包括 CREATE TABLE 中所有列级约束和表级约束、存储过程以及触发器。

3.6.2 约束

通过约束能够定义 SQL Server 2008 数据库引擎自动强制实施数据库完整性的方式。约束定义关于列中允许值的规则，是强制实施完整性的标准机制。

约束分为列约束及表约束。列约束指定为列定义的一部分，并且只应用于该列。表约束的声明与列定义无关，可以应用于表中多个列。当一个约束中必须包含多个列时，必须使用表约束。

1. PRIMARY KEY 约束

PRIMARY KEY 约束定义了表的主键，指定表的一列或几列组合的值在表中具有唯一性，即能唯一地指定一行记录，它能够强制实体完整性。每个表中只能定义一个 PRIMARY KEY 约束。

【例 3-9】使用 SQL Server Management Studio 对商品信息表中条形码列创建 PRIMARY KEY 约束，保证不会出现相同条形码的商品。

（1）启动 SQL Server Management Studio，在“对象资源管理器”窗口中展开实例节点→数据库→ProcudesSALES→表→在“dbo.商品信息”处单击鼠标右键，选择“设计”选项，如图 3-14 所示。

（2）在列名“条形码”处单击鼠标右键，并选择“设置主键”，如图 3-15 所示。

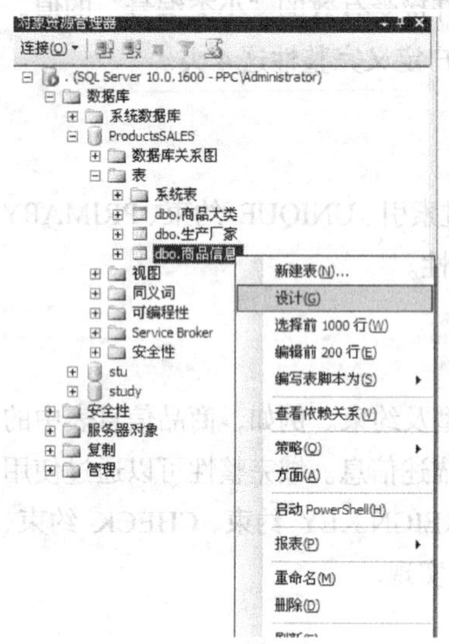

图 3-14 修改表

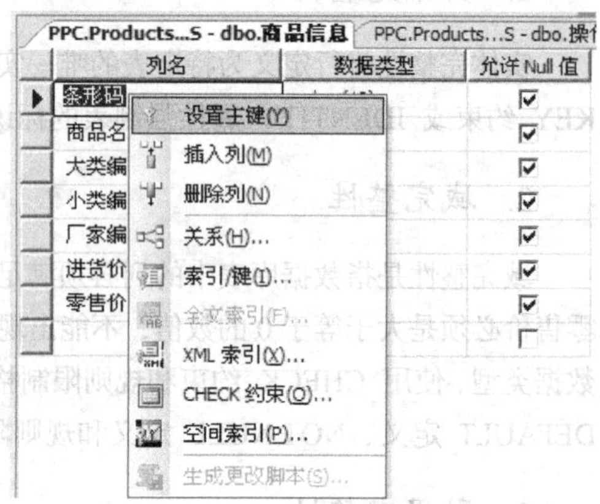

图 3-15 在“表设计器”中设置主键

（3）“条形码”列左侧图标显示为“”，单击“”按钮，保存对表的修改，如图 3-16 所示。

（4）刷新“对象资源管理器”中“表”项下的“dbo.商品信息”。依次展开“dbo.商品信息”→“键”，可以看到一个名为“PK_商品信息”的叶节点，这就是“商品信息”表的主键，如图 3-17 所示。

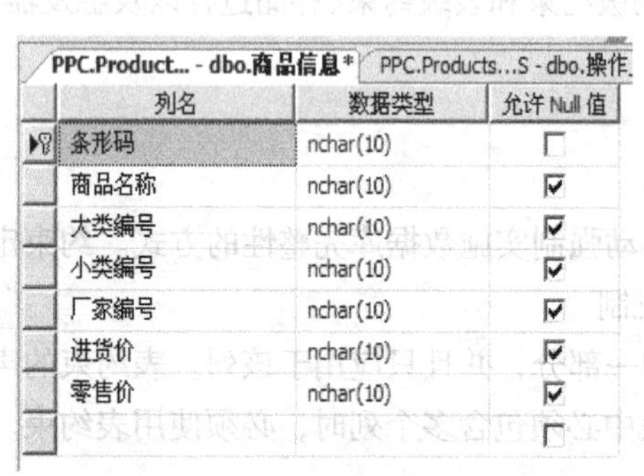

图 3-16 保存“商品信息”表

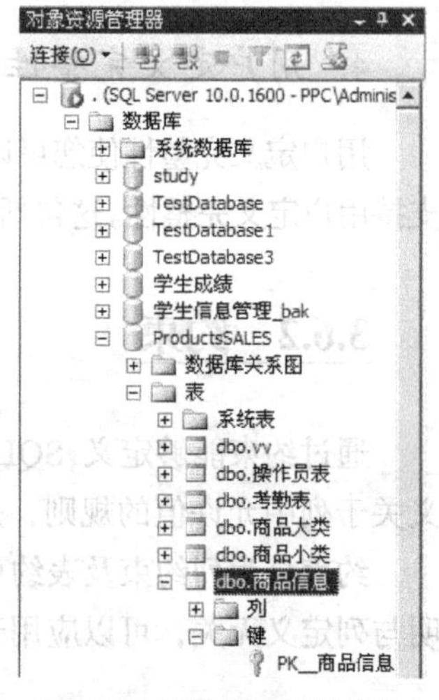

图 3-17 商品信息表的主键

【例 3-10】使用 SQL Server Management Studio 的“表设计器”删除商品信息表中的 PRIMARY KEY 约束。

（1）启动 SQL Server Management Studio，在“对象资源管理器”窗口中展开实例节点→数据库→ProcudesSALES→表→在“dbo.商品信息”处单击鼠标右键，选择“设计”选项，如图 3-14 所示。

（2）在已定义为主键的列名“条形码”处单击鼠标右键，在弹出的快捷菜单中选择“删除主键”，如图 3-18 所示。

【练一练】将 ProductsSALES 数据库的商品大类表中的大类编号设计为主键。

2. FOREIGN KEY 约束

外键（FK）可由一个或多个列构成，用来实现表与表之间的数据联系，它们的值与另一个表中的主键相匹配。当创建或修改表时可以通过定义 FOREIGN KEY 约束来创建外键。一个表可以同时包含多个外键约束。

【例 3-11】使用 SQL Server Management Studio 对销售明细表中“条形码”列创建 FOREIGN KEY 约束。

（1）启动 SQL Server Management Studio，在“对象资源管理器”窗口中展开实例节点→选择数据库→选择 ProcudesSALES→选择表→选择 dbo.销售明细→在子节点“键”处单击鼠标右键，选择“新建外键”选项，如图 3-19 所示。

图 3-18　移除主键

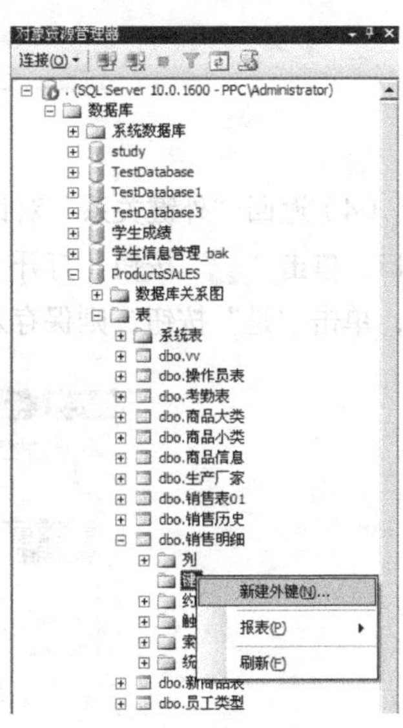

图 3-19　新建外键

（2）在“外键关系”对话框中，展开“表和列规范”，单击“表和列规范”右侧的“...”按钮，如图 3-20 所示。

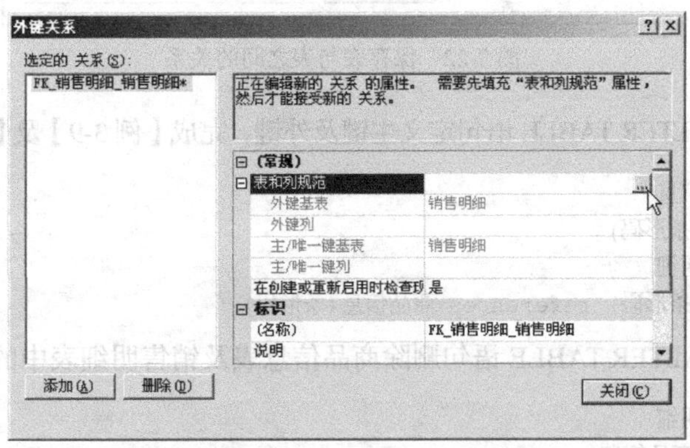

图 3-20　“外键关系”对话框

（3）在“主键表”下拉列表框中选择“商品信息”，并选择其中的“条形码”字段，在“外键表”销售明细的下拉列表框中选择“条形码”，单击“确定”按钮，如图 3-21 所示。

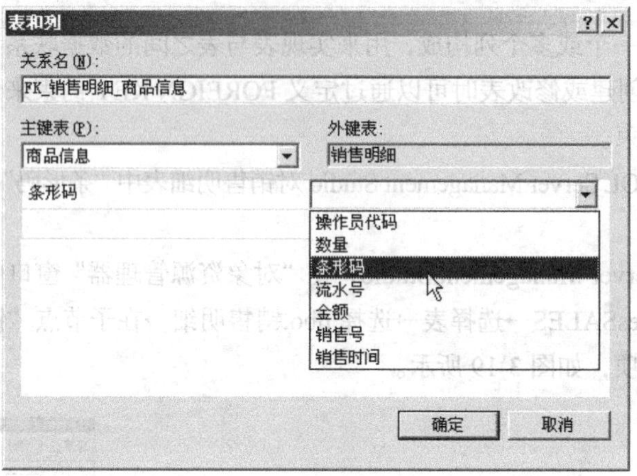

图 3-21 “表和列”对话框

（4）返回“外键关系”对话框，单击“关闭”按钮，返回“SQL Server Management Studio”窗口。单击“”按钮，打开“保存”对话框，提示保存“商品信息”及“销售明细”之间的关系，单击“是”按钮，则保存对外键的定义，如图 3-22 所示。

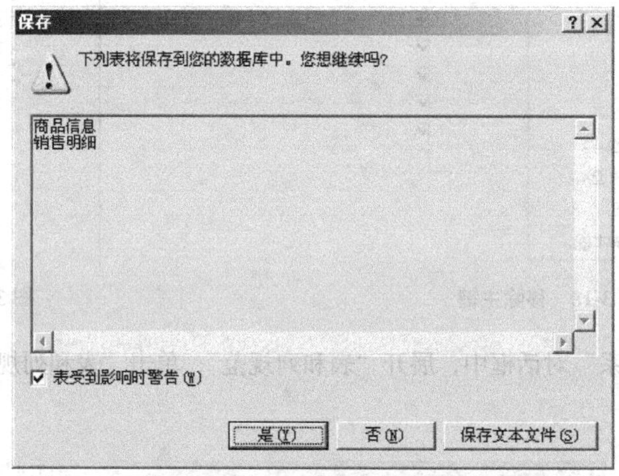

图 3-22 保存表与表之间的关系

【例 3-12】使用 ALTER TABLE 语句定义主键及外键，完成【例 3-9】及【例 3-11】实现的功能。

```
ALTER TABLE 商品信息
ADD PRIMARY KEY(条形码)
ALTER TABLE 销售明细
ADD FOREIGN KEY(条形码) references 商品信息(条形码)
```

【例 3-13】使用 ALTER TABLE 语句删除商品信息表及销售明细表中的主键及外键。

```
ALTER TABLE 销售明细
DROP FK_销售明细_商品信息
ALTER TABLE 商品信息
DROP PK_商品信息
```

【练一练】为 ProductsSALES 数据库的商品大类表中的“大类编号”列设置 PRIMARY KEY 约束。编写并运行一条 ALTER TABLE 语句，并在商品小类表的“大类编号”列上定义一个 FOREIGN KEY 约束。（如果原表中有约束，请先将其删除）

3. UNIQUE 约束

使用 UNIQUE 约束能够确保在非主键列中不输入重复的值。虽然 PRIMARY KEY 约束及 UNIQUE 约束均强制唯一性，但在以下强制唯一性时应使用 UNIQUE 约束。

- 非主键的一列或列组合。

一个表允许建立多个 UNIQUE 约束，而只能建立一个 PRIMARY KEY 约束。

- 允许空值的列。

UNIQUE 约束允许 NULL 值，这一点与 PRIMARY KEY 约束不同。不过，当与参与 UNIQUE 约束的任何值一起使用时，每列只允许一个空值。

【例 3-14】使用 ALTER TABLE 语句为 ProductsSALES 数据库的商品大类表创建名为“IX_商品大类”的 UNIQUE 约束，该约束限制“大类名称”列的数据不重复。

```
USE ProductsSALES
GO
ALTER TABLE 商品大类
   ADD CONSTRAINT IX_商品大类 UNIQUE(大类名称)
```

【例 3-15】添加包含约束的列。本例将添加一个包含 UNIQUE 约束的新列。

```
CREATE TABLE lx_exc(column_a INT)
GO
ALTER TABLE lx_exc ADD column_b VARCHAR(20) NULL
   CONSTRAINT exb_unique UNIQUE
GO
EXEC sp_help lx_exc
GO
DROP TABLE lx_exc
GO
```

4. CHECK 约束

CHECK 约束通过限制列可接受的值，强制域的完整性。该约束类似于 FOREIGN KEY 约束，可以控制放入列中的值，但在确定有效值的方式上它们有所不同：FOREIGN KEY 约束从其他表获得有效值列表，而 CHECK 约束通过不基于其他列中的数据的逻辑表达式确定有效值。例如，在学生成绩管理系统中可以通过创建 CHECK 约束将“成绩”列中值的范围限制为从 0~100 的数据。这将防止输入的成绩值超出正常的范围。

【例 3-16】使用 ALTER TABLE 语句为 ProductsSALES 数据库的商品信息表创建名为“CX_条形码”的 CHECK 约束，该约束限制条形码列的数据只能由 13 位数字组成。

```
USE ProductsSALES
GO
ALTER TABLE 商品信息
ADD CONSTRAINT CX_条形码 CHECK (条型码 like '[0-9][0-9][0-9][0-9][0-9][0-9][0-9][0-9][0-9]
[0-9][0-9][0-9][0-9]')
```

【练一练】向 ProductsSALES 数据库的商品大类表中添加 CHECK 约束。

- 编写并运行一条 ALTER TABLE 语句，在商品大类表的大类编号列上定义一个带有“CX_大类编号”名的 CHECK 约束，使其数据只能由 2 位数字组成。
- 向表中试图插入一个违背约束的行，会出现什么情况？

3.6.3 规则

规则是一个向后兼容的功能，用于执行一些与 CHECK 约束相同的功能。一个列只能应用一个规则，但可以应用多个 CHECK 约束。CHECK 约束被指定为 CREATE TABLE 语句的一部分，而规则是作为单独的对象创建，然后绑定到列上。

1. 创建规则

使用 CREATE RULE 创建规则，语法格式如下：

```
CREATE RULE 规则名
AS
condition_expression
```

参数说明如下。

- condition_expression：定义规则的条件。condition_expression 包括一个变量，每个局部变量的前面都有一个@符号。规则可以是 WHERE 子句中任何有效的表达式，可以包括算术运算符、关系运算符和谓词（如 IN、LIKE、BETWEEN）等元素。规则不能引用列或其他数据库对象。可以包括不引用数据库对象的内置函数。

（1）创建具有范围的规则。

【例 3-17】在 ProductsSALES 数据库上创建一个规则，用来限制该规则所绑定的列的取值范围。

```
USE ProductsSALES
GO
CREATE RULE sl_Limit
AS
@range >= 0 AND @range < 90
```

（2）创建具有列表的规则。

【例 3-18】在 ProductsSALES 数据库上创建一个规则 Operator_Kind，用以将输入到该规则所绑定的列中的实际值限制为只能是该规则中所列出的（01，02，03，04）值。

```
USE ProductsSALES
GO
CREATE RULE Operator_Kind
AS
@list IN ('01','02','03','04')
```

（3）创建具有模式的规则。

【例 3-19】在 ProductsSALES 数据库上创建一个遵循下列模式的规则 Pattern_AZ：首字母为 A-Z，后面为任意字符。

```
USE ProductsSALES
GO
CREATE RULE Pattern_AZ
AS
@value LIKE '[A-Z]%'
```

2. 绑定规则

规则创建后，可以使用系统存储过程 sp_bindrule 将规则绑定到列或用户自定义数据类型上，语法格式如下：

```
[ EXECUTE ] sp_bindrule '规则名称', '表名.字段名' | '自定义数据类型名'
```

【说明】若要获得关于规则的报告，可以使用 sp_help。若要显示规则的文本，应以规则名称作为参数来执行 sp_helptext。若要重命名规则，可以使用 sp_rename。

在创建同名的新规则之前，必须使用 DROP RULE 删除原有规则，而在删除原有规则之前，应首先使用 sp_unbindrule 取消绑定。

【例 3-20】在 ProductsSALES 数据库中，将 Operator_Kind 规则绑定到操作员表中的“员工类型”列上。

```
USE ProductsSALES
GO
EXEC sp_bindrule 'Operator_Kind','操作员表.员工类型'
```

3. 查看规则

使用系统存储过程 sp_help 能够查看规则的拥有者、创建时间等信息，如图 3-23 所示。

使用系统存储过程 sp_helptext 可以查看规则的定义，如图 3-24 所示。

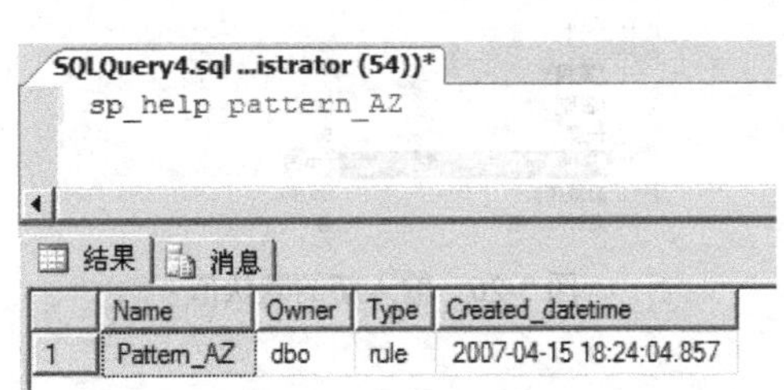

	Name	Owner	Type	Created_datetime
1	Pattern_AZ	dbo	rule	2007-04-15 18:24:04.857

图 3-23　用 sp_help 查看规则

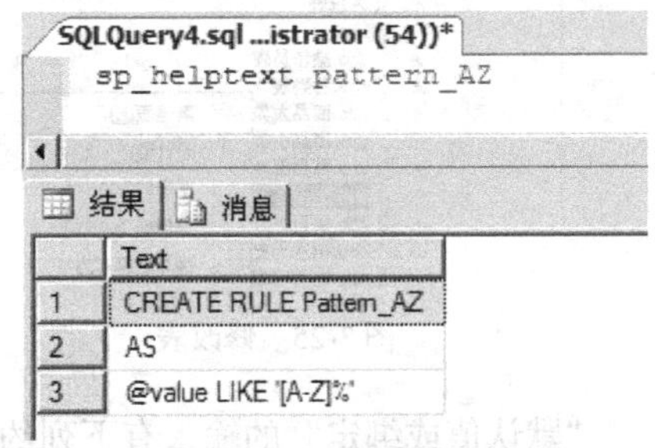

	Text
1	CREATE RULE Pattern_AZ
2	AS
3	@value LIKE '[A-Z]%'

图 3-24　显示规则的定义

4. 解除规则和删除规则

使用系统存储过程 sp_unbindrule 可以将绑定到列或用户自定义数据类型上的规则解除。使用 DROP RULE 语句来删除当前数据库中的一个或多个规则。

【例 3-21】在 ProductsSALES 数据库中，解除绑定到操作员表中“员工类型”列上的 Operator_Kind 规则，并将该规则删除。

```
USE ProductsSALES
GO
```

```
EXEC sp_unbindrule '操作员表.员工类型'
GO
DROP RULE Operator_Kind
```

3.6.4 默认值

记录中的每列均应有值，即使该值为 NULL（空值）。可能会有这种情况：必须向表中加载一行数据但不知道某一列的值，或该值尚不存在。若列允许空值，就能够为行加载空值。由于可能不希望列的值为 NULL，则应为列设置 DEFAULT 定义。例如，通常为数值列指定零作为默认值。

1. 在表设计器中设计默认值

在设计表或修改表时，通过表设计器完成对默认值的建立与修改。

【例 3-22】在表设计器中为 ProductsSALES 数据库的生产厂家表创建名为“DF_国家”的默认值，使国家的默认值为“中国”。

（1）在对象资源管理器中，右键单击生产厂家表，选择“设计”，如图 3-25 所示。

（2）在表设计器中打开该表后，选择要为其指定默认值的列。在“列属性”选项卡中，在“默认值或绑定”属性中输入新的默认值，或者从下拉列表中选择默认绑定，如图 3-26 所示。

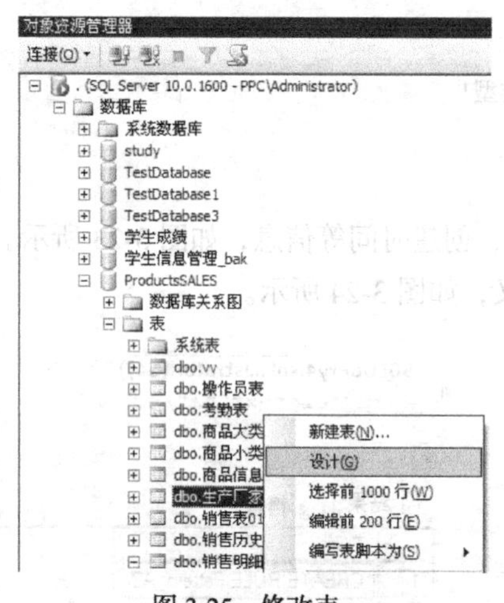

图 3-25 修改表

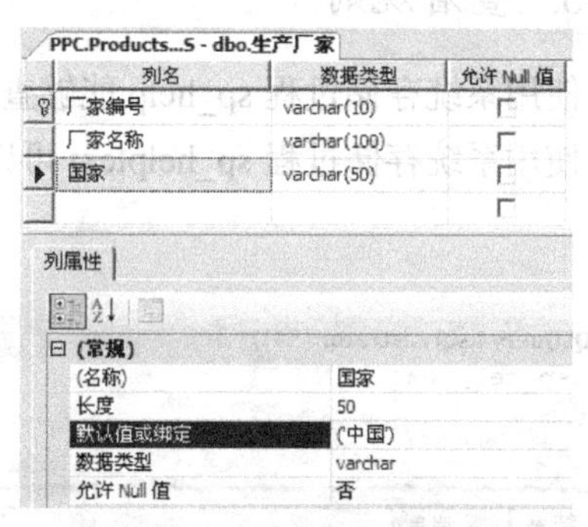

图 3-26 输入新的默认值

“默认值或绑定”的输入有下列约定。

- 对于文本字符串，使用单引号（'）将值括起来；不能使用双引号（"），因为双引号已保留用于带引号的标识符。例如，键入：'567987' 或 '北京,中国'。
- 如果“默认值”字段中的项替换绑定的默认值（以不带圆括号的形式显示），则将提示用户解除对默认值的绑定，并将其替换为新的默认值。
- 如果要输入数值默认值，则直接输入该数字。
- 如果要输入对象/函数，则输入对象/函数的名称，两边不带单引号。
- 如果要输入字母数字默认值，输入该值，并且两边用单引号引起来。

2. 在 Transact-SQL 语句中设计默认值

（1）在 CREATE TABLE 中使用 DEFAULT 关键字。

若要应用默认值，可以通过在 CREATE TABLE 中使用 DEFAULT 关键字来创建默认值。

【例 3-23】使用 CREATE TALBE 语句创建一个考勤表，为该表中的“考勤时间”列创建一个默认值，在没有为该列指定值的情况下使用默认值做插入测试，并检索测试行以验证所应用的默认值。

```
USE ProductsSALES
GO
--创建考勤表
CREATE TABLE 考勤表
(
序号 numeric(18, 0) IDENTITY(1,1) NOT NULL,
操作员编号 varchar(5) NOT NULL,
考勤时间 datetime DEFAULT getdate()
)
GO
--向考勤表中插入数据
INSERT INTO 考勤表(操作员编号) VALUES('01001')
/*使用 SELECT * FROM 考勤表，查看结果，可以看到，结果行中插入了默认值，如图 3-27 所示。
*/
SELECT * FROM 考勤表
GO
```

结果 | 消息

	序号	操作员编号	考勤时间
1	1	01001	2012-08-28 23:56:40.747

图 3-27　插入默认值的结果行

（2）在 ALTER TABLE 语句中修改 DEFAULT。

【例 3-24】创建一个包含两列的表，在第一列插入一个值，另一列保持为 NULL。然后在第二列中添加一个 DEFAULT 约束。验证是否已应用了默认值，另一个值是否已插入第一列，并查询表中的数据。结果如图 3-28 所示。

```
CREATE TABLE exdefault (column_a INT, column_b INT)
GO
INSERT INTO exdefault (column_a)
VALUES (5)
GO
ALTER TABLE exdefault
ADD CONSTRAINT col_b_def
DEFAULT 20 FOR column_b
GO
INSERT INTO exdefault (column_a)
VALUES (8)
GO
SELECT * FROM exdefault
GO
```

```
DROP TABLE exdefault
GO
```

【练一练】向 ProductsSALES 数据库的操作员表中添加 DEFAULT 约束。

• 编写并运行一条 ALTER TABLE 语句，为操作员表中的“性别”列定义 DEFAULT 定义 DF_sex 为“男”，如果未输入操作员的性别，自动向列中输入 DEFAULT 定义的内容。

	column_a	column_b
1	5	NULL
2	8	20

图 3-28　例 3-24 结果

3.7 索引

3.7.1 索引概述

1. 索引的概念

• 在应用系统中，尤其在联机事务处理系统中，对数据查询及处理速度已成为衡量应用系统成败的标准。而采用索引来加快数据处理速度通常是最普遍采用的优化方法。

• 数据库中的索引与书籍中的目录类似。

• 在一本书中，利用索引可以快速查找所需信息，无须阅读整本书。书中的目录是一个词语列表，其中注明了包含各个信息的页码。

• 在数据库中，索引使数据库程序无须对整个表进行扫描，就可以在其中找到所需数据。而数据库中的索引是一个表中所包含的值的列表，其中注明了表中包含各个值的行所在的存储位置。

2. 索引的作用

• 通过创建唯一索引，可以增强数据记录的唯一性。

• 可以大大加快数据检索速度。

• 可以加速表与表之间的连接，这一点在实现数据的参照完整性方面有特别的意义。

• 在使用 ORDER BY 和 GROUP BY 子句中进行检索数据时，可以显著减少查询中分组和排序的时间。

• 使用索引可以在检索数据的过程中使用优化隐藏器，提高系统性能。

3. 索引的注意事项

• 索引提高性能所带来的好处是有代价的。带索引的表在数据库中会占据更多的空间。另外，为了维护索引，对数据进行插入、更新、删除操作的命令所花费的时间会更长。

• 创建索引所需的工作空间约为数据库表的 1.2 倍，在建立索引时，数据被复制以便建立索引。索引建立后，旧的未加索引的表被删除，创建索引时使用的硬盘空间由系统自动收回。

• 在设计和创建索引时，应确保对性能的提高程度大于在存储空间和处理资源方面的代价。

• 因创建索引要耗一定的系统性能，因此要考察对某列创建索引的必要性（见图 3-29 及图 3-30）。

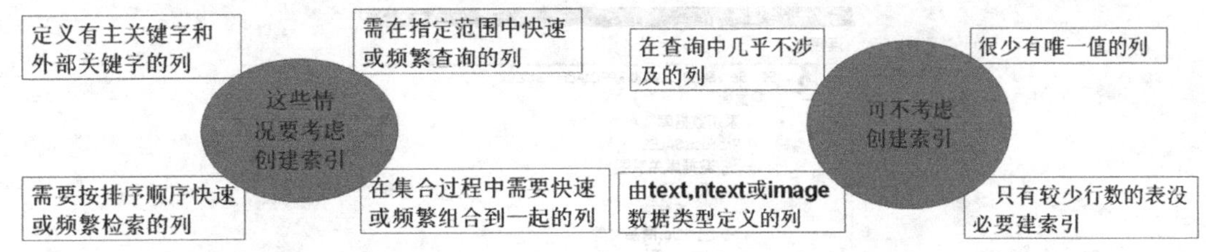

图 3-29　需创建索引的情况　　　图 3-30　不需创建索引的情况

4. 索引类型的分类

- 聚集索引：聚集索引能够对表中数据行进行物理排序，数据记录按聚集索引键的次序存储，因此聚集索引对查找记录很有效，非常适合范围搜索；当建立主键约束时，如果表中没有聚集索引，SQL Server 会用主键列作为聚集索引键。一个表只能有一个聚集索引。
- 非聚集索引：非聚集索引不会改变表中数据行的物理顺序，数据与索引分开存储，通过索引带有的指针与表中的数据发生联系；非聚集索引只是记录指向表中行的位置的指针，这些指针本身有序，通过这些指针可以在表中快速地定位数据。为一个表建立索引默认都是非聚集索引。
- 唯一索引：唯一索引确保索引键不包含重复的值，因此，表或视图中的每一行在某种程度上是唯一的。聚集索引和非聚集索引都可以是唯一索引。
- 包含性列索引：一种非聚集索引，它扩展后不仅包含键列，还包含非键列。
- 索引视图：视图的索引将具体化（执行）视图，并将结果集永久存储在唯一的聚集索引中，而且其存储方法与带聚集索引的表的存储方法相同；创建聚集索引后，可以为视图添加非聚集索引。
- 全文索引：一种特殊类型的基于标记的功能性索引，由 Microsoft SQL Server 全文引擎服务创建和维护；用于帮助在字符串数据中搜索复杂的词。

表或视图可以包含以下类型的索引：聚集索引与非聚集索引。

聚集索引和非聚集索引都可以是唯一的。这表示任何两行都不能有相同的索引键值。另外，索引也可以不是唯一的，即多行可以共享同一键值。

3.7.2　索引的创建

1. 利用 SQL Server Management Studio 创建索引

【例 3-25】使用 SQL Server Management Studio 对 ProductsSALES 数据库中的商品大类表创建一个简单唯一非聚集索引。

（1）启动 SQL Server Management Studio，在“对象资源管理器”窗口中展开实例节点→选择数据库→选择 ProcudesSALES→选择表→选择 dbo.商品大类→在“索引”处单击鼠标右键，选择“新建索引”选项，如图 3-31 所示。

（2）在“索引名称”文本框内输入索引名，将“唯一”复选框选定，单击“添加”按钮，如图 3-32 所示。

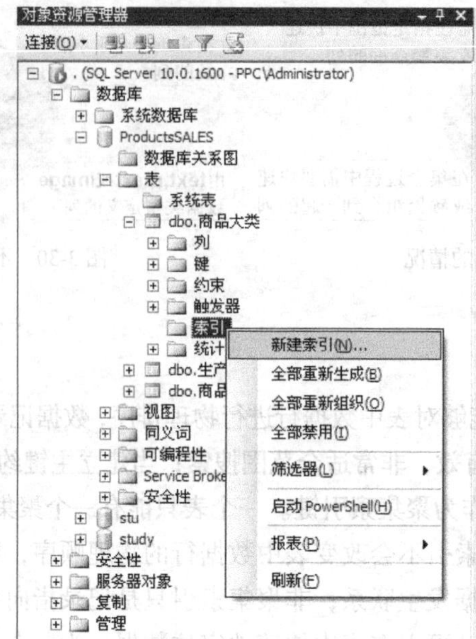

图 3-31 新建索引

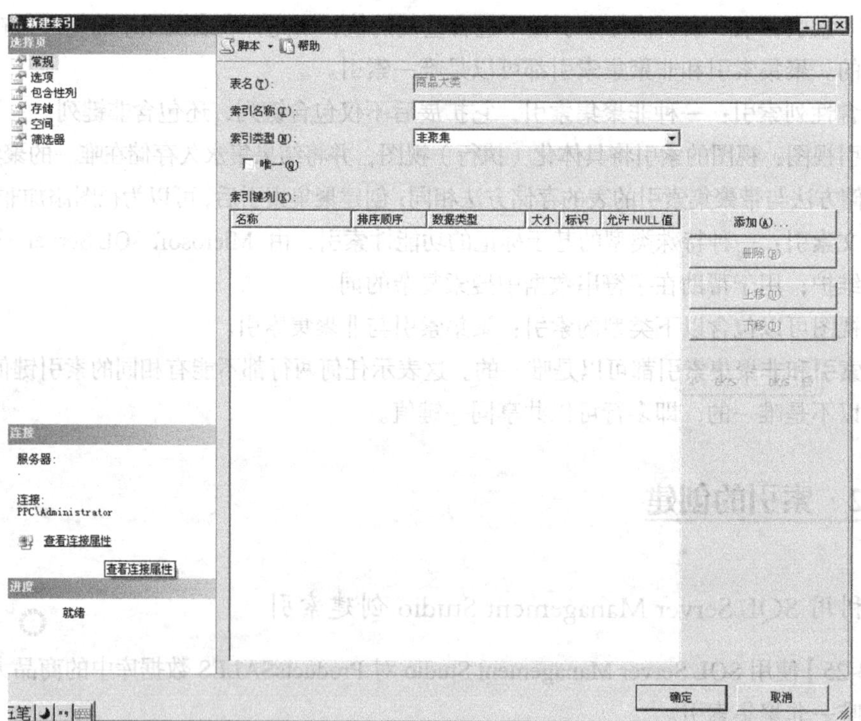

图 3-32 新建索引“常规”页

（3）在选择列对话框中，选定要添加到索引键的表列“大类编号”，单击“确定”按钮，如图 3-33 所示。

（4）返回图 3-32，输入索引名称“index”，单击“确定”按钮，完成索引的创建。

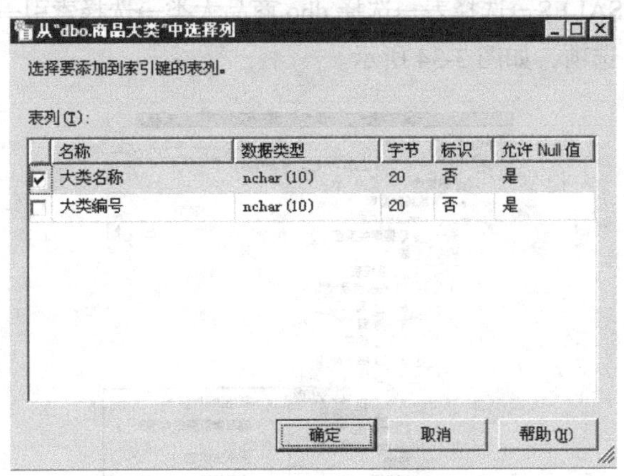

图 3-33　选择要添加到索引键的表列

2. 使用 CREATE INDEX 语句创建索引

语法格式如下：

```
CREATE INDEX 索引名
ON 表名(列名，列名…)
```

【例 3-26】使用 CREATE INDEX 语句在 ProductsSALES 数据库的销售明细表上创建一个非聚集组合索引 Index_sales_1。

```
USE ProductsSALES
GO
CREATE NONCLUSTERED INDEX
Index_sales_1
ON 销售明细(序号,销售号)
GO
```

【看一看】创建索引前要考虑是对空表还是对包含数据的表创建索引。对空表创建索引在创建索引时不会对性能产生任何影响，而向表中添加数据时，会对性能产生影响。对大型表创建索引时首先应仔细计划，这样才不会影响数据库性能。对大型表创建索引的首选方法是先创建聚集索引，然后创建任何非聚集索引。

3.7.3　索引的删除

当某个索引不再需要时，可以将其从数据库中删除，以回收磁盘空间。必须先删除 PRIMARY KEY 或 UNIQUE 约束，才能删除约束使用的索引。

1. 利用 SQL Server Management Studio 删除索引

【例 3-27】使用 SQL Server Management Studio 删除 ProductsSALES 数据库中的商品大类表的索引。

（1）启动 SQL Server Management Studio，在“对象资源管理器”窗口中展开实例节点→选择

数据库→选择 ProcudesSALES→选择表→选择 dbo.商品大类→选择索引→在相应索引名上单击鼠标右键，选择“删除”选项，如图 3-34 所示。

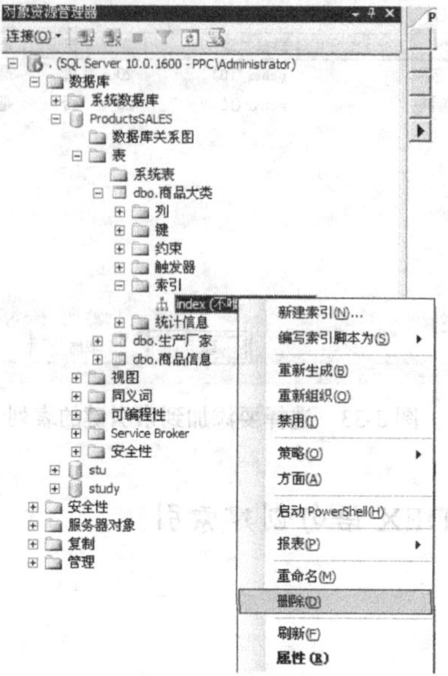

图 3-34　删除索引

（2）在“删除对象”界面中，单击“确定”按钮，完成索引的删除。

2. 使用 DROP INDEX 语句删除索引

语法格式如下：

```
DROP INDEX 索引名
```

【例 3-28】使用 DROP INDEX 语句删除 ProductsSALES 数据库的销售明细表上名为 Index_sales_1 的索引。

```
USE ProductsSALES
GO
DROP INDEX Index_sales_1
ON 销售明细
GO
```

3.8　添加、修改与删除记录

3.8.1　添加记录

1. 在“结果”窗格中添加记录

【例 3-29】使用 SQL Server Management Studio，在“结果”窗口中向生产厂家表中添加数据。

（1）启动 SQL Server Management Studio，在“对象资源管理器”窗口中展开实例节点→选择数据库→选择 ProcudesSALES→选择表→在“dbo.生产厂家”处单击鼠标右键，选择“编辑前 200 行”，如图 3-35 所示。

（2）在“结果”窗口中向生产厂家表中添加数据，如图 3-36 所示。

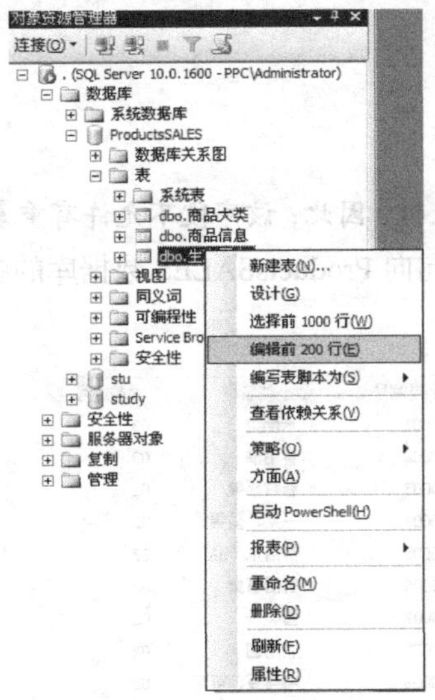

图 3-35　打开表

厂家编号	厂家名称	国家
101010001	青岛海尔	中国
101010002	杭州娃哈哈	中国
101010009	四川长虹	中国
101010012	海信集团	中国
101020001	同仁堂制药	中国
101020003	修正药业	中国
101030001	联想集团	中国
101080001	高等教育出版社	中国
101080002	电子工业出版社	中国
101090001	集团	中国
101100032	东盛科技	中国
101110008	白猫集团	中国
101110012	纳爱斯集团	中国
103030001	IBM	美国
103030002	INTEL	美国

图 3-36　在“结果”窗口中添加数据

在单元格中输入数据后可能会出现“❶”警告标志，提示用户该单元格中的数据尚未保存，继续在其他单元格中输入数据若按“回车键”即可自动保存数据。若输入的数据类型与该列定义的数据类型不一致时，则将弹出错误提示对话框。

2. 使用 insert 语句添加记录

在“结果”窗格中添加记录虽然简单，但并不适用于批量添加记录的情况，使用最多的还是 Transact-SQL 中的 insert 语句。

语法格式如下。

```
INSERT [INTO] <表名> [(列名, …)] VALUES <表中列的值>
```

参数说明如下。

- INSERT：指定向数据库表添加数据的操作。
- INTO：可选项，使用它更符合人们的思维习惯，可以理解为将数据插入到“表名”指定的表中。
- VALUES：系统保留字，指定要插入的数据值。

【例 3-30】利用 INSERT 语句向 ProductsSAlES 数据库的商品大类表中插入如表 3-2 中的数据。

表 3-2　　商品大类表中的数据

大 类 编 号	大 类 名 称
03	简加工类
04	深加工类
05	食品包装
06	食品添加剂

```
USE ProductsSALES
GO
INSERT INTO 商品大类 VALUES('03','简加工类')
INSERT INTO 商品大类 VALUES('04','深加工类')
INSERT INTO 商品大类 VALUES('05','食品包装')
INSERT INTO 商品大类 VALUES('06','食品添加剂')
```

打开商品大类表，记录如图 3-37 所示。

【说明】由于商品大类表中的大类编号字段被设置为主键，因此，该字段不允许有重复的值。

【练一练】在“结果”窗格中添加记录或应用 insert 语句向 ProductsSALES 数据库的各表中添加如图 3-38、图 3-39 和图 3-40 所示的数据。

大类编号	大类名称
01	食品机械
02	农牧渔类
03	简加工类
04	深加工类
05	食品包装
06	食品添加剂
07	办公用品

图 3-37　商品大类表中数据

小类编号	小类名称	大类编号
00001	米面类	03
00002	食用油	03
00003	新鲜水果	02
00004	干果、坚果	02
00005	鲜活水产品	02
00006	鲜活畜禽	02
00007	蛋类	02
00008	食用菌	02
00009	咖啡豆、可可	02
00010	其他未分类	02
00011	加工水产品	03
00012	蔬菜制品	03
00013	肉类	03
00014	糖类	03
00015	肉制品	04
00016	豆制品	04
00017	乳制品	04
00018	书籍	07
00019	电脑耗材	07

图 3-38　商品小类表中记录

操作员编号	姓名	权限	密码	员工类型	性别
01001	员工A	X	123	02	男
01002	员工B	X	002	02	女
01003	员工C	C	000	01	女
01004	员工D	R	000	01	男
01005	员工E	A	000	01	男

图 3-39　操作员表中记录

条形码	商品名称	规格	小类编号	大类编号	厂家编号	进货价	零售价
6926557302159	脆脆肠	200g	00015	04	101090001	5	6
9787040156980	电子商务网站...	本	00018	07	101080001	12.00	17.90
9787040201154	物流服务营销	本	00018	07	101080001	16.20	22.40

图 3-40　商品信息表中记录

3.8.2　修改记录

1. 在“结果”窗格中修改记录

【例 3-31】使用 SQL Server Management Studio，在“结果”窗口中将生产厂家表中厂家名称

为“同仁堂”修改为“同仁堂药业”。

（1）启动 SQL Server Management Studio，在“对象资源管理器”窗口中展开实例节点→数据库→ProcudesSALES→表→在“dbo.生产厂家”处单击鼠标右键，选择“编辑前 200 行”，如图 3-35 所示。

（2）在“结果”窗口中将生产厂家表的厂家名称字段中数据为“同仁堂”的记录修改为“同仁堂药业”，修改的同时将自动保存修改结果，如图 3-41 所示。

PPC.Products...S - dbo.生产厂家

	厂家编号	厂家名称	国家
	101010001	青岛海尔	中国
	101010002	杭州娃哈哈	中国
✎	101010003	同仁堂药业	中国
	101010004	联想集团	中国
	101010005	IBM	美国
*	NULL	NULL	NULL

图 3-41　修改记录

2. 使用 UPDATE 语句修改记录

语法格式如下：

```
UPDATE  { 表名 | 视图名 }
SET  列名={ 值 | DEFAULT | NULL }[,…n]
[WHERE  条件子句]
```

参数说明如下。

- UPDATE：执行修改的命令。
- 表名|视图名：要修改的表名或视图名。
- 列名：要修改的列的名称。
- SET：用于指定要修改的列名及其新值。
- 值：要修改的列的值。
- DEFAULT：默认值。
- NULL：空值。

（1）修改全部记录。

当不包含 WHERE 子句时，UPDATE 命令将修改表中所有的记录。

【例 3-32】使用 UPDATE 语句，将操作员表中的密码字段的值全部更改为“000”。

```
USE ProductsSALES
GO
UPDATE 操作员表 SET 密码='000'
```

（2）修改满足条件的记录。

修改满足条件的记录与修改全部记录的区别在于：前者只对满足某种特定条件的列进行修改，而后者则是修改某一列的全部记录。

【例 3-33】使用 UPDATE 语句，将生产厂家表中厂家名称为“同仁堂药业”修改为“同仁堂制药"。

```
USE ProductsSALES
GO
UPDATE 生产厂家 SET 厂家名称='同仁堂制药'
WHERE 厂家名称='同仁堂药业'
```

3.8.3 删除记录

1. 在"结果"窗格中删除记录

【例 3-34】使用 SQL Server Management Studio，在"结果"窗口中将生产厂家表中厂家名称为"同仁堂制药"的记录删除。

（1）启动 SQL Server Management Studio，在"对象资源管理器"窗口中展开实例节点→数据库→ProcudesSALES→表→在"dbo.生产厂家"处单击鼠标右键，选择"编辑前 200 行"，如图 3-35 所示。

（2）在"结果"窗口中将生产厂家表中的厂家名称为"同仁堂制药"的记录选定，单击鼠标右键，选择"删除"，如图 3-42 所示。

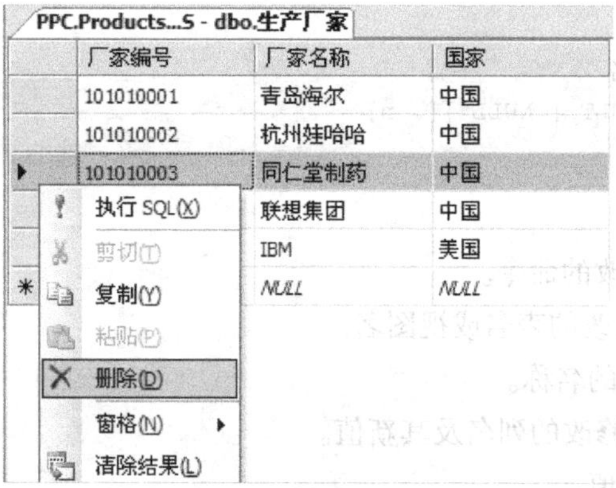

图 3-42 删除记录

2. 使用 DELETE 语句删除记录

语法格式如下：

```
DELETE [ FROM ]{ 表|视图 }
[ WHERE <条件子句> ]
```

参数说明如下。

- 表|视图：指定要从中删除行的表或视图。
- WHERE：表或视图中所有符合 WHERE 搜索条件的行都将被删除。如果没有指定 WHERE 子句，将删除表或视图中的所有行。

【例 3-35】删除生产厂家表中的全部数据。

```
USE ProductsSALES
```

```
GO
DELETE FROM 生产厂家
```

【例 3-36】删除生产厂家表中“厂家编号”为“101010002”的数据。

```
USE ProductsSALES
GO
DELETE FROM 生产厂家 WHERE 厂家编号='101010002'
```

3. 使用 TRUNCATE TABLE 删除所有行

使用TRUNCATE TABLE语句可以删除表中的所有行。TRUNCATE TABLE与不含有WHERE子句的DELETE语句在功能上相同。但是TRUNCATE TABLE速度更快，并且使用更少的系统资源和事务日志资源。

语法格式如下：

```
TRUNCATE TABLE 表名
```

【例 3-37】使用 TRUNCATE TABLE 语句删除生产厂家表中的数据。

```
USE ProductsSALES
GO
TRUNCATE TABLE 生产厂家
```

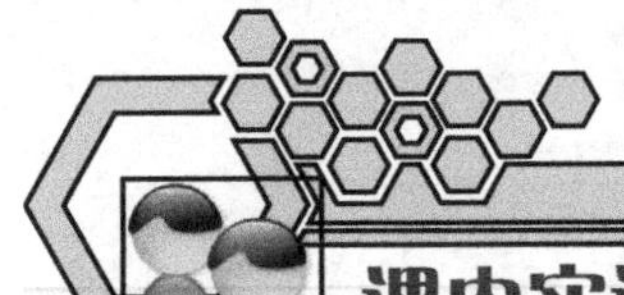

课内实训　学生成绩管理表的创建

※ 任务描述

1. 创建表

- 学生基本信息表，如表 3-3 所示。
- 系部信息表，如表 3-4 所示。
- 科目表，如表 3-5 所示。
- 教师表，如表 3-6 所示。
- 成绩表，如表 3-7 所示。

2. 向表中添加数据。

3. 修改学生基本信息表，添加名称为“FK_系部”的外键，对应的主键为系部表中的“系部编码”字段。

※ 技术要点

使用CREATE TABLE语句创建表，使用ALTER TABLE修改表，使用INSERT语句向表中添加数据。

※ 实现过程

1. 创建表

（1）学生基本信息表，如表 3-3 所示。

表 3-3　　学生基本信息表

字 段 名	数 据 类 型	长　度	是否允许空值	说　明
学号	varchar	15	否	主键
姓名	varchar	20	否	
性别	varchar	2	是	
出生日期	datetime	8	是	
籍贯	varchar	50	是	
系部编码	varchar	3	是	
入学年份	varchar	4	是	

创建该表的 Transact-SQL 语句如下：

```
CREATE TABLE 学生基本信息(
 学号 varchar(15) NOT NULL PRIMARY KEY,
   姓名 varchar(20) NOT NULL,
   性别 varchar(2),
   出生日期 datetime,
   籍贯 varchar(50),
   系部编码 varchar(3),
   入学年份 varchar(4)
)
```

（2）系部表，如表 3-4 所示。

表 3-4　　系部表

字 段 名	数 据 类 型	长　度	是否允许空值	说　明
系部编码	varchar	3	否	主键
系部名称	varchar	30	否	

创建该表的 Transact-SQL 语句如下：

```
CREATE TABLE 系部(
 系部编码 varchar(3) NOT NULL PRIMARY KEY,
   系部名称 varchar(30) NOT NULL
)
```

（3）课程表，如表 3-5 所示。

表 3-5　　课程表

字 段 名	数据类型	长度	是否允许空值	说明
课程编码	varchar	5	否	主键
课程名称	varchar	50	否	

创建该表的 Transact-SQL 语句如下：

```
CREATE TABLE 课程(
 课程编码 varchar(5) NOT NULL PRIMARY KEY,
   课程名称 varchar(50) NOT NULL
)
```

（4）教师表，如表 3-6 所示。

表 3-6　　教师表

字　段　名	数 据 类 型	长　　度	是否允许空值	说　　明
教师编码	varchar	5	否	主键
教师姓名	varchar	30	否	
系部编码	varchar	3	否	

创建该表的 Transact-SQL 语句如下：

```
CREATE TABLE 教师(
 教师编码 varchar(5) NOT NULL PRIMARY KEY,
   教师姓名 varchar(30) NOT NULL,
   系部编码 varchar(3) NOT NULL
)
```

（5）成绩表，如表 3-7 所示。

表 3-7　　成绩表

字　段　名	数 据 类 型	长　　度	是否允许空值	说　　明
课程编码	varchar	5	否	外键
学号	varchar	15	否	
成绩	int		是	
状态	varchar	1	否	0-未考；1-已考；2-违纪；3-补考

创建该表的 Transact-SQL 语句如下：

```
CREATE TABLE 成绩(
课程编码 varchar(5) NOT NULL REFERENCES 课程(课程编码),
   学号 varchar(15) NOT NULL,
   成绩 int ,
   状态 varchar(1) DEFAULT '0'
)
```

2. 向表中添加数据

（1）向学生基本信息表中添加数据。

insert into 学生基本信息 values('200601001', '南哲', '男', '1990-8-8', '长春', '001', '2006')

insert into 学生基本信息 values('200601002', '谷跃', '男', '1990-9-8', '哈尔滨', '001', '2006')

insert into 学生基本信息 values('200601003', '李楠', '女', '1990-6-13', '沈阳', '001', '2006')

insert into 学生基本信息 values('200602001', '徐佳琪', '女', '1990-8-3', '上海', '002', '2006')

…

（2）向系部表中添加数据。

insert into 系部 values('001', '国际商务系')

insert into 系部 values('002', '计算机系')

insert into 系部 values('003', '外语系')

…

（3）向课程表中添加数据。

insert into 课程 values('00001', '英语')

insert into 课程 values('00002', '计算机基础')

insert into 课程 values('00003', 'sql server 数据库及应用')

…

（4）向教师表添加数据。

insert into 教师 values('j0001', '郭老师', '001')

insert into 教师 values('j0002', '李老师', '001')

insert into 教师 values('j0003', '李老师', '002')

…

（5）向成绩表添加数据。

insert into 成绩 values('00003', '200601001',86, '1')

insert into 成绩 values('00002', '200601002',79, '1')

insert into 成绩 values('00003', '200601003',92, '1')

insert into 成绩 values('00003', '200602001',50, '1')

insert into 成绩 values('00002', '200602001',90, '1')

…

3. 修改表

```
    ALTER TABLE 学生基本信息
ADD CONSTRAINT FK_系部 FOREIGN KEY (系部编码)
    REFERENCES 系部(系部编码)
```

本章小结

- 表是数据库对象，它存储着数据库的所有数据。数据在表中是按行和列的组织形式存储的。
- 表间的关系有三种类型：一对多关系、多对多关系及一对一关系。
- SQL Server 2008 中的数据类型归纳为下列类别：精确数字、Unicode 字符串、近似数字、二进制字符串、日期和时间、字符串、cursor、timestamp、sql_variant、uniqueidentifier、table 及 xml 等数据类型。
- 数据库设计完成后，就可以在数据库中创建用于存储数据的表。
- SQL Server 2008 中可用的索引类型有：聚集索引、非聚集索引、唯一索引、包含性列索引、索引视图、全文索引等。
- 可以利用 SQL Server Management Studio 及 CREATE INDEX 语句创建索引。
- 可以利用 SQL Server Management Studio 及 DROP INDEX 语句删除索引。

• 数据完整性分为实体完整性、域完整性、引用完整性和用户定义完整性4类。

• PRIMARY KEY 约束定义了表的主键，指定表的一列或几列组合的值在表中具有唯一性，即能唯一地指定一行记录，它能够强制实体完整性。每个表中只能定义一个 PRIMARY KEY 约束。

• 外键（FK）可由一个或多个列构成，用来实现表与表之间的数据联系，它们的值与另一个表中的主键相匹配。当创建或修改表时可通过定义 FOREIGN KEY 约束来创建外键。一个表可以同时包含多个外键约束。

• 使用 UNIQUE 约束能够确保在非主键列中不输入重复的值。

• CHECK 约束通过限制列可接受的值，强制域的完整性。

• 可以使用 CREATE RULE 创建规则。

• 可以使用系统存储过程 sp_bindrule 将规则绑定到列或用户自定义数据类型上。

• 使用系统存储过程 sp_help 能够查看规则的拥有者、创建时间等信息。

• 使用系统存储过程 sp_unbindrule 可以将绑定到列或用户自定数据类型上的规则解除。使用 DROP RULE 语句来删除当前数据库中的一个或多个规则。

• 可以使用 SQL Server Management Studio 在“结果”窗格中添加、修改和删除记录。

• 使用 Transact-SQL 语句：INSERT 向表中添加记录、UPDATE 修改记录和 DELETE 删除记录。

测试与练习

1. 在数据库设计的时候，选择以下哪种数据类型能提供全局唯一标识符代码？（　　）

A．uniqueidentifier

B．Image

C．Bit

D．SmallMoney

2. 下列哪些类型的索引能够对表中数据行进行物理排序，数据记录按聚集索引键的次序存储？（　　）

A．聚集索引

B．非聚集索引

C．组合索引

D．唯一索引

3. 下面关于聚集索引描述正确的是（　　）。

A．聚集索引存储关于重要词和这些词在特定列中的位置的信息

B．添加、修改或删除表中数据时，聚集索引不会自动得到更新

C．聚集索引会对表和视图进行物理排序，数据记录按聚集索引键的次序存储，因此聚集索引对查找记录非常有效，最适合范围搜索

D．聚集索引不会改变表中行的物理排列顺序，它只是记录指向表中行的位置的指针，这些指针本身有序，通过这些指针可以在表中快速地定位数据。为一个表建立索引默认都是聚集索引

4．创建规则的 Transact-SQL 语句是（　　）。

A．CREATE RULE　　B．CREATE INDEX

C．CREATE DEFAULT　　D．ALTER RULE

5．以下哪个 Transact-SQL 语句能够创建索引？（　　）

A．CREATE DATABASE　　B．CREATE INDEX

C．CREATE DEFAULT　　D．ALTER RULE

6．以下哪些类型是表间的关系？（　　）

A．一对多关系　　B．多对多关系

C．二对二关系　　D．一对一关系

7．以下哪个 Transact-SQL 语句能够创建表？（　　）

A．CREATE DATABASE　　B．CREATE TABLE

C．ALTER TABLE　　D．DROP DATABASE

8．以下哪个 Transact-SQL 语句能够将表删除？（　　）

A．CREATE DATABASE　　B．DROP TABLE

C．ALTER TABLE　　D．DELETE TABLE

9．以下哪个 Transact-SQL 语句能够向表中添加记录？（　　）

A．CREATE　　B．UPDATE

C．INSERT　　D．DELETE

10．使用哪一个系统存储过程能够查看表的定义？（　　）

A．sp_help　　B．sp_unbindrule

C．sp_helptext　　D．sp_addtype

11．执行语句，"DELETE FROM 学生表 WHERE 姓名列 LIKE '_nnet'"时，下列选项中哪些数据行可能被删除（　　）。

A．Whyte　　B．Carson

C．Annet　　D．Hunyer

12．假设学生表中包含主键列"学号"，则执行"Update 学生表 SET 学号=177　WHERE 学号=188"，执行的结果可能是（　　）。

A．修改了多行数据　　B．没有数据修改

C．删除了一行不符合要求的数据　　D．T_SQL 语法错误，不能执行

13．假设表 A 中存在大量数据，表 B 是需要使用的数据表，因此需要将表 A 中的数据完全复制到表 B 中，下列方法中最好的方法是（　　）。

A．重新在新的数据库表中录入数据

B．使用数据转换服务的输出功能把原来的数据保存为文本文件，再把文本文件拷贝到新的数据库中

C．使用一个"INSERT INTO　[新的表名]　SELECT　[旧的表名]"的插入语句进行数据添加

D．使用一个“TRANCATE　TABLE”语句进行数据删除

14．下列哪选项中，执行数据的删除的语句在运行时不会产生错误信息的选项是（　　）。

A．DELETE * FROM ABC WHERE ASS= '6 '

B．DELETE FROM ABC WHERE ABC= '6 '

C．DELETE ABC WHERE ASS= '6 '

D．DELETE ABC SET ASS= '6 '

15．要删除表ABC中的数据，使用“TRUNCATE TABLE ABC”的运行结果是（　　）。

A．表ABC中的约束依然存在

B．表ABC被删除

C．表ABC中的数据被删除了一半，再次执行时，将删除剩下的一半数据行

D．表ABC中不符合要求的数据被删除，而符合要求的数据依然保留

16．假设ABC表中，A列为主键，并且为自动增长标识列，同时还有B列和C列，所有列的数据类型都是整数，目前还没有数据，则执行插入数据的T_SQL语句“INSERT ABC(A,B,C)VALUE (1,2,3)”的运行结果是（　　）。

A．插入数据成功，A列的数据为1　　B．插入数据成功，A列的数据为2

C．插入数据成功，B列的数据为3　　D．插入数据失败

17．如果想删除表中的所有行，删除所有行的方法有哪些？哪种方法更好些？

18．简述INSERT、UPDATE和DELETE语句的语法格式。

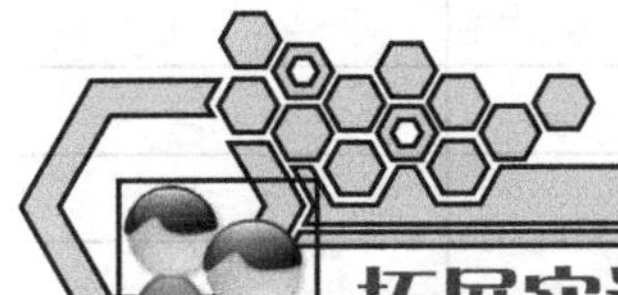

拓展实训1　学生成绩管理系统中表的设计与管理

【实训目标】

1．掌握表的创建、修改及删除。

2．理解索引的作用。

3．掌握索引的创建、修改及删除方法。

【预估时间】

40分钟

【实训步骤】

1．建立如下表，并创建相应的索引。

（1）专业表，如表3-8所示。

表3–8　专业表

字段名	数据类型	长度	是否允许空值	说明
专业编码	varchar	4	否	主键
专业名称	varchar	30	否	
系部编码	varchar	3	是	外键，对应主键为系部表中的系部编码

（2）民族表，如表 3-9 所示。

表 3-9 民族表

字 段 名	数 据 类 型	长 度	是否允许空值	说 明
民族编码	varchar	2	否	主键
民族	varchar	50	否	

2．修改表

（1）将学生基本信息表修改为包含如表 3-10 所示字段。

表 3-10 学生基本信息表

字 段 名	数 据 类 型	长 度	是否允许空值	说 明
学号	varchar	15	否	主键
姓名	varchar	20	否	
性别	varchar	2	是	
出生日期	datetime	8	是	
籍贯	varchar	50	是	
系部编码	varchar	3	是	外键
入学年份	varchar	4	是	
专业编码	varchar	4	是	外键
家庭地址	varchar	100	是	
毕业学校	varchar	100	是	
联系电话	varchar	16	是	
手机	varchar	11	是	
爱好	varchar	100	是	
备注	text		是	

（2）将专业表中“专业名称”的字段长度修改为 50。

（3）删除学生基本信息表中的“爱好”字段。

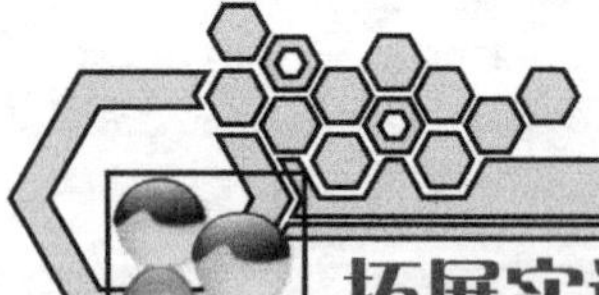

拓展实训 2　学生成绩管理系统中数据的插入、修改及删除

【实训目标】

掌握数据的添加、修改及删除操作。

【预估时间】

40 分钟

【实训步骤】

1．向学生基本信息表、系部表、成绩表、课程表、专业表、民族表中添加数据，数据如表3-11—3-16所示。

表3-11　学生基本信息表中的数据

学　号	姓　名	性　别	出生日期	籍　贯	系部编码	入学年份	专业编码	…
200501001	王孟莹	女	1988.6.20	大连	001	2005	0001	
200501002	罗可明	男	1988.10.20	苏州	001	2005	0001	
200602008	赵小满	男	1988.11.23	广州	002	2006	0002	…
200602010	周萍	女	1989.06.20	昆明	002	2006	0002	
200703001	朴妙妙	女	1990.05.08	石河子	003	2007	0006	

表3-12　系部表中的数据

系部编码	系部名称
004	基础部
005	工商系

表3-13　成绩表中的数据

课程编码	学　号	成　绩	状　态
00001	200501001	80	1
00002	200501001	88	1
00003	200501001	0	0
00001	200501002	90	1
…			

表3-14　课程表中的数据

课程编码	课程名称
00004	C语言程序设计
00005	体育
00006	Java程序设计
00007	国际贸易实务
00008	市场营销
…	

表3-15　专业表中的数据

专业编码	专业名称	系部编码
0001	国际贸易	001
0002	电子商务	001
0003	计算机应用技术	002
0004	广告设计	001
…		

表 3–16　　民族表中的数据

民族编码	民族
01	汉
02	满
03	回
…	

2. 使用 Transact-SQL 语句完成下述问题：

（1）将学生基本信息表中姓名为“王孟莹”的同学姓名改为“刘孟莹”。

（2）将“工商系”更改为“商学院”。

（3）删除成绩表中状态是“0”（未参加考试）学生的记录。

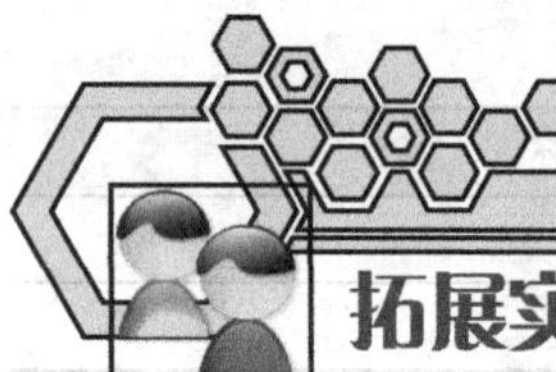

拓展实训 3　学生成绩管理系统中数据完整性的应用

【实训目标】

1. 掌握创建、修改及删除约束、默认、规则等数据完整性的方法。

2. 掌握数据完整性的控制在学生成绩管理系统中的应用。

【预估时间】

40 分钟

【实训步骤】

1. 使用 Transact-SQL 语句为学生基本信息表创建名为“CX_学号”的 CHECK 约束，该约束限制学号字段的数据只能由 9 位数字组成。

2. 创建一默认值，并将该默认值“男”绑定到学生基本信息表中的“性别”字段。

3. 创建一规则，要求限定学生成绩表中成绩字段数据是介于 0~100 的整数。

第4章 数据查询

【知识目标】

- 掌握 SELECT 语句

【技能目标】

- 熟练进行单表的数据检索
- 能够格式化、计算与处理查询结果
- 能够对表中数据进行总计
- 可以从多张表中检索数据
- 能够使用子查询

4.1 SELECT 语句结构

1. 什么是数据查询

数据查询是数据库系统应用的主要内容，所谓查询，就是对已经存在于数据库中的数据按特定的组合、条件或次序进行检索。查询设计是数据库应用程序开发的重要组成部分，因为在设计数据库并用数据进行填充后，需要通过查询来使用数据，其他许多功能也离不开查询语句，如创建视图、存储过程等。所以，查询功能是 SQL Server 中最重要、最核心的部分，其实现的基本方式是使用 SELECT 语句，得到的结果集也是表的形式。

2. SELECT 语句格式

```
SELECT [ ALL | DISTINCT ] <目标列表达式> [, ...n ]
[ INTO <新表名> ]
FROM <表或视图名> [,…m]
[ WHERE <条件表达式> ]
[ GROUP BY <列名> [ HAVING <条件表达式> ]
```

```
[ ORDER BY <列名> [ASC | DESC] ]
```

SELECT 语句的含义是：根据 WHERE 子句的条件表达式，从 FROM 子句指定的基本表或视图中找出满足条件的记录，再按 SELECT 子句中的目标列表达式选出记录中的属性值形成结果表。

参数说明如下。

- 目标列表达式：指明要查询的选择列表。列表可以包括若干个列名或表达式，列名或表达式之间用逗号隔开，用来指示应该返回哪些数据。表达式可以是列名、函数或常数的列表。
- INTO 子句：指定用查询的结果创建成一个新表。
- FROM：指定所查询的表或视图的名称。
- WHERE：指明查询所要满足的条件。
- GROUP 子句：根据指定列中的值对结果集进行分组，列的值相等的记录为一个组，每个组产生结果表中的一条记录。
- HAVING 子句：对用 FROM、WHERE 或 GROUP BY 子句创建的中间结果集进行行的筛选。它通常与 GROUP BY 子句一起使用。
- ORDER 子句：对查询结果集中的记录重新排序。ASC 和 DESC 关键字分别用于指定按升序或降序排序。如果省略 ASC 或 DESC，则系统默认为升序。ASC 为升序，DESC 为降序。

4.2 使用 SELECT 查询数据

4.2.1 FROM 子句

格式：SELECT <列名> [, ...n]　FROM <表名>

1. 检索表中全部列数据

在 SELECT 语句中，可以使用“*”号来选择表中的全部列数据。查询结果依据数据表建立时所定义的列顺序显示。

语法格式如下：

```
SELECT * FROM 数据源
```

【例 4-1】查询商品信息表的全部数据，结果如图 4-1 所示。

```
USE ProductsSALES
GO
SELECT * FROM 商品信息
```

结果 | 消息

	条形码	商品名称	规格	小类编号	大类编...	厂家编号	进货价	零售价
1	6926557302159	脆脆肠	200g	00015	04	101090001	5.00	6.00
2	9787040156980	电子商务网站规...	本	00018	07	101080001	12.00	17.90
3	9787040201154	物流服务营销	本	00018	07	101080001	16.20	22.40

图 4-1　查询商品信息表的全部数据

2. 检索指定的列数据

【例 4-2】查询商品信息表中所有记录的条形码、商品名称、大类编号及小类编号，结果如图 4-2 所示。

```
USE ProductsSALES
GO
SELECT 条形码,商品名称,大类编号,小类编号 FROM 商品信息
```

结果 | 消息

	条形码	商品名称	大类编...	小类编号
1	6903531111020	氨酚伪麻美芬片Ⅱ	08	00021
2	6926557302159	脆脆肠	04	00015
3	9787040156980	电子商务网站规划与管理	07	00018

图 4-2 查询指定的列数据

【说明】指定列名有两种形式：列名或表名.列名。其中，表名.列名常用于涉及不同表而名称相同的列。

【练一练】编写 SELECT 语句，显示生产厂家表中的厂家编号、厂家名称列的数据，结果如图 4-3 所示。

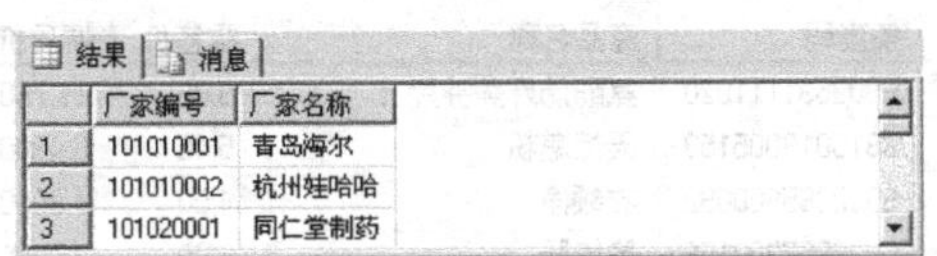

结果 | 消息

	厂家编号	厂家名称
1	101010001	青岛海尔
2	101010002	杭州娃哈哈
3	101020001	同仁堂制药

图 4-3 显示指定的列数据练习

3. 检索前 *n* 行

在 SELECT 语句中，使用 TOP 可以指定只从查询结果集中输出前 *n* 行，如果指定 PERCENT，则只是从结果集中输出前百分之几行。

语法格式如下：

```
SELECT TOP n [PERCENT] 列名[,列名……]
FROM 数据源
```

【例 4-3】查询商品小类表中前五条记录的小类编号和小类名称，结果如图 4-4 所示。

结果 | 消息

	小类编号	小类名称
1	00001	米面类
2	00002	食用油
3	00003	新鲜水果
4	00004	干果、...
5	00005	鲜活水...

图 4-4 使用 top 关键字

```
USE ProductsSALES
GO
SELECT TOP 5 小类编号,小类名称
FROM 商品小类
```

4. 查询计算列

在 SQL Server 中，可以使用运算符及函数进行数学计算、比较列中的数据以及对来自表中的数据进行处理，并把计算的结果包含在结果集中。运算符是用来进行数据计算及进行列或变量之间比较的符号。函数能够用来从系统中返回有关表达式、数据库、数据库对象或返回用户信息。SQL Server 提供了多种计算工具：

- 应用算术运算符计算值；
- 应用数学函数计算值；
- 应用字符串函数改变字符数据；
- 应用日期时间函数显示日期及时间信息；
- 将结果由一种类型转换成另一种类型。

（1）应用算术运算符计算值。

【例 4-4】列出商品信息表中所有商品的当前零售价及加价 20%以后的价格，结果如图 4-5 所示。

```
USE ProductsSALES
GO
SELECT 条形码,商品名称,零售价,零售价*1.2 AS 调后价格为 FROM 商品信息
```

	条形码	商品名称	零售价	调后价格为
1	6903531111020	氨酚伪麻美芬片II	9.80	11.76000
2	6910019005153	天然皂粉	5.40	6.48000
3	6922365800092	衣领净	4.00	4.80000
4	6926557302159	脆脆肠	6.00	7.20000

图 4-5 应用算术运算符计算值

【练一练】应用 SELECT 语句完成下面功能：列出商品信息表中每种商品的当前进货价及将进货价压低 15%之后的新进货价格，并按条形码降序排列，要求结果如图 4-6 所示。

	条形码	商品名称	进货价	现进货价格为
1	BZ00983912345	液晶电视机	2600.00	2210.000000
2	BZ00913914311	电子计算器	80.00	68.000000
3	9787040201154	物流服务营销	16.20	13.770000
4	9787040156980	电子商务网站规划与管理	12.00	10.200000

图 4-6 应用算术运算符计算值的练习

（2）应用数学函数计算值。

【例 4-5】在 SELECT 语句中应用 FLOOR 函数，结果如图 4-7 所示。

```
SELECT FLOOR(345.67),FLOOR(-345.67),FLOOR($345.67)
```

	(无列名)	(无列名)	(无列名)
1	345	-346	345.00

图 4-7 应用数学函数计算值

【说明】FLOOR 函数返回的结果为小于或等于指定值的最大整数。

（3）应用字符串函数改变字符数据。

利用字符串函数进行的操作有字符串连接、部分字符的提取、字符串的比较以及字符串大小

写的转换等。

【例 4-6】在 SELECT 语句中应用 STUFF 函数，结果如图 4-8 所示。

```
SELECT STUFF('吉林长春市',3,0,'省')
```

	(无列名)
1	吉林省长春市

图 4-8　应用 STUFF 函数改变字符数据

【例 4-7】在 SELECT 语句中应用 SUBSTRING 函数，结果如图 4-9 所示。

```
USE ProductsSALES
GO
SELECT 条形码,SUBSTRING(条形码,5,8),商品名称 from 商品信息
```

	条形码	(无列名)	商品名称
1	6903531111020	53111102	氨酚伪麻美芬片 II
2	6910019005153	01900515	天然皂粉
3	6922365800092	36580009	衣领净
4	6926557302159	55730215	脆脆肠

图 4-9　应用 SUBSTRING 函数改变字符数据

（4）应用日期时间函数显示日期及时间信息。

在 SELECT 语句中能够使用日期时间函数查询有关信息。该种函数可以用于列名、WHERE 子句或表达式中，日期时间值要求在括号中。

【例 4-8】在 SELECT 语句中应用 DATEADD 函数，显示操作员表中所有人员的操作员编号、姓名、出生日期及出生日期 100 日后的日期，结果如图 4-10 所示。

```
USE ProductsSALES
GO
SELECT 操作员编号,姓名,出生日期,DATEADD(DAY,100,出生日期) AS 一百天后的日期
FROM 操作员表
```

	操作员编号	姓名	出生日期	一百天后的日期
1	01001	员工A	1987-08-03 00:00:00.000	1987-11-11 00:00:00.000
2	01002	员工B	1985-11-12 00:00:00.000	1986-02-20 00:00:00.000
3	01003	员工C	1986-08-25 00:00:00.000	1986-12-03 00:00:00.000
4	01004	员工D	1984-10-20 00:00:00.000	1985-01-28 00:00:00.000
5	01005	员工E	1980-09-08 00:00:00.000	1980-12-17 00:00:00.000
6	01006	王勉	1988-06-03 00:00:00.000	1988-09-11 00:00:00.000
7	01007	陈松术	1987-10-21 00:00:00.000	1988-01-29 00:00:00.000

图 4-10　应用 DATEADD 函数显示日期及时间信息

（5）将结果由一种类型转换成另一种类型。

【例 4-9】应用 SELECT 语句，将【例 4-8】的查询结果输出如图 4-11 所示。

```
USE ProductsSALES
GO
SELECT 操作员编号,姓名,出生日期,
CONVERT(varchar(10),DATEADD(DAY,100,出生日期),102) AS 一百天后的日期
FROM 操作员表
```

	操作员编号	姓名	出生日期	一百天后的日期
1	01001	员工A	1987-08-03 00:00:00.000	1987.09.02
2	01002	员工B	1985-11-12 00:00:00.000	1985.12.12
3	01003	员工C	1986-08-25 00:00:00.000	1986.09.24
4	01004	员工D	1984-10-20 00:00:00.000	1984.11.19

图 4-11　例 4-19 查询结果

【例 4-10】在 SELECT 语句中应用 CONVERT 函数，结果如图 4-12 所示。

```
USE ProductsSALES
GO
SELECT '"'+商品名称+'"'+'的价格为:'+CONVERT(varchar(10),ISNULL(零售价,0.00))
FROM 商品信息
```

	(无列名)
1	"氨酚伪麻美芬片II"的价格为：￥9.80
2	"天然皂粉"的价格为：￥5.40
3	"衣领净"的价格为：￥4.00
4	"脆脆肠"的价格为：￥6.00
5	"电子商务网站规划与管理"的价格为：￥17.90
6	"物流服务营销"的价格为：￥22.40
7	"电子计算器"的价格为：￥150.00
8	"液晶电视机"的价格为：￥3300.00

图 4-12　将结果由一种类型转换成另一种类型

【练一练】应用 SELECT 语句完成下面功能：列出操作员表中所有人员的操作员编码、姓名及出生日期，要求结果如图 4-13 所示。

	(无列名)
1	编号为：01001的操作员，姓名为"员工A"，出生日期为：1987.08.03
2	编号为：01002的操作员，姓名为"员工B"，出生日期为：1985.11.12
3	编号为：01003的操作员，姓名为"员工C"，出生日期为：1986.08.25
4	编号为：01004的操作员，姓名为"员工D"，出生日期为：1984.10.20

图 4-13　将结果由一种类型转换成另一种类型练习

5. 改变列标题，提高结果集的清晰度

改变列标题，能够使结果集更加可读。SELECT 语句中改变列标题有以下 3 种方法。

- SELECT 列标题=列名 [,列名…] FROM 数据源。
- SELECT 列名 列标题 [,列名…] FROM 数据源。
- SELECT 列名 AS 列标题 [,列名…] FROM 数据源。

【例 4-11】查询商品信息表中商品名称及条形码的列表，结果如图 4-14 所示。

```
USE ProductsSALES
  GO
```

方法一：

```
SELECT 商品名称,条形码如下=条形码 FROM 商品信息
```

方法二：

```
SELECT 商品名称,条形码 条形码如下 FROM 商品信息
```

方法三：

```
SELECT 商品名称,条形码 AS 条形码如下 FROM 商品信息
```

	商品名称	条形码如下
1	氨酚伪麻美芬片 II	6903531111020
2	脆脆肠	6926557302159
3	电子商务网站规划与管理	9787040156980
4	物流服务营销	9787040201154
5	电子计算器	BZ00913914311
6	液晶电视机	BZ00983912345

图 4-14　改变列标题

6. 消除结果集中重复的行

可以使用 DISTINCT 关键字从查询的输出结果中消除重复行。该关键字对结果集按 DISTINCT 列表中所列的第一列内容进行升序排序。

语法格式如下：

```
SELECT [ ALL|DISTINCT ] 列名[ ,列名… ]
FROM 数据源
[ WHERE 查询条件 ]
```

参数说明如下。

- ALL：指定结果中可以显示重复行。ALL 是默认设置。
- DISTINCT：从查询的输出结果中消除重复行。在 DISTINCT 语句中，所有空值被认为是重复值。

【例 4-12】从销售明细表中查询已被销售过的商品，要求结果如图 4-16 所示（消除表中重复数据），而非图 4-15 所示形式。

```
 USE ProductsSALES
   GO
SELECT DISTINCT 条形码 FROM 销售明细
```

4.2.2　WHERE 子句

在 SELECT 语句中，使用 WHERE 子句能够有条件地检索行，使其精确地返回所需要的信息。

语法格式如下：

```
SELECT 列名[,列名…]
FROM 数据源
 WHERE 查询条件
```

可包含在 WHERE 子句中的查询条件类型如表 4-1 所示。

表 4-1　可包含在 WHERE 子句中的查询条件类型

查找条件的类型	应用的运算符及使用的关键字
比较运算	= 、> 、< 、<> 、>= 、<= 、!= 、!< 、!>
是否空值	IS NULL 、 IS NOT NULL
逻辑运算	NOT、AND、ALL、ANY、BETWEEN、IN、LIKE、OR、SOME

【例 4-13】查询商品小类表中的小类编号为 00001 的数据，结果如图 4-15 所示。

```
 USE ProductsSALES
   GO
 SELECT * FROM 商品小类
 WHERE 小类编号='00001'
```

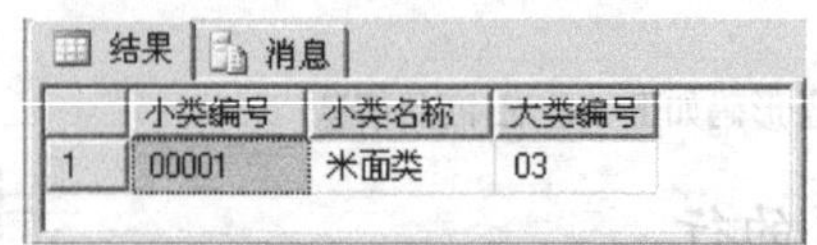

	小类编号	小类名称	大类编号
1	00001	米面类	03

图 4-15　使用 WHERE 语句

【例 4-14】查询商品小类表中的小类编号介于 00001 ~ 00005 元的信息，结果如图 4-16 所示。

```
USE ProductsSALES
GO
SELECT * FROM 商品小类
WHERE 小类编号 between '00001' and '00005'
```

	小类编号	小类名称	大类编号
1	00001	米面类	03
2	00002	食用油	03
3	00003	新鲜水果	02
4	00004	干果、坚果	02
5	00005	鲜活水产品	02

图 4-16　使用 BETWEEN 关键字

【练一练】在 SELECT 语句中应用 BETWEEN 关键字完成下面功能：显示商品信息表中零售价介于 8 元至 12 元的商品数据。

【例 4-15】查询商品信息表，把商品名称中前两个字是“电子”的商品信息显示出来，结果如图 4-17 所示。

```
USE ProductsSALES
GO
SELECT * FROM 商品信息
WHERE 商品名称 LIKE '电子%'
```

	条形码	商品名称	规格	小类编...	大类编...	厂家编号	进货...	零售价
1	9787040156980	电子商务...	本	00018	07	101080001	12.00	17.90
2	BZ00913914311	电子计算器	个	00025	07	101010012	80.00	150.00

图 4-17　使用 LIKE 关键字

【说明】LIKE 关键字可以使用如表 4-2 所示的通配符。

表 4–2　通配符

通配符	描述	示例
%	包含零个或更多字符的任意字符串。	WHERE 商品名称 LIKE '%电%' 将查找处于商品名称任意位置的包含文字“电”的所有信息。
_（下划线）	任何单个字符。	WHERE 小类编号 LIKE '0001_' 将查找以“0001”开头的字段长度为 5 的所有小类编号（如 00012、00015 等）。
[ ]	指定范围 ([a-f]) 或集合 ([abcdef]) 中的任何单个字符。	WHERE 小类编号 LIKE '0001[5-7]' 将查找以 0001 开头，尾数介于 5 与 7 之间的任何单个字符的小类编号（如 00015、00016、00017）。

续表

通 配 符	描 述	示 例
[^]	不属于指定范围	WHERE 商品名称 LIKE '电子[^计]%' 将查找以“电子”开始且其后的文字不为“计”的所有商品名称。

【练一练】在 SELECT 语句中应用 LIKE 关键字完成下面功能：显示生产厂家表中厂家名称包含“海”的厂家数据，结果如图 4-18 所示。

	厂家编号	厂家名称	国家
1	101010001	青岛海尔	中国
2	101010012	海信集团	中国

图 4-18 使用 LIKE 关键字查询数据

【例 4-16】查询操作员表中的“员工类型”不为空值的数据，结果如图 4-19 所示。

```
USE ProductsSALES
 GO
 SELECT * FROM 操作员表
 WHERE 员工类型 IS NOT NULL
```

	操作员编...	姓名	权...	密...	员工类型	性别
1	01001	员工A	X	123	02	男
2	01002	员工B	X	002	02	女
3	01003	员工C	C	000	01	女

图 4-19 使用 IS NOT NULL 关键字

【练一练】在 SELECT 语句中应用 LIKE 关键字完成下面功能：查询操作员表中密码为空值的数据。

【例 4-17】查询操作员表中的“员工类型”为“02”，且为男性操作员的数据，结果如图 4-20 所示。

```
USE ProductsSALES
 GO
 SELECT * FROM 操作员表 WHERE 员工类型='02' AND 性别='男'
```

	操作员编号	姓名	权限	密码	员工类型	性别
1	01001	员工A	X	123	02	男

图 4-20 使用 AND 关键字

【例 4-18】查询商品信息表中的厂家编号为“101080001” 或“101010009”，并且商品名称中包含“电”的商品信息，结果如图 4-21 所示。

```
USE ProductsSALES
GO
SELECT * FROM 商品信息
```

```
WHERE (厂家编号='101080001' OR 厂家编号='101010009')
AND 商品名称 like '%电%'
```

	条形码	商品名称	规格	小类编...	大类编...	厂家编号
1	9787040156980	电子商务网站规划与管理	本	00018	07	101080001
2	BZ00983912345	液晶电视机	29寸	00023	09	101010009

图 4-21　使用多种关键字

【练一练】应用 SELECT 语句完成下面功能：查询商品信息表中厂家编号不是“101010009”的信息。

4.2.3　ORDER BY 子句

在 SELECT 语句中使用 ORDER BY 子句对查询结果按照一列或多列进行排序，可以按升序或者降序进行排序。默认情况下，结果集按升序进行排序。

语法格式如下：

```
SELECT [ ALL|DISTINCT ] 列名[,列名…]
FROM 数据源
ORDER BY 排序表达式 [ ASC | DESC ]
```

参数说明如下。

- ASC：将查询结果按所指定的列进行升序排列。
- DESC：将查询结果按所指定的列进行降序排列。

【例 4-19】从销售明细表中查询所有商品的销售情况，并按销售号进行升序排列，结果如图 4-22 所示。

```
USE ProductsSALES
GO
```

方法一：

```
SELECT * FROM 销售明细 ORDER BY 销售号
```

方法二：

```
SELECT * FROM 销售明细 ORDER BY 销售号 ASC
```

	流水号	销售...	条形码	数...	销售时间	操作员代码
1	1	1	6926557302159	2	2007-01-02 11:10:03.000	01001
2	2	1	9787040201154	1	2007-01-02 11:10:10.000	01001
3	4	1	6910019005153	2	2007-01-02 11:10:22.000	01001
4	7	1	6922365800092	1	2007-01-02 11:10:35.000	01001
5	6	2	BZ00983912345	1	2007-01-02 11:10:23.000	01001
6	3	2	6926557302159	3	2007-01-02 11:10:12.000	01001
7	10	2	6926557302159	5	2007-01-02 11:11:34.000	01002
8	5	3	6926557302159	2	2007-01-02 11:13:14.000	01001

图 4-22　使用 ORDER BY 排序

【练一练】使用 SELECT 语句从生产厂家表中查询所有生产厂家的信息，并按厂家编号进行

降序排列。

4.2.4　HAVING 子句

在 SELECT 语句中使用 GROUP BY 子句及聚合函数对数据进行分组以后，使用 HAVING 子句能够对分组数据进行更细致的筛选。HAVING 语法与 WHERE 语法类似，但是 HAVING 允许使用聚合函数，HAVING 子句可以引用选择列表中出现的任意项。

语法格式如下：

```
HAVING 搜索条件
```

【例 4-20】查询销售明细表中商品被销售二次以上的商品条形码及销售次数，结果如图 4-23 所示。

```
USE ProductsSALES
GO
SELECT 条形码, COUNT(条形码) AS 销售次数 FROM 销售明细 GROUP BY 条形码
HAVING COUNT(条形码)>=2
```

	条形码	销售次数
1	6922365800092	2
2	6926557302159	4

图 4-23　例 4-20 结果

【注意】在 SELECT 语句中，WHERE 子句用于筛选由 FROM 指定的数据对象，GROUP BY 子句用于对 WHERE 子句输出结果分组，HAVING 是对分组后的数据进行筛选。

4.2.5　GROUP BY 子句

将检索结果按照 GROUP BY 后指定的列进行分组，GROUP BY 子句写在 WHERE 子句的后面。若在 SELECT 语句中使用聚合函数，GROUP BY 子句会为各个聚合产生一个值。SELECT 子句中出现的列包含在聚合函数中或包含在 GROUP BY 子句中，否则 SQL Server 将返回错误信息。

语法格式如下：

```
GROUP BY 分组表达式
```

【例 4-21】查询销售明细表中每种商品的销售次数，结果如图 4-24 所示。

	条形码	销售次数
1	6910019005153	1
2	6922365800092	2
3	6926557302159	4
4	9787040156980	1
5	9787040201154	1

图 4-24　例 4-21 结果

```
USE ProductsSALES
GO
SELECT 条形码, COUNT(条形码) AS 销售次数 FROM 销售明细 GROUP BY 条形码
```

【练一练】查询销售明细表中每位操作员销售商品的笔数，结果如图 4-25 所示。

	操作员代码	商品销售笔数
1	01001	4
2	01002	3

图 4-25　操作员销售商品的笔数

4.2.6　COMPUTE BY 子句

COMPUTE 子句用于分类汇总。

语法格式如下：

```
COMPUTE {聚合函数(列名)}[,…n] [ BY 列名 [,…n] ]
```

【说明】常用的聚合函数有：SUM、AVG、MIN、MAX 及 COUNT 等。

COMPUTE 所生成的汇总值在查询结果中显示为分离的结果集。

（1）当 COMPUTE 带有 BY 子句时，符合 SELECT 条件的每个组都有两个结果集：

- 各组的第一个结果集是明细行集，数据为该组的选择列表信息。
- 各组的后一个结果集有一行，数据为该组的 COMPUTE 子句中所指定的聚合函数的小计。

（2）当 COMPUTE 不带 BY 子句时，SELECT 语句有两个结果集：

- 第一个结果集是包含选择列表信息的所有明细行。
- 第二个结果集有一行，包含了 COMPUTE 子句中所指定的聚合函数的合计。

【例 4-22】查询销售信息表中价格低于 20 元的所有商品的零售价总计，结果如图 4-26 所示。

```
USE ProductsSALES
GO
SELECT 条形码,商品名称,进货价,零售价
FROM 商品信息
WHERE 零售价<=20
COMPUTE SUM(零售价)
```

	条形码	商品名称	进货...	零售价
1	6903531111020	氨酚伪麻美芬片Ⅱ	8.00	9.80
2	6910019005153	天然皂粉	3.10	5.40
3	6922365800092	衣领净	2.00	4.00
4	6926557302159	脆脆肠	5.00	6.00
5	9787040156980	电子商务网站规划与管理	12.00	17.90

	sum
1	43.10

图 4-26　例 4-22 结果

【例 4-23】使用 COMPUTE BY 子句查询商品信息表

（1）每个产品类型中其零售价低于 20 元的商品，计算每类商品零售价总计，结果如图 4-27 所示。

（2）查询零售价低于 20 元的商品的商品大类、零售价总计及各类商品中的最高零售价，结果如图 4-28 所示。

```
USE ProductsSALES
GO
--注释：每个产品类型中其零售价低于 20 元的商品，计算每类商品零售价总计
SELECT 大类编号,条形码,商品名称,进货价,零售价
FROM 商品信息
WHERE 零售价<=20
ORDER BY 大类编号,条形码
COMPUTE SUM(零售价) BY 大类编号
/*
注释：查询零售价低于 20 元的商品，计算每类商品零售价总计及各类商品中的最高零售价。在此，COMPUTE BY 子句使用了两个不同的聚合函数。
*/
SELECT 大类编号,条形码,商品名称,进货价,零售价
FROM 商品信息
WHERE 零售价<=20
ORDER BY 大类编号,条形码
COMPUTE SUM(零售价),MAX(零售价) BY 大类编号
```

结果 | 消息

	大类编号	条形码	商品名称	进货...	零售价
1	08	6903531111020	氨酚伪麻美芬片 II	8.00	9.80

	sum
1	9.80

	大类编号	条形码	商品名称	进货...	零售价
1	10	6910019005153	天然皂粉	3.10	5.40
2	10	6922365800092	衣领净	2.00	4.00

	sum
1	9.40

图 4-27 计算每类商品零售价总计

结果 | 消息

	大类编号	条形码	商品名称	进货...	零售价
1	08	6903531111020	氨酚伪麻美芬片 II	8.00	9.80

	sum	max
1	9.80	9.80

	大类编号	条形码	商品名称	进货...	零售价
1	10	6910019005153	天然皂粉	3.10	5.40
2	10	6922365800092	衣领净	2.00	4.00

	sum	max
1	9.40	5.40

图 4-28 计算每类商品零售价总计及最高零售价

4.3 连接查询

在实际应用中，经常需要从数据库的多个表中提取数据，T-SQL 能够将存储在不同表中的数据联系起来。通常情况下在规范化的数据库中，一个表是不可能表现某一实体的全部信息的，连接操作能够将有关的表连接起来以存取它们的信息。

连接条件能够在 FROM 或 WHERE 子句中指定，但通常在 FROM 子句中指定连接条件。在 WHERE 和 HAVING 子句中包含搜索条件，可以更好地筛选连接条件所选的行。

连接可分为以下几类：内部连接、外部连接和交叉连接。

4.3.1 内部连接

内部连接使用比较运算符根据每个表共有的列的值匹配两个表中的行，关键字 inner join 用于

实现内部连接。

【例 4-24】使用内部连接的方式从商品信息表及销售明细表中查询商品条形码、商品名称、数量及销售时间，结果如图 4-29 所示。

```
USE ProductsSALES
GO
SELECT 销售明细.条形码,商品名称,数量,销售时间
FROM 销售明细
INNER JOIN 商品信息
ON 销售明细.条形码=商品信息.条形码
```

结果 | 消息

	条形码	商品名称	数...	销售时间
1	6926557302159	脆脆肠	2	2007-01-02 11:10:03.000
2	9787040201154	物流服务营销	1	2007-01-02 11:10:10.000
3	6926557302159	脆脆肠	3	2007-01-02 11:10:12.000
4	6910019005153	天然皂粉	2	2007-01-02 11:10:22.000

图 4-29　内部连接示例

4.3.2　外部连接

外部连接可分为左外部连接、右外部连接及完全外部连接。

1. 左外部连接

左外部连接运算符 LEFT OUTER JOIN 或 LEFT JOIN 指明不论第二个表中是否有匹配的数据，结果中都将包括第一个表中的所有行。

2. 右外部连接

右外部连接运算符 RIGHT OUTER JOIN 或 RIGHT JOIN 指明不论第一个表中是否有匹配的数据，结果中都将包括第二个表中的所有行。

3. 完全外部连接

若要通过在连接的结果中包括不匹配的行来保留不匹配信息，可以使用完全外部连接。SQL Server 提供了完全外部连接运算符 FULL OUTER JOIN 或 FULL JOIN，结果包括两个表中的所有行，不论另一个表中是否有匹配的值。

【例 4-25】分别使用左外部连接、右外部连接和完全外部连接的方式从“销售明细”及“商品信息”表中查询条形码及商品名称相关数据，结果分别如图 4-30、图 4-31 和图 4-32 所示形式。

```
--左外部连接
USE productsSALES
GO
SELECT 销售明细.条形码,商品信息.商品名称
FROM 销售明细 LEFT OUTER JOIN 商品信息
ON 销售明细.条形码=商品信息.条形码
--右外部连接
```

```
SELECT 销售明细.条形码,商品信息.商品名称
FROM 销售明细 RIGHT OUTER JOIN 商品信息
ON 销售明细.条形码=商品信息.条形码
--完全外部连接
SELECT 销售明细.条形码,商品信息.商品名称
FROM 销售明细 FULL OUTER JOIN 商品信息
ON 销售明细.条形码=商品信息.条形码
```

结果　消息

	条形码	商品名称
1	6926557302159	脆脆肠
2	9787040201154	物流服务营销
3	6926557302159	脆脆肠
4	6910019005153	天然皂粉
5	6926557302159	脆脆肠
6	BZ00983912345	液晶电视机
7	6922365800092	衣领净
8	6922365800092	衣领净
9	BZ00913914311	电子计算器
10	6926557302159	脆脆肠
11	9787040156980	电子商务网站规划与管理

图 4-30　左外部连接示例

结果　消息

	条形码	商品名称
1	NULL	氨酚伪麻美芬片 II
2	6910019005153	天然皂粉
3	6922365800092	衣领净
4	6922365800092	衣领净
5	6926557302159	脆脆肠
6	6926557302159	脆脆肠
7	6926557302159	脆脆肠
8	6926557302159	脆脆肠
9	9787040156980	电子商务网站规划与
10	9787040201154	物流服务营销
11	BZ00913914311	电子计算器
12	BZ00983912345	液晶电视机

图 4-31　右外部连接示例

结果　消息

	条形码	商品名称
1	6926557302159	脆脆肠
2	9787040201154	物流服务营销
3	6926557302159	脆脆肠
4	6910019005153	天然皂粉
5	6926557302159	脆脆肠
6	BZ00983912345	液晶电视机
7	6922365800092	衣领净
8	6922365800092	衣领净
9	BZ00913914311	电子计算器
10	6926557302159	脆脆肠
11	9787040156980	电子商务网站规划与
12	NULL	氨酚伪麻美芬片 II

图 4-32　完全外部连接示例

4.3.3　交叉连接

交叉连接（也称作笛卡儿积）返回的结果集为左表中的每一行与右表中的所有行的组合，行数等于两个表的行数的乘积，列数等于两个表列数的和。

【例 4-26】使用交叉连接查询商品大类表（数据见图 4-33）及商品小类表（数据见图 4-34）中的数据，结果如图 4-35 所示。

```
USE productsSALES
GO
SELECT * FROM 商品大类,商品小类
```

结果 | 消息

	大类编...	大类名称
7	07	办公用品
8	08	药品
9	09	电子产品
10	10	日用产品

图 4-33　商品大类表中数据

结果 | 消息

	小类编号	小类名称	大类编号
23	00023	电视	09
24	00024	数码产品	09
25	00025	其他办公...	07
26	00026	洗涤用品	10

图 4-34　商品小类表中数据

结果 | 消息

	大类编号	大类名称	小类编号	小类名称	大类编号
257	10	日用产品	00023	电视	09
258	10	日用产品	00024	数码产品	09
259	10	日用产品	00025	其他办公用品	07
260	10	日用产品	00026	洗涤用品	10

图 4-35　使用交叉连接

4.4 子查询

4.4.1 子查询概述

子查询是一个嵌套在 SELECT、INSERT、UPDATE 或 DELETE 语句或其他子查询中的查询。任何允许使用表达式的地方都可以使用子查询。子查询也称为内部查询或内部选择，而包含子查询的语句称为外部查询或外部选择。

子查询的 SELECT 查询总是使用圆括号括起来，有 3 种基本的子查询。

- 在通过 IN 引入的列表或者由 ANY 或 ALL 修改的比较运算符的列表上进行操作。
- 通过无修改的比较运算符引入，并且必须返回单个值。
- 通过 EXISTS 引入的存在测试。

4.4.2 使用 IN 的子查询

使用 IN（或 NOT IN）后的子查询返回零个或多个值，子查询返回结果后，外部查询即可利用这些结果。IN 子查询用于进行一个给定值是否存在子查询结果集中的判断，其中当表达式与子查询的结果表中的某个值相等时，返回 TRUE，否则返回 FALSE；若使用了 NOT，则返回的值刚好相反。

语法格式如下：

```
WHERE 表达式 [NOT] IN (子查询)
```

【例 4-27】使用 IN 关键字子查询的形式查询商品信息表中被销售过的商品，结果如图 4-36 所示。

```
USE productsSALES
GO
```

```
SELECT 条形码,商品名称
FROM 商品信息
WHERE 条形码 IN ( SELECT DISTINCT 条形码 FROM 销售明细 )
```

结果 | 消息

	条形码	商品名称
4	9787040156980	电子商务网站规划与管理
5	9787040201154	物流服务营销
6	BZ00913914311	电子计算器
7	BZ00983912345	液晶电视机

图 4-36　例 4-27 结果

【说明】该语句分两步进行。首先，内部查询返回销售明细表中出现过的条形码。之后，这些值将替换到外部查询中，外部查询将在商品信息表中查找与销售明细表中条形码匹配的商品信息。

4.4.3　使用比较运算符的子查询

比较子查询可以由一个比较运算符（=、>、<、>=、<=、<>、!>、!<、!=等）引入。

【注意】使用比较运算符的子查询与使用 IN 引入的子查询一样，由后面不跟 ANY 或 ALL 的比较运算符引入的子查询必须返回单个值。如果子查询返回多个值，SQL Server 将显示错误信息。

【例 4-28】使用比较运算符的子查询形式查询代码为“01001”的操作员所销售条形码为“6922365800092”的商品名称信息，结果如图 4-37 所示。

```
USE productsSALES
GO
SELECT 条形码,商品名称
FROM 商品信息
WHERE 条形码 = (
SELECT DISTINCT 条形码
FROM 销售明细
WHERE 条形码='6922365800092' AND 操作员代码='01001'
)
```

结果 | 消息

	条形码	商品名称
1	6922365800092	衣领净

图 4-37　例 4-28 结果

【注意】查询代码为“01001”的操作员曾销售的商品名称时，由于销售的商品不止一个，可以用 IN 表达式（或“=ANY”）来代替“=”比较运算符。

【例 4-29】使用比较运算符子查询形式，查询定价高于平均定价的商品条形码。

```
USE productsSALES
GO
SELECT 条形码
```

```
FROM 销售明细
WHERE 单价>(
SELECT AVG(单价)
FROM 销售明细
)
```

4.4.4 用 ANY、SOME 或 ALL 修改的比较运算符

可以使用 ALL、ANY 修改引入子查询的比较运算符（表 4-3 说明了 ANY 与 ALL 二者的差别）。SOME 是 SQL-92 标准的 ANY 的等效物。

语法格式如下：

```
WHERE 表达式 比较运算符 [ ANY | ALL ] （子查询）
```

表 4-3　　ALL 与 ANY 的运行比较

ALL	执 行 条 件	ANY	执 行 条 件
>ALL(1,2,3,4)	大于 4	>ANY(1,2,3,4)	大于 1
<ALL(1,2,3,4)	小于 1	<ANY(1,2,3,4)	小于 4
=ALL(1,2,3,4)	全部等于	=ANY(1,2,3,4)	满足其中一个即可
<>ALL(1,2,3,4)	全部不等于	<>ANY(1,2,3,4)	显示全部数据包括 1,2,3,4 四个值

【例 4-30】查询未曾销售过的商品条形码及商品名称，结果如图 4-38 所示。

```
USE ProductsSALES
GO
SELECT 条形码,商品名称
FROM 商品信息
WHERE 条形码<>ALL(SELECT 条形码 FROM 销售明细 )
```

	条形码	商品名称
1	6903531111020	氨酚伪麻美芬片 II

图 4-38　例 4-30 结果

【想一想】将例 4-30 的程序语句修改成如下形式，是否会产生正确结果，为什么？

```
USE ProductsSALES
GO
SELECT 条形码,商品名称
FROM 商品信息
WHERE 条形码<>ANY(SELECT 条形码 FROM 销售明细 )
```

4.4.5 使用 EXISTS 或 NOT EXISTS 的子查询

使用 EXISTS 关键字引入一个子查询时，相当于进行一次存在测试。外部查询的 WHERE 子句测试子查询返回的行是否存在。子查询实际上不产生任何数据，它只返回 TRUE 或 FALSE 值。

【例 4-31】查询已销售过商品的条形码及商品名称，结果如图 4-39 所示。

```
USE ProductsSALES
GO
SELECT 条形码,商品名称
FROM 商品信息
WHERE EXISTS
(
SELECT *
FROM 销售明细
WHERE 销售明细.条形码=商品信息.条形码
)
```

	条形码	商品名称
1	6910019005153	天然皂粉
2	6922365800092	衣领净
3	6926557302159	脆脆肠
4	9787040156980	电子商务网站规划与管理
5	9787040201154	物流服务营销
6	BZ00913914311	电子计算器
7	BZ00983912345	液晶电视机

图4-39　例4-31结果

【注意】使用 EXISTS 引入的子查询与其他子查询不同之处：

1. EXISTS 关键字前面没有列名、常量或其他表达式。

2. 由 EXISTS 引入的子查询的选择列表通常是由星号（*）组成。因为只是测试是否存在符合子查询中指定条件的行。因此，并不需要列出列名。

【例4-32】查找大类不在“办公用品”类别中的商品名称，结果如图4-40所示。

```
USE ProductsSALES
GO
SELECT 条形码,商品名称
FROM 商品信息
WHERE NOT EXISTS
(
SELECT *
FROM 商品大类
WHERE 商品大类.大类编号=商品信息.大类编号
AND 大类名称='办公用品'
)
```

	条形码	商品名称
1	6903531111020	氨酚伪麻美芬片II
2	6910019005153	天然皂粉
3	6922365800092	衣领净
4	6926557302159	脆脆肠
5	BZ00983912345	液晶电视机

图4-40　例4-32结果

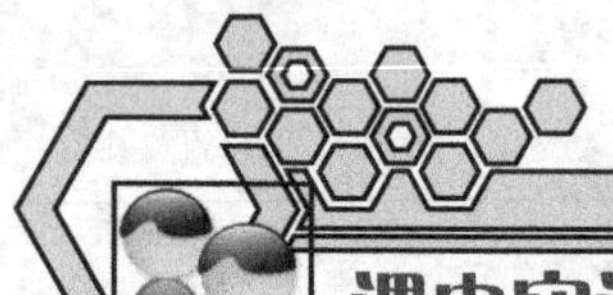

课内实训　学生成绩管理系统中的数据查询

※ 任务描述

1. 查询所有学生的各科成绩。

2. 查询某学号学生的成绩。

3. 查询某一姓氏的学生的基本信息。

※ 技术要点

1. 涉及的数据表及字段。

（1）成绩表中的字段有：课程编码、学号、成绩、状态等信息。

（2）课程表中的字段有：课程编码、课程名称。

（3）学生基本信息表中的字段有：学号、姓名、性别、出生日期、籍贯、系部编码、入学年份等信息。

2. 使用 SELECT 语句进行查询。

※ 实现过程

1. 多表连接查询

```
SELECT 课程.课程名称,学生基本信息.姓名,成绩.成绩
FROM 课程,学生基本信息,成绩
WHERE 课程.课程编码=成绩.课程编码 AND 成绩.学号=学生基本信息.学号
```

2. 查询学号为“200601001”同学的成绩

```
SELECT 课程.课程名称,学生基本信息.姓名,成绩.成绩
FROM 课程,学生基本信息,成绩
WHERE 课程.课程编码=成绩.课程编码 AND 成绩.学号=学生基本信息.学号
AND 成绩.学号='200601001'
```

3. 查询姓氏为“刘”的学生的基本信息

```
SELECT * FROM 学生基本信息
WHERE 姓名 like '刘%'
```

本章小结

- SELECT 语句用于从表中检索数据，SELECT 语句可以用来显示下面的一些信息：
  - 显示表中的部分行或所有的行；

➢ 显示表中的部分列或所有的列；

➢ 显示表的计算信息，如列数据的总计值或平均值；

➢ 合并多个表的信息等。

• 使用关键字 DINSTICT 能够消除 SELECT 语句结果集中重复的行。

• 使用 COMPUTE 子句为行聚合函数生成汇总值，并且此汇总值做为附加行也显示在结果集当中。

• 从多张表中检索数据可以使用内部连接、外部连接和交叉连接。

• 内部连接使用比较运算符根据每个表共有的列的值匹配两个表中的行。关键字 inner join 用于实现内部连接。

• 外部连接可分为左外部连接、右外部连接及完全外部连接。

• 可以使用 SELECT INTO 创建一个新表，并把现存的数据写入新表当中。

• 子查询是一个 SELECT 查询，它嵌套在 SELECT、INSERT、UPDATE、DELETE 语句或其他子查询中，任何允许使用表达式的地方都可以使用子查询。

测试与练习

1．设 ABC 表中有三列 A、B、C，并且列值都是整数数据类型，则以下哪行查询语句能正确执行？（　　）

A．SELECT ABC FROM ABC ORDER BY A

B．SELECT A FROM ABC ORDER BY B,C

C．SELECT * FROM ABC GROUP BY A,B

D．SELECT A,B FROM ABC GROUP BY C

2．设 ABC 表有三列（A、B、C 列），并且列值都是整数数据类型，则以下哪行查询语句能按照 B 进行分组，在每一组中取 C 的平均值？（　　）

A．SELECT AVG（C） FROM ABC

B．SELECT AVG（C） FROM ABC ORDER BY B

C．SELECT AVG（C） FROM ABC GROUP BY B

D．SELECT AVG（C） FROM ABC GROUP BY C,B

3．假设 ABC 表用于存储销售信息，A 列为销售人员姓名，C 列用于销售额度，现在的要求是，查询每个销售人员的销售次数、销售金额，则下列哪行查询语句的执行结果能得到这些信息？（　　）

A．SELECT A,SUM(C),COUNT(A) FROM ABC GROUP BY A

B．SELECT A,SUM(C) FROM ABC

C．SELECT A,SUM(C) FROM ABC GROUP BY A ORDER BY A

D．SELECT SUM(C) FROM ABC GROUP BY A ORDER BY A

4．设 ABC 表有三列（A、B、C 列），并且列值都是 varchar 型数据，A 列保存顾客的姓，B 列保存顾客的名，现在，需要查询顾客的姓名的组合，例如 A 列中的“Zhang”，同一行 B 列中的“Xin”，查询结果应该返回“ZhangXin”。则正确的查询语句应该是（　）。

A．SELECT A,B From ABC

B．SELECT * From ABC ORDER BY A,B

C．SELECT A+B From ABC

D．SELECT AB From ABC

5．假设 ABC 表用于存储销售信息，A 列为销售人员姓名，C 列用于销售额度，现在需要查询最大一笔交易额度数是多少，正确的查询语句是（　　）。

A．SELECT MAX(C) FROM ABC WHERE MAX(C)>0

B．SELECT MAX(C) FROM ABC WHERE COUNT(A)>0

C．SELECT A,MAX(C) FORM ABC GROUP BY A,C

D．SELECT MAX(C) FROM ABC

6．假设 ABC 表中存储学员的考试成绩，A 列为学员姓名，B 列为学员的考试成绩，现在需要查询及格线以上的学员的平均成绩、最高分，则下列哪一行查询 T-SQL 能得到这些信息？（　　）

A．SELECT AVG(B),MAX(B) FROM ABC WHERE B>=60

B．SELECT COUNT(A),MIN(B) FROM ABC WHERE B>=60

C．SELECT AVG(B),MACX(B) FROM ABC G ROUP BY B WHERE B>=60

D．SELECT A,AVG(B),MACX(B) FROM ABC GROUP BY B WHERE B>=60

7．假设 ABC 表中 A 列存储电话号码信息，则查询不是以 7 开头的所有电话号码的查询语句是（　　）。

A．SELECT A FROM ABC WHERE A IS NOT '%7 '

B．SELECT A FROM ABC WHERE A LIKE '%7% '

C．SELECT A FROM ABC WHERE A NOT LIKE '7% '

D．SELECT A FROM ABC WHERE A LIKE '[1-6]% '

8．假设 ABC 表用于存储销售信息，A 列为销售人员姓名，B 列用于存储销售时间，C 列用于销售额度，现在需要查询八月份的销售情况，正确设计 T_SQL 进行查询的思路是（　　）。

A．使用 GROUP BY 进行分组查询

B．使用 TOP 子句限制查询返回的行数

C．使用 LIKE 进行模糊查询

D．使用 WHERE 和 BETWEEN 进行条件查询

9．假设查询的结果集需要一些综合信息，在结果集中为包含综合信息的新列提供列描述，应该考虑使用什么样的语句形式？

10．若想返回的结果集仅仅包含与指定的值列表相等的行，在 SELECT 语句中使用什么样的关键字可产生这个结果集？

11．若想在结果集中显示总计信息，但不显示行的详细信息，可以在 SELECT 语句中使用什么关键字来产生这个结果集？

12．当编写一个查询时，令其返回两个表中所有匹配行，哪种类型的连接能实现该功能？

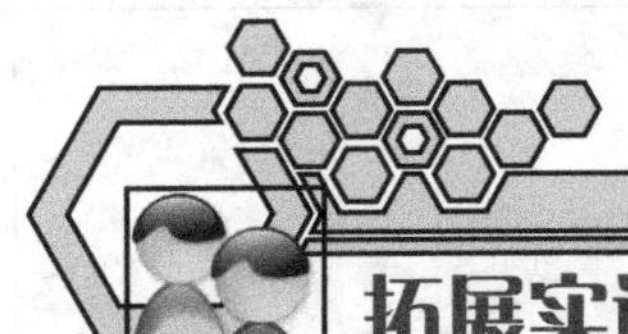

拓展实训　学生成绩管理系统中数据查询的拓展

【实训目标】

1. 掌握 SELECT 语句的基本功能。
2. 能够灵活使用 SELECT 语句查询数据。

【预估时间】

40 分钟

【实训步骤】

1. 查询系部表、成绩表、课程表、教师信息表中的所有数据。
2. 查询学生基本信息表中系部编码为“001”的所有学生信息。
3. 在学生成绩表中查询学号为“200601001”同学的所有成绩信息。
4. 查询每位学生的姓名、课程名称及其成绩。
5. 查询每位学生的姓名、课程名称及其成绩，并按学号进行升序排列。
6. 查询姓氏为“王”姓同学的基本信息。
7. 查询入学年份为 2006 年，并且姓氏为“王”姓的同学的学号、姓名、考试科目及成绩。
8. 在教师信息表中查询系部编码为“002”的所有教师信息。
9. 在学生基本信息表中查询籍贯不是“上海”或“北京”的学生信息。
10. 查询成绩在 60 分 ~ 75 分的学生的学号、姓名信息。
11. 在课程表中查询课程名称中包含“言”的课程信息。

第5章 Transact-SQL编程及应用

【知识目标】

- 了解Transact-SQL语言的组成
- 掌握批处理及注释的用法
- 掌握Transact-SQL中的变量
- 掌握Transact-SQL中的常用函数的格式及用法
- 掌握Transact-SQL中的流程控制语句的用法

【技能目标】

- 能够应用Transact-SQL编程

5.1 Transact-SQL概述

结构化查询语言SQL（Structured Query Language）是IBM在20世纪70年代开发的查询语言。1982年，美国国家标准化组织（ANSI）确认SQL为数据库系统的工业标准，该标准称为SQL-86。SQL标准经过多次修改，目前最新的标准是1992年制定的SQL-92，SQL语言现在已成为关系型数据库环境下的标准查询语言。但是现有的SQL标准并不适用于为关系型数据库编写各种类型的程序，数据库厂商为满足用户需求，开始扩展SQL语言的能力，改善SQL的基本功能。Transact-SQL（简称T-SQL）是Microsoft的一个程序扩展集合。Transact-SQL为SQL增加了很多功能，包括事务控制、异常错误处理及行处理。即使是创建索引或执行条件操作这样一些最简单的操作，都是对SQL语言的扩展。Transact-SQL并不是一个独立的产品，不能用Transact-SQL直接编写应用程序。不过，在Microsoft提供的关系型数据库中，Transact-SQL是编程的主要语言。

Transact-SQL语言主要由以下几部分组成：

- 数据定义语言（DDL）：用来定义和管理数据库对象（如数据库、表和视图等）。

DDL 通常包括每个对象的 CREATE、ALTER 和 DROP 命令。例如，CREATE TABLE、ALTER TABLE 和 DROP TABLE 语句通常用于创建表、修改表和删除表。

- 数据操纵语言（DML）：用于查询及更新数据。DML 语言包括 SELECT、INSERT、UPDATE、DELETE 命令语句。这些语句允许用户查询数据、插入数据、修改数据以及删除数据。
- 数据控制语言（DCL）：用于对数据库对象操作权限的控制。DCL 语言包括：GRANT、REVOKE 和 DENY。GRANT 用于授予权限，REVOKE 用于删除已授予的权限，DENY 语句用于防止主体通过 GRANT 获得特定权限。

5.2　批处理与注释

5.2.1　批处理

批处理是由一条或多条 Transact-SQL 语句组成的语句集，从应用程序一次性地发送到 SQL Server 执行。SQL Server 将批处理语句编译成一个可执行单元，称为执行计划。为了提高程序的运行效率，在 Transact-SQL 语句编写的程序中，可以使用 GO 语句将多条 SQL 语句进行分隔，两个 GO 之间的 SQL 语句可以作为一个批处理。因此，GO 命令标志一个批处理的结束。

【注意】
- CREATE 语句必须是批处理的第一个语句。
- 不能在同一个批处理中更改表，然后引用新列。
- 如果 EXECUTE 语句是批处理中的首条语句，则不需要 EXECUTE 关键字。如果 EXECUTE 语句不是批处理中的首条语句，则需要 EXECUTE 关键字。

【例 5-1】批处理的应用

```
USE SALES
GO
CREATE VIEW vFactory
AS
SELECT factory_code, factory_name FROM factory
GO
SELECT * FROM vFactory
GO
```

5.2.2　注释

注释，也称为注解，是写在程序代码中的说明性文字，对程序的结构及功能进行文字说明。注释内容不被系统编译，也不被程序执行。使用注释对代码进行说明，不仅能使程序易读易懂，而且有助于日后的管理和维护。注释通常用于记录程序名称、作者姓名和主要代码更改的日期。注释还可以用于描述复杂的计算或者解释编程的方法。

SQL Server 提供了两类注释符，如表 5-1 所示。

表 5-1　注释符

注 释 符	说 明
--	单行注释。注释语句写在注释符的后面，最近的回车符作为注释的结束
/*…*/	多行注释。“/*”用于注释文字的开头，“*/”用于注释文字的结尾

【例 5-2】在程序中使用注释。

本程序是一个使用注释的例子。

```
USE ProductsSALES   --打开 ProductsSALES 数据库
GO
/*下面的 SQL 语句完成的任务是在销售明细表中查询
操作员代码为“01001”的商品销售情况，并按销售号排序
*/
SELECT 销售号,条形码,数量,单价
FROM 销售明细
WHERE 操作员代码='01001'
ORDER BY 销售号
GO
```

5.3 常量与变量

5.3.1 常量

常量，即不变的量，也称文字值或标量值，是表示一个特定数据值的符号。常量的格式取决于它所表示的值的数据类型。常量分为以下几种类型：

- 字符串常量。

字符串常量括在单引号内。字符串的常量如下：

```
'123456ABC'
'SQL Server 2008 数据库'
'长春职业技术学院'
'I  am  lily'
```

【说明】空字符串：用中间没有任何字符的两个单引号表示。

- 二进制常量。

二进制常量具有前辍 0x 并且是十六进制数字字符串。这些常量不使用单引号括起。二进制常量如下：

```
0xBF
0x24Ed
```

在 Transact-SQL 程序语言中可以将常量的值赋值给自定义的变量。

代码如下：

```
declare @a int
```

```
set @a= 0x10
print @a
```

- bit 常量。

bit 常量使用数字 0 或 1 表示，如果使用一个大于 1 的数字，则该数字将自动转换为 1。不需要用单引号括起来。

- datetime 常量。

datetime 常量使用特定格式的字符日期值来表示，日期时间常量有可能只包含日期、只包含时间或日期与时间兼有。在日期部分可以采用字母日期格式、数字日期格式或未分隔字符串格式。日期时间常量必须用单引号括起来。

datetime 常量如下：

```
'December 5, 2011'
'5 December, 2011'
'2000-01-13 14:45:00'
```

- integer（int）常量。

integer 常量必须全部为整数，它们不能包含小数。不需要用单引号括起来。integer 常量如下：

```
1894
-278
```

- decimal 常量。

decimal 常量用包含小数点的数字来表示，不需要用单引号括起来。decimal 常量如下：

```
1894.1204
-2.05
```

- float 和 real 常量。

float 和 real 常量可以使用科学记数法来表示。float 或 real 的常量如下：

```
101.5E5
0.5E-2
```

- money 常量。

money 常量以前缀为可选的小数点和可选的货币符号的数字字符串来表示，不需要用单引号括起来。money 常量如下：

```
-$12
$542023.14
¥30
```

5.3.2 变量

1. 变量的定义

变量名以@符号开头。若要声明多个变量，应在定义的第一个变量后使用一个逗号，然后指定下一个变量名称和数据类型。

语法格式如下：

```
DECLARE @变量名 数据类型{,@变量名 数据类型,...n}
```

2. 变量的赋值

可以使用 SET 或 SELECT 语句为变量赋值。

语法格式如下：

```
SET @变量名=变量值
SELECT @变量名 1=<表达式 1>,…,@变量名 n=<表达式 n>
```

【说明】"表达式"为列名、列的计算结果、子查询结果。

【例 5-3】编写将两个字符串相连的程序，结果如图 5-1 所示。

```
DECLARE @str1 varchar(10),@str2 varchar(30),@sc varchar(50)
SET @str1='举例说明'
SET @str2='：局部变量的使用'
SELECT @SC=@str1+@str2
PRINT @SC
GO
```

消息

举例说明：局部变量的使用

图 5-1 例 5-3 运行结果

【例 5-4】创建一个名为 pro 的局部变量，并在 SELECT 语句中使用该局部变量查询商品信息表中大类编号为"07"的商品信息，结果如图 5-2 所示。

```
USE ProductsSALES
  GO
DECLARE @pro varchar(2)
SET @pro='07'
SELECT *
FROM 商品信息
WHERE 大类编号=@pro
GO
```

结果 | 消息

	条形码	商品名称	规格	小类编号	大类编号	厂家编号	进货价	零售价
1	9787040156980	电子商务网站规划与管理	本	00018	07	101080001	12.00	17.90
2	9787040201154	物流服务营销	本	00018	07	101080001	16.20	22.40
3	BZ00913914311	电子计算器	个	00025	07	101010012	80.00	150.00

图 5-2 例 5-4 运行结果

【例 5-5】声明变量@name、@price，分别赋值为商品信息的商品名称和零售价，并输出变量值，结果如图 5-3 所示。

```
USE ProductsSALES
  GO
```

```
DECLARE @name varchar(50),@price decimal(18,2)
SELECT @name=商品名称,
       @price=零售价
FROM 商品信息
  WHERE 条形码='9787040156980'
  PRINT '商品名称是：'+@name+'  价格为：'+CONVERT(varchar,@price)
GO
```

消息
商品名称是：电子商务网站规划与管理　价格为：17.90

图 5-3　例 5-5 运行结果

如果 SELECT 语句返回多行而且变量引用了一个非标量表达式，则变量被设置为结果集最后一行中表达式的返回值。

【例 5-6】声明变量@code、@name、@price，并分别赋值为表商品信息的条形码、商品名称和零售价，并返回最后一行的变量值，结果如图 5-4 所示。

```
USE ProductsSALES
  GO
DECLARE @code varchar(13),@name varchar(50),@price decimal(18,2)
SELECT @code=条形码,
       @name=商品名称,
       @price=零售价
FROM 商品信息
PRINT '条形码：'+@code
PRINT '商品名称：'+@name
PRINT '价格为：'+CONVERT(varchar,@price)
GO
```

消息
条形码：BZ00983912345
商品名称：液晶电视机
价格为：3300.00

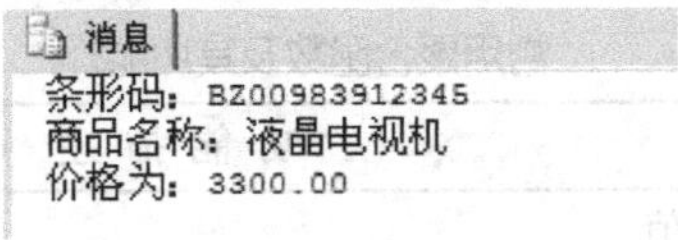

图 5-4　例 5-6 运行结果

【练一练】定义一变量并使用该变量查询销售明细表中条形码为“6926557302159”的商品销售数量的和。

5.4 系统函数

5.4.1 函数概述

SQL Server 函数的类别如表 5-2 所示。

表 5-2　SQL Server 函数的类别

函数类别	说　明
聚合函数	执行的操作是将多个值合并为一个值。例如 COUNT、SUM、MIN 和 MAX
配置函数	是一种标量函数，可返回有关配置设置的信息
加密函数	支持加密、解密、数字签名和数字签名验证
游标函数	返回有关游标状态的信息
日期和时间函数	可以更改日期和时间的值
数学函数	执行三角、几何和其他数字运算
元数据函数	返回数据库和数据库对象的属性信息
排名函数	是一种非确定性函数，可以返回分区中每一行的排名值
行集函数	返回可在 Transact-SQL 语句中表引用所在位置使用的行集
安全函数	返回有关用户和角色的信息
字符串函数	可更改 char、varchar、nchar、nvarchar、binary 和 varbinary 的值
系统函数	对系统级的各种选项和对象进行操作或报告
系统统计函数	返回有关 SQL Server 性能的信息
文本和图像函数	可更改 text 和 image 的值

5.4.2 聚合函数

聚合函数对一组值执行计算并返回单一的值。除 COUNT 函数之外，聚合函数忽略空值。聚合函数经常与 SELECT 语句的 GROUP BY 子句一同使用，常用的聚合函数如表 5-3 所示。

聚合函数只能在 SELECT 语句的选择列表（子查询或外部查询）、COMPUTE 或 COMPUTE BY 子句、HAVING 子句位置作为表达式使用。

表 5-3　常用聚合函数及其功能

函　数	功能描述
AVG	计算一组数据的平均值
COUNT	返回组中项目的数量
MAX	返回表达式的最大值
MIN	返回表达式的最小值
SUM	返回表达式中所有值的和，或只返回 DISTINCT 值。SUM 只能用于数字列，空值将被忽略
CHECKSUM	返回按照表的某一行或一组表达式计算出来的校验和值
STDEV	返回给定表达式中所有值的统计标准偏差

【例 5-7】查询商品信息表中商品的数量及商品的最高定价及最低定价，结果如图 5-5 所示。

```
USE ProductsSALES
GO
SELECT COUNT(*) AS 商品数量,
     MAX(零售价) AS 最高定价,
     MIN(零售价) AS 最低定价
FROM 商品信息
```

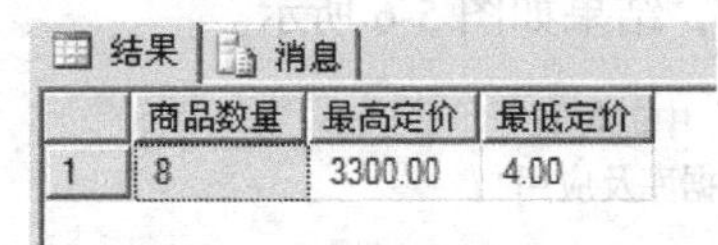

图 5-5 例 5-7 运行结果

【练一练】查询商品大类表中共有几种类别。

5.4.3 字符串函数

字符串函数用于对字符串进行连接、截取等操作，表 5-4 列出了常用的字符串函数。

表 5-4 字符串函数

函 数	功能描述
ASCII（字符表达式）	返回字符表达式最左边字符的 ASCII 码
CHAR（整形表达式）	将 int ASCII 代码转换为字符的字符串函数
SPACE（整形表达式）	返回由重复的空格组成的字符串
LEN（字符表达式）	返回给定字符串表达式的字符（而不是字节）个数，其中不包含尾随空格
RIGHT（字符串，整数）	返回字符串中从右边开始指定个数的字符
LEFT（字符串，整数）	返回从字符串左边开始指定个数的字符
SUBSTRING（字符表达式，起始点，*N*）	返回字符串表达式中从“起始点”开始的 *N* 个字符
STR（浮点表达式[,总长度[,小数点右边的位数]]）	由数字数据转换来的字符数据
LTRIM（字符串）	删除字符串左边的空格
RTRIM（字符串）	删除字符串右边的空格
LOWER（字符表达式）	将大写字符数据转换为小写字符数据后返回字符表达式
UPPER（字符表达式）	返回将小写字符数据转换为大写的字符表达式
REVERSE（字符表达式）	返回字符表达式的逆序
CHARINDEX（字符表达式 1，字符表达式 2，[起始位置]）	返回字符串中指定表达式的起始位置
DIFFERENCE（字符表达式 1，字符表达式 2）	以整数返回两个字符表达式的 SOUNDEX 值之差
PATINDEX（'%字符串%',表达式）	返回指定表达式中某模式第一次出现的起始位置；如果在全部有效的文本和字符数据类型中没有找到该模式，则返回 0
REPLICATE（字符表达式，正整数）	以指定的次数重复字符表达式
SOUNDEX（字符表达式）	返回由四个字符组成的代码（SOUNDEX）以评估两个字符串的相似性
STUFF（字符表达式 1,start,length,字符表达式 2）	删除指定长度的字符并在指定的起始点插入另一组字符
NCHAR（整形表达式）	根据 Unicode 标准所进行的定义，用给定整数代码返回 Unicode 字符
UNICODE（字符表达式）	返回字符表达式最左侧的 Unicode 代码

【例 5-8】字符串函数的应用，结果如图 5-6 所示。

```
--指出“应用”在“数据库及应用”中的位置
SELECT CHARINDEX('应用','数据库及应用')
--指出 ASCII 码为 65 的字符
SELECT CHAR(65)
--计算“Welcome to China”的长度
SELECT LEN('Welcome to China')
--指出“good”和“GooD”的相似性
SELECT DIFFERENCE('good','GooD')
--把字符串“说 明”的中间的一个空格转换成 6 个空格。
SELECT STUFF('说 明',2,1,SPACE(6))
--将字符串“SQL Server 数据库”重复二遍
SELECT REPLICATE('SQL Server 数据库',2)
```

结果 | 消息

	(无列名)
1	5

	(无列名)
1	A

	(无列名)
1	16

	(无列名)
1	4

	(无列名)
1	说 明

	(无列名)
1	SQL Server 数据库SQL Server 数据库

图 5-6 例 5-8 运行结果

5.4.4 日期和时间函数

对日期和时间输入值执行操作，返回一个字符串、数字或日期和时间值，表 5-5 列出了所有日期函数，表 5-6 给出了日期元素及其缩写和取值范围。

表 5–5 日期和时间函数

函 数	功 能 描 述
DATEADD（日期元素，数值，日期）	在向指定日期加上一段时间的基础上，返回新的日期值
DATEDIFF（日期元素，起始日期，终止日期）	返回跨两个指定日期的日期和时间边界数
DATENAME（日期元素，日期）	返回代表指定日期的指定日期部分的字符串
DATEPART（日期元素，日期）	返回代表指定日期的指定日期部分的整数
GETDATE（）	返回当前系统日期和时间
YEAR（日期）	返回表示指定日期中的年份的整数
MONTH（日期）	返回代表指定日期月份的整数

续表

函　　数	功能描述
DAY（日期）	返回代表指定日期的天的日期部分的整数
GETUTCDATE()	返回表示当前 UTC 时间（世界时间坐标或格林尼治标准时间）的 datetime 值

表 5-6　　日期元素及缩写和取值范围

日期元素	缩　　写	取　　值	日期元素	缩　　写	取　　值
year	yy, yyyy	1753—9999	hour	hh	0 ~ 23
month	mm, m	1—12	minute	mi, n	0 ~ 59
day	dd, d	1—31	quarter	qq, q	1 ~ 4
dayofyear	dy, y	1—366	second	ss, s	0 ~ 59
week	wk, ww	0—52	millisecond	ms	0 ~ 999

【例 5-9】日期时间函数的应用，结果如图 5-7 所示。

```
--给出当前系统日期和时间
SELECT GETDATE()
--输出系统当前的年份
SELECT DATEPART(YEAR,GETDATE())
--输出系统当前的月份
SELECT DATEPART(MONTH,GETDATE())
--返回代表指定日期的指定日期部分的字符串
SELECT DATENAME(DAY,GETDATE())
--使用日期函数计算 2000-06-16 至现在有多少年？
SELECT DATEDIFF(YY,'2000-06-16',GETDATE())
```

图 5-7　例 5-9 运行结果

5.4.5　数学函数

数学函数用来对数值型数据进行数学运算，表 5-7 列出了常用的数学函数。

表 5-7　　常用的数学函数

数 学 函 数	功 能 描 述
ABS（数字表达式）	返回表达式的绝对值
ACOS（浮点表达式）	反余弦函数。返回以弧度表示的角度值，该角度值的余弦为给定的 float 表达式
ASIN（浮点表达式）	反正弦函数。返回以弧度表示的角度值，该角度值的正弦为给定的浮点表达式
ATAN（浮点表达式）	反正切函数。返回以弧度表示的角度值，该角度值的正切为给定的浮点表达式
COS（浮点表达式）	返回给定表达式中指定角度（以弧度为单位）的三角余弦值
COT（浮点表达式）	返回给定浮点表达式中指定角度（以弧度为单位）的三角余切值
CEILING（数字表达式）	返回大于或等于所给数字表达式的最小整数
DEGREES（数值表达式）	将弧度转换为度
EXP（浮点表达式）	返回数值的指数形式
FLOOR（数值表达式）	返回小于或等于数值表达式值的最大整数，CEILING 的反函数
LOG（浮点表达式）	返回所给浮点表达式的自然对数
LOG10（浮点表达式）	返回底数为 10 的对数
PI（）	返回 π 的值 3.14159265358979
POWER（数字表达式，指定次方）	返回给定表达式乘指定次方的值
RADIANS（数值表达式）	对于在数字表达式中输入的度数值返回弧度值
RAND（整型表达式）	返回 0 到 1 之间的随机 float 值
ROUND（数值表达式，整型表达式）	返回数字表达式并四舍五入为指定的长度或精度
SIGN（数值表达式）	返回给定表达式的正（+1）、零（0）或负（–1）号
SQUARE（浮点表达式）	返回给定表达式的平方
SIN（浮点表达式）	返回给定角度（以弧度为单位）的三角正弦值
SQRT（浮点表达式）	返回给定表达式的平方根
TAN（浮点表达式）	返回给定表达式的正切值（以弧度为单位）

【注意】算术函数（例如 ABS、CEILING、DEGREES、FLOOR、POWER、RADIANS 和 SIGN）返回与输入值具有相同数据类型的值。三角函数和其他函数（包括 EXP、LOG、LOG10、SQUARE 和 SQRT）将输入值转换为 float 类型并返回 float 值。

【例 5-10】返回 1.00 到 3.00 之间的数字的平方根，结果如图 5-8 所示。

```
DECLARE @sv float
SET @sv = 1.00
WHILE @sv < 3.00
  BEGIN
    SELECT SQRT(@sv)
    SELECT @sv = @sv + 1
  END
```

【说明】BEGIN…END 用来设定一个程序块，将 BEGIN…END 内的语句组视为一个单元执行。

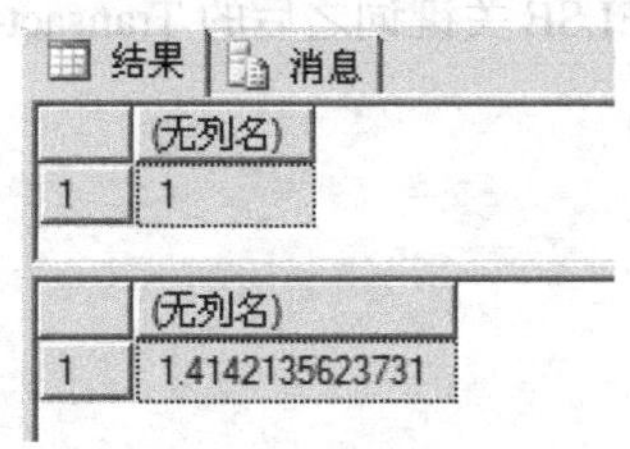
	(无列名)
1	1

	(无列名)
1	1.4142135623731

图 5-8 例 5-10 运行结果

【例 5-11】计算给定角度的正弦值，结果如图 5-9 所示。

```
DECLARE @jssin float
SET @jssin = 34.123
SELECT '正弦值为：' + CONVERT(varchar,SIN(@jssin))
```

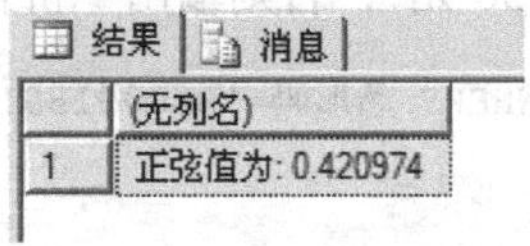
	(无列名)
1	正弦值为: 0.420974

图 5-9 例 5-11 运行结果

5.5 流程控制语句

5.5.1 BEGIN…END 语句块

BEGIN…END 用来设定一个程序块，将 BEGIN…END 内的语句组视为一个单元执行。语法格式如下：

```
BEGIN
{
程序块
}
END
```

BEGIN 和 END 语句用于下列情况：

- WHILE 循环需要包含语句块；
- CASE 函数的元素需要包含语句块；
- IF 或 ELSE 子句需要包含语句块。

【注意】BEGIN 和 END 语句必须成对使用，任何一个均不能单独使用。BEGIN 语句单独出现在一行中，后跟 Transact-SQL 语句块。最后，END 语句单独出现在一行中，指示语句块的结束。

5.5.2 IF…ELSE 语句

IF…ELSE 语句的执行方式是：如果（IF）满足一定的条件，则会执行 IF 关键词后的

Transact-SQL 语句，否则会执行 ELSE 关键词之后的 Transact-SQL 语句。

语法格式如下：

```
IF 条件表达式
    { SQL语句|语句块 }
  [ ELSE
    { SQL语句|语句块 } ]
```

【说明】若要定义语句块，应使用控制流关键字 BEGIN 和 END。如果在 IF...ELSE 块的 IF 区和 ELSE 区都使用了 CREATE TABLE 语句或 SELECT INTO 语句，那么 CREATE TABLE 语句或 SELECT INTO 语句必须指向相同的表名。

【例 5-12】使用 IF…ELSE 语句判断商品信息表中条形码为 BZ00913914311 的定价是否大于 30，如果大于 30 则输出“价格大于 30 元”，否则输出“价格小于 30 元”，结果如图 5-10 所示。

```
IF (SELECT 零售价 FROM 商品信息 WHERE 条形码='BZ00913914311')>30
    PRINT '价格大于 30 元'
ELSE
PRINT '价格小于 30 元'
```

```
消息
价格大于30元
```

图 5-10　使用 IF…ELSE 语句判断并输出结果

【例 5-13】使用 IF…ELSE 及 BEGIN…END 语句完成下面的功能：在销售明细表中查找条形码为“BZ00913914311”的商品名称，如果没找到，则输出“该商品尚未销售或没有该商品”；如果找到则从商品信息表中提取其商品名称，并判断如果其商品大类为“07”时，输出“这是办公用品”，否则输出“该商品不是办公用品”，结果如图 5-11 所示。

```
USE ProductsSALES
GO
DECLARE @PNAME varchar(50),@DLID varchar(5),@TXM varchar(13)
SET @TXM='BZ00913914311'
SET @PNAME=(SELECT 商品名称 FROM 商品信息 WHERE 条形码=@TXM)
IF (SELECT COUNT(*) FROM 商品信息 WHERE 条形码=@TXM)>0
BEGIN
    SET @DLID=(SELECT 大类编号 FROM 商品信息 WHERE 条形码=@TXM)
  IF @DLID='07'
  PRINT @PNAME+'，这是办公用品'
      ELSE
      PRINT @PNAME+'，该商品不是办公用品'
END
ELSE
    PRINT '该商品尚未销售或没有该商品'
```

```
消息
电子计算器，这是办公用品
```

图 5-11　例 5-13 运行结果

5.5.3　WHILE 语句

WHILE 语句实现多次执行同一个批处理语句或语句块。若指定的条件为真，就重复执行语句。可以使用 BREAK 和 CONTINUE 关键字在循环内部控制 WHILE 循环语句的执行。

语法格式如下：

```
WHILE 条件表达式
    { Transact-SQL 语句|语句块 }
    [ BREAK ]
    { Transact-SQL 语句|语句块 }
    [ CONTINUE ]
    { Transact-SQL 语句|语句块 }
END
```

参数说明如下。

- BREAK：从最内层的 WHILE 循环中退出，执行 END 关键字后面的语句。
- CONTINUE：结束本次循环，返回到 WHILE 开始处，重新执行。
- END：循环体结束。

【例 5-14】求数字 1 到 20 的和，结果如图 5-12 所示。

```
DECLARE @n int,@sum int
SET @n=0
SET @sum=0
WHILE @n<=20
    BEGIN
    SET @sum=@sum+@n
    SET @n=@n+1
END
PRINT '数字 1 至 20 的和为：'+CAST(@sum as varchar(10))
```

消息
数字1至20的和为：210

图 5-12　数字 1 到 20 的和

【说明】该程序使用了 CAST 将数值转换成字符串。

【练一练】编程实现 1 000 之内既是 2 的倍数，同时又是 3 的倍数的数值之和。

5.5.4　CASE 函数

计算条件列表并返回多个可能结果表达式之一。CASE 具有两种格式：一种是简单 CASE 函数，将某个表达式与一组简单表达式进行比较以确定结果；另一种是搜索型的 CASE 函数，用于计算一组布尔表达式以确定结果。两种格式都支持可选的 ELSE 参数。

1. 简单 CASE 函数

语法格式如下：

```
CASE 测试表达式
    WHEN 测试值1 THEN 结果表达式1
    WHEN 测试值2 THEN 结果表达式2
      [ …]
      [ ELSE 结果表达式n]
END
```

执行过程为：用测试表达式的值依次与每个 WHEN 子句的测试值进行比较，直到找到一个与测试表达式的值完全相同的测试值时，便将该 WHEN 子句指定的结果表达式返回；如果测试表达式与所有测试值的比较结果不为 TRUE，则在指定 ELSE 子句的情况下返回 ELSE 子句后的结果表达式；若没有指定 ELSE 子句，则返回 NULL 值。

2. CASE 搜索函数

按指定顺序为每个 WHEN 子句的布尔表达式求值，返回第一个取值为 TRUE 的布尔表达式对应的结果表达式的值，当没有取值为 TRUE 的布尔表达式时，如果指定 ELSE 子句，则返回 ELSE 子句之后表达式的值，若没有指定 ELSE 子句，则返回 NULL。

语法格式如下：

```
CASE
    WHEN 布尔表达式 THEN 结果表达式1
        [ ...n ]
        [ELSE 其他结果表达式]
END
```

【例 5-15】使用 CASE 语句在商品信息表中查找条形码为“6922365800092”的商品名称及所属类别，结果如图 5-13 所示。

```
USE ProductsSALES
GO
SELECT 商品名称,'所属类别'=
CASE 大类编号
      WHEN '01' THEN '食品机械'
      WHEN '02' THEN '农牧渔类'
      WHEN '03' THEN '简加工类'
      WHEN '04' THEN '深加工类'
      WHEN '05' THEN '食品包装'
      WHEN '06' THEN '食品添加剂'
      WHEN '07' THEN '办公用品'
      WHEN '08' THEN '药品'
      WHEN '09' THEN '电子产品'
      WHEN '10' THEN '日用产品'
      ELSE '其他产品'
END
FROM 商品信息 WHERE 条形码='6922365800092'
```

【例 5-16】使用 CASE 对商品信息表中的商品定价进行评价，当定价高于 2 000 元时，显示为

"高价商品"，定价介于 100 至 2 000 元之间的为"普通商品"，定价小于 100 元的为"低价商品"，结果如图 5-14 所示。

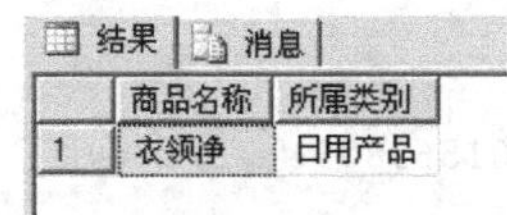

	商品名称	所属类别
1	衣领净	日用产品

图 5-13　简单 CASE 函数的应用

```
USE ProductsSALES
GO
SELECT 商品名称,'是否贵重商品'=
CASE
     WHEN 零售价>=2000 THEN '高价商品'
     WHEN 零售价>=100 and 零售价<2000  THEN '普通商品'
     WHEN 零售价<100 THEN '低价商品'
 END
FROM 商品信息
```

	商品名称	是否贵重商品
1	氨酚伪麻美芬片 II	低价商品
2	天然皂粉	低价商品
3	衣领净	低价商品
4	脆脆肠	低价商品
5	电子商务网站规划与管理	低价商品
6	物流服务营销	低价商品
7	电子计算器	普通商品
8	液晶电视机	高价商品

图 5-14　CASE 搜索函数的应用

5.5.5　RETURN 语句

从查询或过程中无条件退出。RETURN 的执行是即时且完全的，能够在任何时候用于从过程、批处理或语句块中退出，RETURN 之后的语句不会被执行。

语法格式如下：

```
RETURN [返回的整数值]
```

【说明】除非特别指明，所有系统存储过程返回 0 值表示成功，返回非零值则表示失败。

【例 5-17】判断大类编号为"07"且小类编号为"00018"的商品是否应该购买，结果如图 5-15 所示。

```
--创建存储过程 ExProc
CREATE PROC ExProc @txm varchar(13)
AS
IF (SELECT 零售价
   FROM 商品信息
   WHERE 条形码=@txm AND 大类编号='07' AND 小类编号='00018'
   )>=100
RETURN 1
```

```
ELSE
RETURN 2
GO
--执行存储过程并判断
DECLARE @RValue int
EXECUTE @RValue=ExProc '9787040156980'
IF @RValue=1
   PRINT '价格较高，还是不买了！'
ELSE
   PRINT '价格适中，应该购买！'
GO
```

消息
价格适中，应该购买！

图 5-15　RETURN 语句的应用

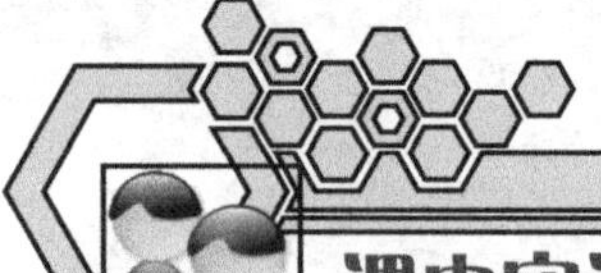

课内实训　学生成绩管理系统中的 Transact-SQL 程序设计

※ 任务描述

1．统计出每位同学的平均成绩。

2．统计每门课程的平均成绩、最高分及最低分。

3．创建一个函数，该函数的输入参数为学生的学号，返回姓名及专业。

※ 技术要点

1．涉及的数据表。

（1）成绩表中的字段有：课程编码、学号、成绩、状态。

（2）课程表中的字段有：课程编码、课程名称。

（3）学生基本信息表中的字段有：学号、姓名、性别、出生日期、籍贯、系部编码、专业编码、入学年份。

（4）专业表中的字段有：专业编码、专业名称。

2．统计平均成绩使用 count 函数，统计最高分使用 max 函数，统计最低分使用 min 函数。

3．使用 CREATE FUNCTION 语句创建函数。

※ 实现过程

1．统计出每位同学的平均成绩。

```
SELECT 学生基本信息.姓名,sum(成绩.成绩)/count(成绩.课程编码) as 平均成绩
FROM 成绩,学生基本信息
WHERE 学生基本信息.学号=成绩.学号
GROUP BY 学生基本信息.姓名
```

2．统计每门课程的平均成绩、最高分及最低分。

```
SELECT 课程.课程编码,课程.课程名称,sum(成绩.成绩)/count(成绩.课程编码) as 平均成绩,
MAX(成绩.成绩) AS '最高分',MIN(成绩.成绩) AS '最低分'
FROM 成绩,课程
WHERE 课程.课程编码=成绩.课程编码
GROUP BY 课程.课程编码,课程.课程名称
```

3．创建函数，使输入学号，返回姓名及专业。

```
CREATE FUNCTION fn1(@StuNo varchar(9))
RETURNS TABLE
AS
RETURN
(
SELECT A.姓名,B.专业名称
FROM 学生基本信息 AS A
JOIN 专业 AS B
ON A.专业编码=B.专业编码
WHERE A.学号=@StuNo
)
GO
--调用内联表值函数 fn1
SELECT * FROM fn1('200601001')
```

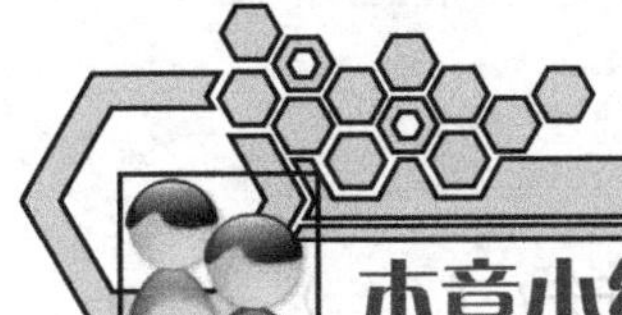

本章小结

- Transact-SQL 语言主要由数据定义语言（DDL）、数据操纵语言（DML）和数据控制语言（DCL）组成。
- 批处理是以一个单元发送的一条或多条 SQL 语句的集合。
- 注释是程序代码中的描述性的文本字符串。
- 变量用于临时存放数据。
- 函数在计算及对数据的进行操作时是非常有用的。用户自定义函数是由一个或多个 T-SQL 语句构成的子程序。可使用 CREATE FUNCTION 语句创建、使用 ALTER FUNCTION 语句修改以及使用 DROP FUNCTION 语句删除用户自定义函数。
- 流程控制语句提供了条件编程时所需的顺序和逻辑。

测试与练习

1. 批处理是由一条或多条＿＿＿＿＿＿＿＿组成的语句集，从应用程序一

次性地发送到 SQL Server 执行。

2．在 Transact-SQL 语句编写的程序中，可以使用________将多条 SQL 语句进行分隔，两个 GO 之间的 SQL 语句可以作为一个批处理。

3．________，也称为注解，是写在程序代码中的说明性文字，对程序的结构及功能进行文字说明。

4．可使用________________语句创建用户定义函数、使用________语句修改用户定义函数、使用__________________语句删除用户定义函数。

5．CASE 具有两种格式：一种是________函数，将某个表达式与一组简单表达式进行比较以确定结果；另一种是________________函数，用于计算一组布尔表达式以确定结果。

6．局部变量名以______符号开头。

7．________语句是无条件转移语句。

8．批处理是由一条或多条 Transact-SQL 语句组成的语句集，从应用程序一次性地发送到 SQL Server 执行。(　　)

A．对　　　　B．错

9．注释是程序代码中的文本字符串，编译器会忽略这些注释，它使得维护程序代码更容易。(　　)

A．对　　　　B．错

10．下列哪条语句可以用来从最内层的 WHILE 循环中退出，执行 END 关键字后面的语句？(　　)

A．CLOSE　　　　B．BREAK

C．EXIT　　　　D．以上都是

E．以上都不是

11．要将一组语句执行 10 次，下列哪种结构可以用来完成此项任务？(　　)

A．IF…ELSE　　　　B．WHILE

C．CASE　　　　D．以上都不是

12．下列哪条语句可以用来通知 SQL server 等待 15 秒，然后再开始执行操作？(　　)

A．WAITFOR '00:00:15' DELAY

B．WAITFOR DELAY BY '00：00：15'

C．WAITFOR DELAY '00：00：15'

D．WAITFOR '00：0015'

13．下列程序段的运行结果如何？

SELECT getdate() as 当前日期,convert(varchar(12),getdate(),101) as 转换后的日期

14．创建一个用户自定义函数 ProductsHS，以商品条形码为参数，返回该商品的单价。并使用该函数查看商品名称是“记事本”的价格（商品表中数据如表 5-8 所示）。

表 5-8　　商品表中数据

序号	商品条形码	商品名称	单价	厂家	生产日期	商品大类	商品小类
1	9787040201154	物流服务营销	22.40	高等教育出版社	2006.11.01	图书	物流
2	6931436900807	记事本	8.60	广明智业	2006.10.01	办公用品	记事本
……							

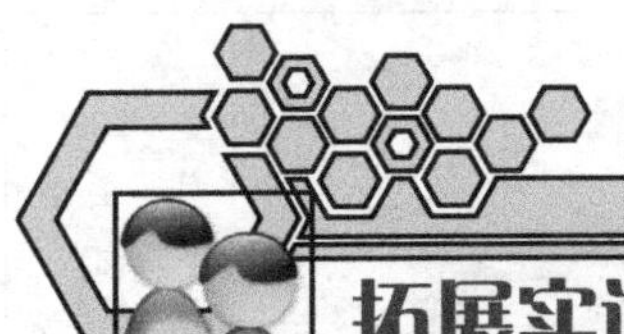

拓展实训　学生成绩管理系统中 Transact-SQL 程序设计的拓展

【目标】

1．掌握常量、变量的应用。

2．掌握 Transact-SQL 程序设计语句的使用方法。

【预估时间】

60 分钟

【步骤】

1．创建一个名为 bl1 的局部变量，并在 SELECT 语句中使用该局部变量查询成绩表中课程编码为“00001”各位同学的学号、成绩。

2．使用 IF…ELSE 及 BEGIN…END 语句完成下面的功能：在学生基本信息表中查找学号为“200501002”的学生姓名，如果没找到，则输出“没有此同学!”；如果找到则从成绩表中提取成绩，并判断，如果该生考试成绩小于 60 分时，输出“***，没通过，加油!”，否则输出“***，恭喜！已通过考试。”

3．指出下列语句完成的功能：

```
SELECT '系部名称'=
    CASE 系部编码
    WHEN '001' THEN '国际商务系'
    WHEN '002' THEN '计算机系'
    WHEN '003' THEN '外语系'
    WHEN '004' THEN '基础部'
    ELSE '其他系部'
    END
FROM 系部 WHERE 系部编码='001'
```

第6章 视图

【知识目标】

- 了解视图的基础知识。
- 掌握视图的创建、修改与删除方法。

【技能目标】

- 能够根据项目需要，独立创建及管理视图。

6.1 视图基础

6.1.1 视图概述

在数据查询时，在数据表设计过程中，由于要考虑到数据的冗余度低、数据一致性等问题，通常对数据表的设计要满足范式的要求，因此可能会造成一个实体的所有信息保存在多个表中。当检索数据时，往往在一个表中不能够得到想要的所有信息。为了解决这种矛盾，在 SQL Server 中提供了视图。

- 视图是一种数据库对象，是从一个或者多个数据表或视图中导出的虚表，视图的结构和数据是对数据表进行查询的结果(如图 6-1 所示，其中的视图是由两个表组成的)。
- 只存放视图的定义，不存放视图对应的数据。
- 基表中的数据发生变化，从视图中查询出的数据也随之改变。

6.1.2 视图的优点

视图有以下特点。

- 视图能够简化用户的操作，从而简化查询语句。

- 视图使用户能以多种角度看待同一数据，增加可读性。
- 视图对重构数据库提供了一定程度的逻辑独立性。
- 视图能够对机密数据提供安全保护。
- 适当的利用视图可以更清晰的表达查询。

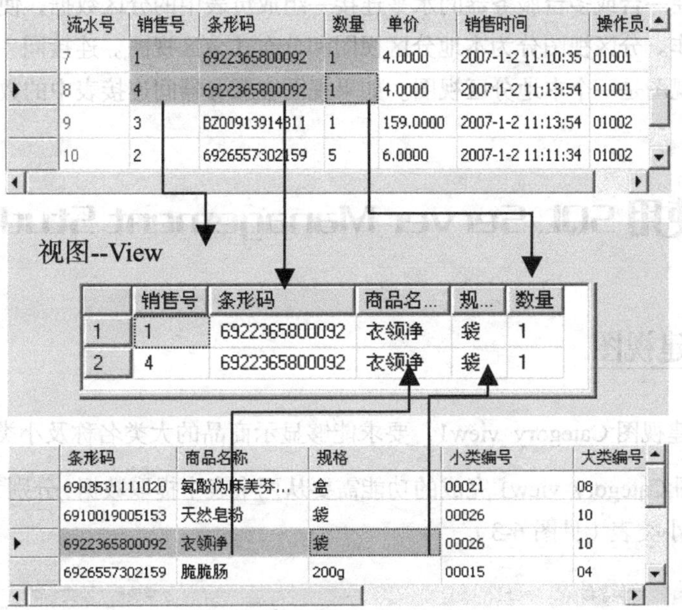

图 6-1 视图中的数据

使用视图的注意事项如下。

- 只能在当前数据库中创建视图。
- 视图的命名必须遵循标识符命名规则，不可与表同名。
- 如果视图中某一列是函数、数学表达式、常量或者来自多个表的列名相同，则必须为列定义名称。
- 当视图引用的基表或视图被删除时，该视图也不能再被使用。
- 不能在视图上创建全文索引，不能在规则、默认的定义中引用视图。
- 一个视图最多可以引用 1 024 个列。
- 视图最多可以嵌套 32 层。

6.1.3 视图的分类

1. 标准视图

标准视图组合了一个或多个表中的数据，大多数视图的应用都是在此基础上进行的。

2. 索引视图

索引视图是被具体化了的视图，即它已经过计算并存储。可以为视图创建索引，即对视图创建一个唯一的聚集索引。索引视图可以显著提高某些类型查询的性能。索引视图尤其适于聚合许多行的查询，但它们不太适于经常更新的基本数据集。

3. 分区视图

分区视图是在一台或多台服务器间水平连接一组成员表中的分区数据，使对数据的处理如同对一个表进行操作。分区视图分为本地分区视图和分布式分区视图。连接同一个 SQL Server 实例中的成员表的视图是一个本地分区视图。如果视图在服务器间连接表中的数据，则它是分布式分区视图。

6.2 使用 SQL Server Management Studio 管理视图

6.2.1 创建视图

【例 6-1】创建视图 Category_view1，要求能够显示商品的大类名称及小类名称。

【说明】视图 Category_view1 完成的功能需要从两个表中提取数据，分别为商品大类表（见图 6-2）和商品小类表（见图 6-3）。

大类编号	大类名称
05	食品包装
06	食品添加剂
07	办公用品
08	药品
09	电子产品
10	日用产品

图 6-2 商品大类表中数据

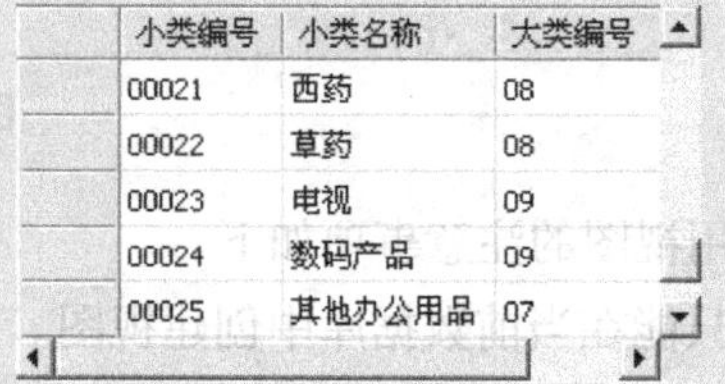

小类编号	小类名称	大类编号
00021	西药	08
00022	草药	08
00023	电视	09
00024	数码产品	09
00025	其他办公用品	07

图 6-3 商品小类表中数据

（1）启动“SQL Server Management Studio”，逐层展开到 ProductsSALES 数据库中的“视图”位置，单击鼠标右键，在弹出菜单项中选择“新建视图”，如图 6-4 所示。

（2）选择要提取数据的表“商品大类”及“商品小类”，单击“添加”按钮，如图 6-5 所示。

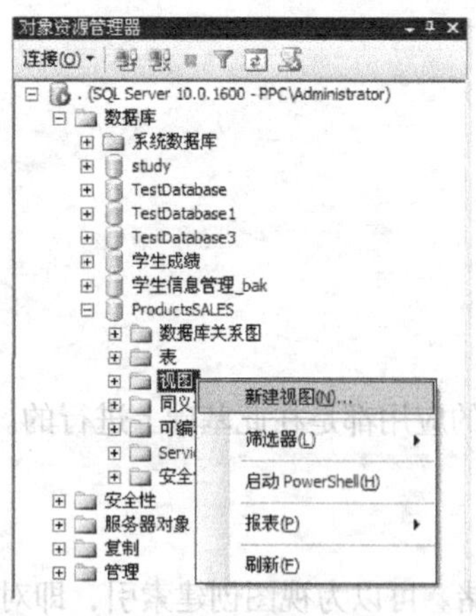

图 6-4 选择 ProductsSALES 数据库中的“视图”

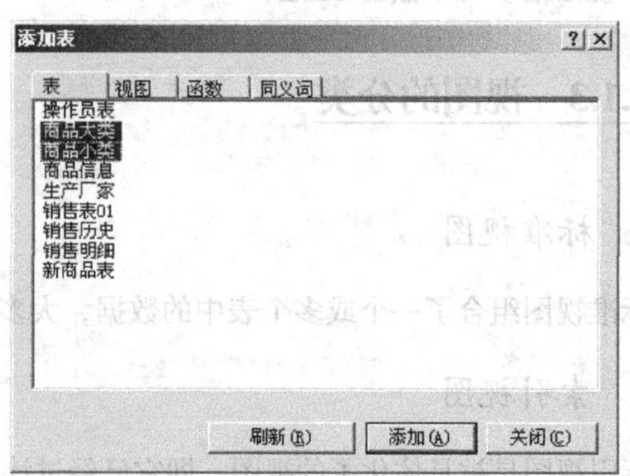

图 6-5 添加表

（3）表添加完成后，选择两个表中要提取的列，分别为“商品大类”表中的“大类名称”及“商品小类”表中的“小类名称”，为了使查询的结果符合实际应用人员的应用要求，可设置列的别名，例如将“大类名称”列的别名设置为“大类”，将“小类名称”列的别名设置为“小类”，如图 6-6 所示。

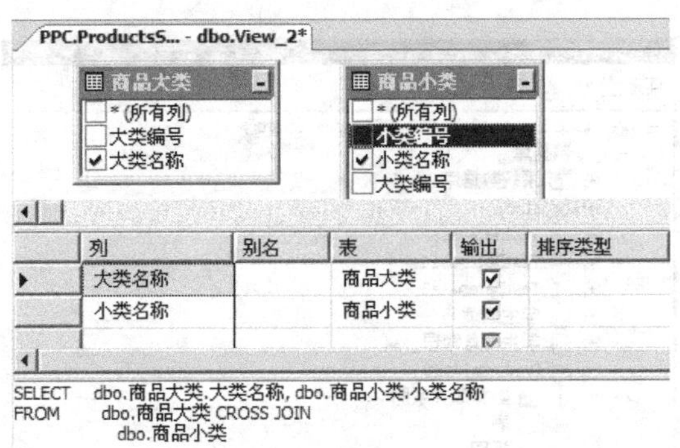

图 6-6　选择列并设置列名

（4）设置内部连接。因为“商品大类”表及“商品小类”表中均有一列“大类编号”，所以该字段可做为连接条件，即“商品大类.大类编号=商品小类.大类编号”，如图 6-7 所示。

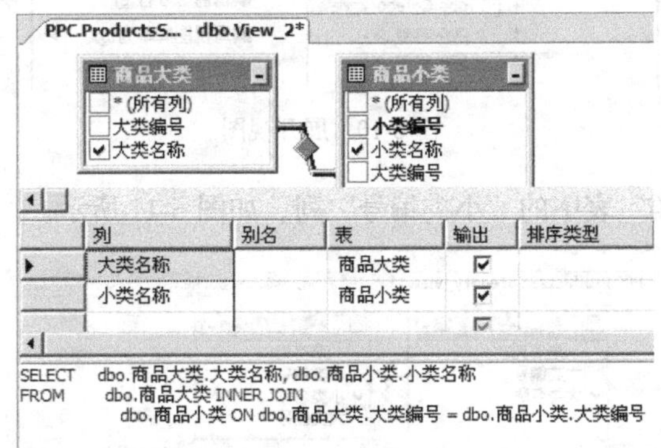

图 6-7　设置内部连接

（5）单击工具栏中的“查询设计器”→“执行 SQL（X）”或按组合键 CTRL+R 执行查询，结果如图 6-8 所示。

（6）单击工具栏中的“💾”按钮，输入视图名称，如图 6-9 所示。

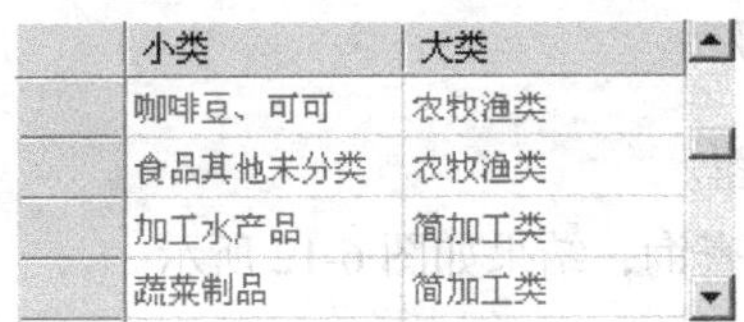

小类	大类
咖啡豆、可可	农牧渔类
食品其他未分类	农牧渔类
加工水产品	简加工类
蔬菜制品	简加工类

图 6-8　查询结果

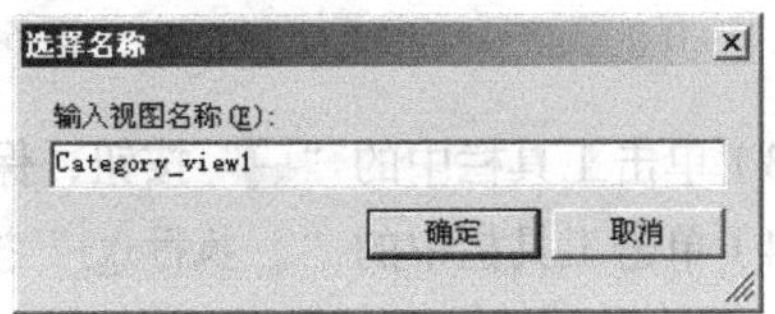

图 6-9　保存视图

6.2.2　修改视图

【例 6-2】修改例 6-1 所创建的视图 Category_view1，要求显示商品的大类名称、小类名称及

小类代码。

（1）启动“SQL Server Management Studio”，逐层展开到 ProductsSALES 数据库中的“视图”位置，单击“视图”前面的“⊞”，使其展开，在 dbo.Category_view1 位置单击鼠标右键，在弹出的快捷菜单中选择“设计”，如图 6-10 所示。

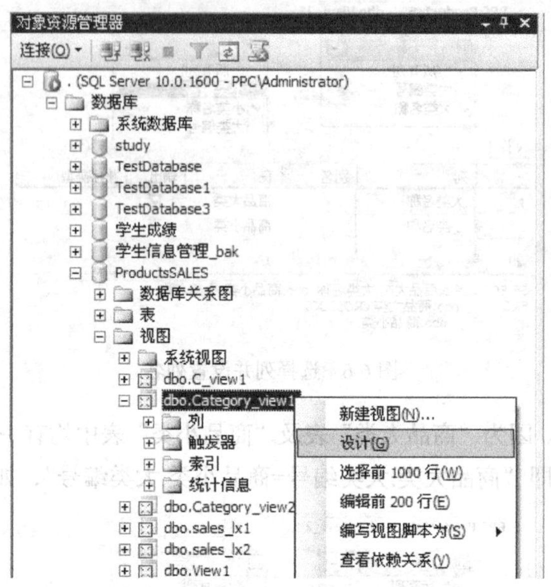

图 6-10　展开视图

（2）选择“商品小类”表中的“小类编号”列，如图 6-11 所示。

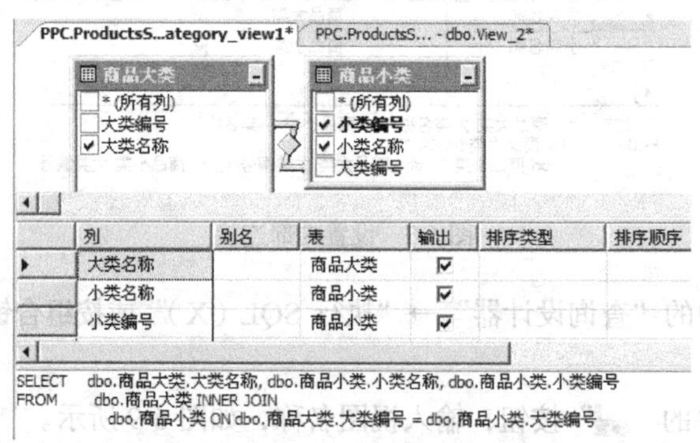

图 6-11　增加小类编号列

（3）单击工具栏中的“💾”按钮，保存修改后的视图。

（4）单击工具栏中的“! 执行(X)”按钮，执行视图查询，结果如图 6-12 所示。

小类	大类	小类编号
加工水产品	简加工类	00011
蔬菜制品	简加工类	00012
肉类	简加工类	00013
糖类	简加工类	00014
肉制品	深加工类	00015

图 6-12　视图查询结果

6.2.3　重命名视图

在对视图进行重新命名时，应遵循以下原则。

- 要重新命名的视图必须在当前数据库中。
- 视图的新名称应遵守标识符规则。
- 只可以重命名具有其更改权限的视图。
- 数据库所有者可以修改任何用户的视图名。

【例 6-3】使用 SQL Server Management Studio 将视图 Category_view1 重新命名为 C_view1。

（1）启动“SQL Server Management Studio”，在“对象资源管理器”中逐层展开到 ProductsSALES 数据库中的“视图”位置，单击“视图”前面的“⊞”，使其展开，在视图 dbo.Category_view1 处，单击鼠标右键，在弹出的快捷菜单中选择“重命名(M)”，如图 6-13 所示。

（2）将视图 Category_view1 的名称直接修改为 C_view1，如图 6-14 所示。

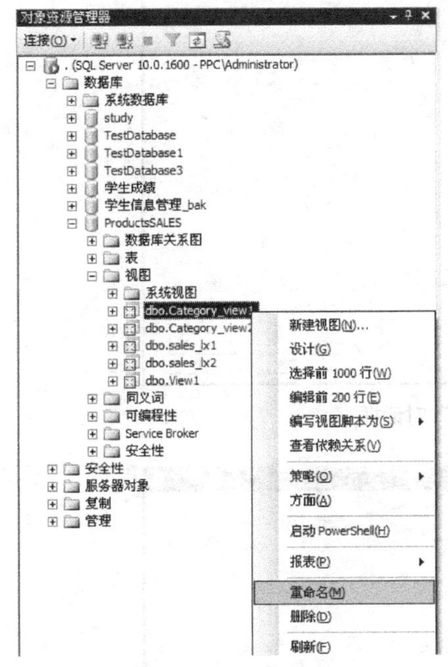

图 6-13　视图的重命名

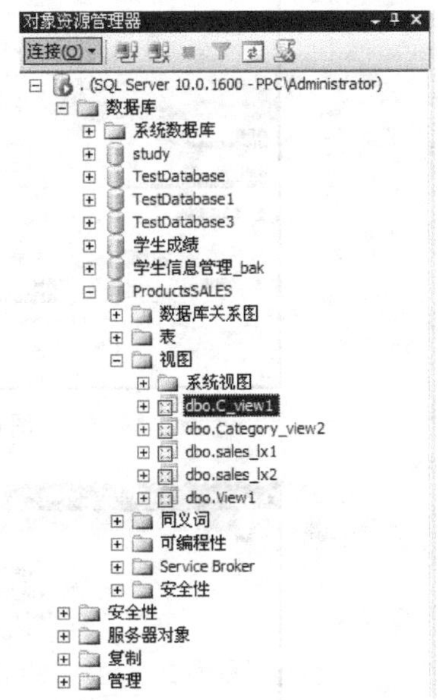

图 6-14　视图重命名为 C_view1

6.2.4　查看视图

1. 查看视图属性

（1）启动 SQL Server Management Studio，选择服务器，在“对象资源管理器”中依次展开“数据库”、“学生信息管理”、“视图”节点。

（2）右键单击要查看的视图，在弹出的快捷菜单上选择“属性”命令，打开“视图属性”对话框，如图 6-15 所示，即可查看视图的常规、权限和扩展属性。

2. 查看视图依赖关系

视图中的数据可以是一个表或视图中的特定数据，也可以是来自多个表或视图中的特定数据，因此视图是依赖于表或视图而存在的。同时，一个视图也可以成为其他视图所依赖的基础。

（1）启动 SQL Server Management Studio，选择服务器，在“对象资源管理器”中依次展开“数据库”、“学生信息管理”和“视图”节点。

（2）右键单击要查看的视图，在弹出的快捷菜单上选择“查看依赖关系”命令，打开“对象依赖关系”对话框，如图 6-16 所示，即可查看视图的依赖关系。

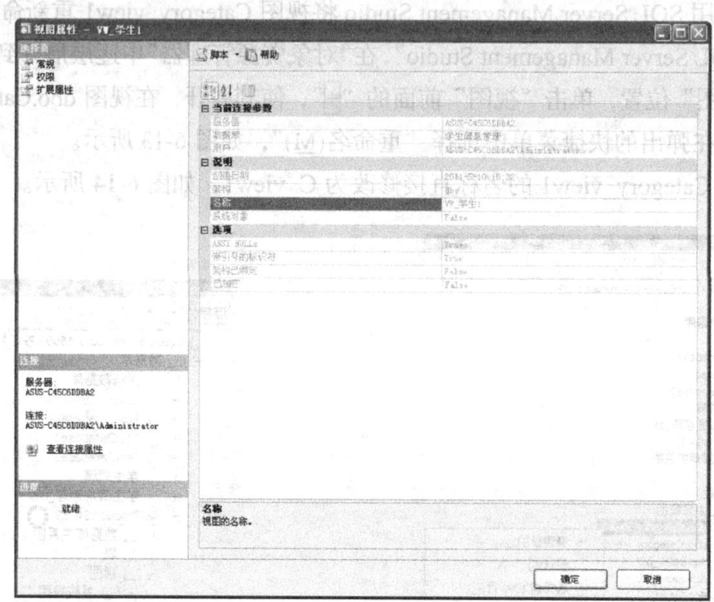

图 6-15 “视图属性”对话框

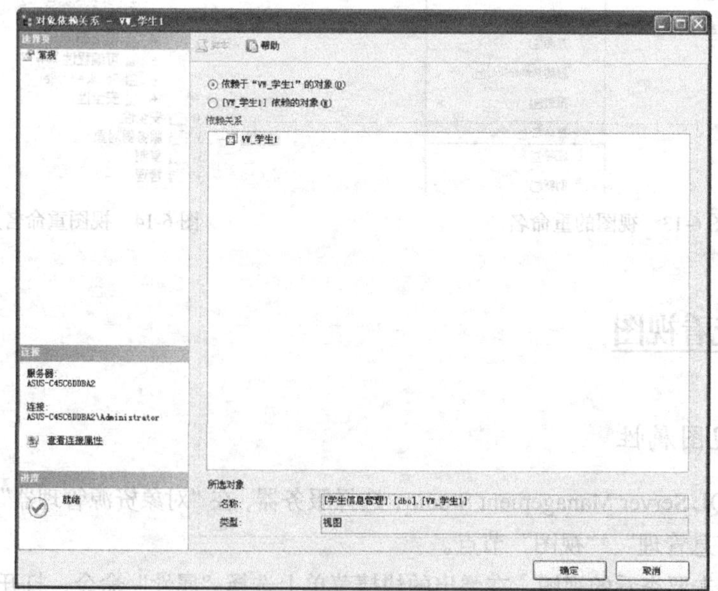

图 6-16 “视图依赖关系”对话框

6.2.5　删除视图

【例 6-4】删除例 6-1 所创建的视图 Category_view1。

（1）启动“SQL Server Management Studio”，在“对象资源管理器”中逐层展开到 ProductsSALES 数据库中的“视图”位置，单击“视图”前面的“+”，使其展开，在视图 dbo.Category_view1 处，单击鼠标右键，在弹出的快捷菜单中选择“删除(D)”，如图 6-17 所示。

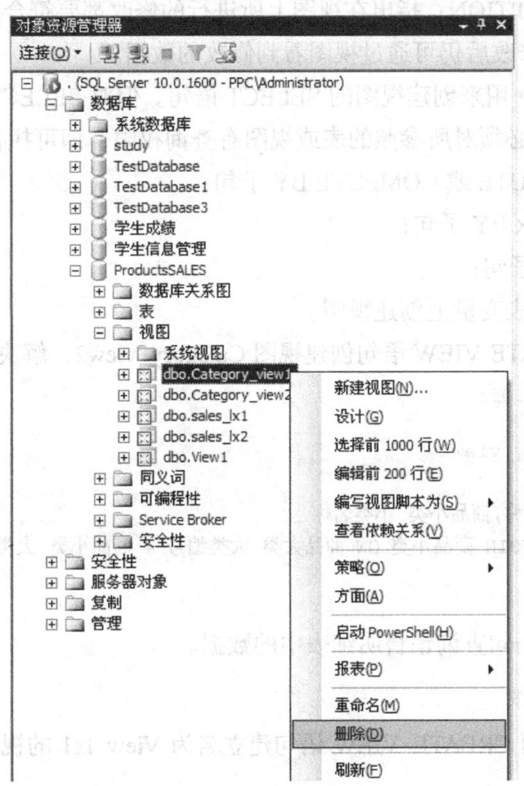

图 6-17　删除视图

（2）在“删除对象”对话框中单击“确定”按钮后，完成视图的删除操作。

6.3　使用 Transact-SQL 语言管理视图

6.3.1　创建视图

语法格式如下：

利用 CREATE VIEW 语句可以创建视图，该命令的基本语法如下：

```
CREATE VIEW [ schema_name . ] view_name
[ (column [ ,...n ] ) ]
[ WITH ENCRYPTION ]
```

```
AS SELECT_statement
[ WITH CHECK OPTION ]
```

参数说明如下。

- schema_name：视图所属架构名。
- view_name：视图名。
- column：视图中所使用的列名。
- WITH ENCRYPTION：加密视图。
- WITH CHECK OPTION：指出在视图上所进行的修改都要符合查询语句所指定的限制条件，这样可以确保数据修改后仍可通过视图看到修改的数据。
- SELECT_statement 用来创建视图的 SELECT 语句。但对 SELECT 语句有以下的限制：

① 定义视图的用户必须对所参照的表或视图有查询权限，即可执行 SELECT 语句；

② 不能使用 COMPUTE 或 COMPUTE BY 子句；

③ 不能使用 ORDER BY 子句；

④ 不能使用 INTO 子句；

⑤ 不能在临时表或表变量上创建视图。

【例 6-5】使用 CREATE VIEW 语句创建视图 Category_view2，解决例 6-1 的问题（即显示商品的大类名称及小类名称）。

```
CREATE VIEW Category_view2
AS
SELECT 商品大类.大类名称,商品小类.小类名称
FROM 商品大类 INNER JOIN 商品小类 ON 商品大类.大类编号 = 商品小类.大类编号
```

【练一练】

（1）使用 SELECT 语句查询销售明细表中的数据。

```
SELECT * FROM 销售明细
```

（2）建立视图。使用 CREATE VIEW 语句建立名为 View_lx1 的视图，要求查询销售明细表中的数据。

```
CREATE VIEW View_lx1
AS
SELECT * FROM 销售明细
```

（3）测试视图。键入并执行下面的查询：

```
SELECT * FROM View_lx1
```

（4）该查询使用刚刚建立的视图 View_lx1，返回什么数据？

6.3.2 修改视图

语法格式如下：

```
ALTER VIEW [ schema_name.] view_name
[ (column [,...n ]) ]
[ WITH ENCRYPTION ]
```

```
AS SELECT_statement
[ WITH CHECK OPTION ]
```

其中，参数的含义与创建视图 CREATE VIEW 命令中的参数含义相同。

【例 6-6】使用 ALTER VIEW 语句修改视图 Category_view2，除显示商品的大类名称及小类名称外，还应显示商品大类代码。

```
ALTER VIEW Category_view2
AS
SELECT 商品大类.大类编号,商品大类.大类名称,商品小类.小类名称
FROM 商品大类 INNER JOIN 商品小类 ON 商品大类.大类编号 = 商品小类.大类编号
GO
--显示视图 Category_view2 中的数据，结果如图 6-18 所示。
SELECT * FROM Category_view2
```

【练一练】使用 ALTER VIEW 语句修改视图 View_lx1，查询销售明细表中操作员代码为“01001”的数据。

结果 | 消息

	大类编号	大类名称	小类名称
9	02	农牧渔类	咖啡豆、可可
10	02	农牧渔类	食品其他未分类
11	03	简加工类	加工水产品
12	03	简加工类	蔬菜制品

图 6-18　查询视图 Category_view2

6.3.3　重命名视图

语法格式如下：

```
sp_rename 原对象名称,新对象名称
```

【例 6-7】使用系统存储过程 sp_rename 将视图 Category_view2 重新命名为 C_view2。

```
USE ProductsSALES
GO
sp_rename Category_view2,C_view2
```

6.3.4　查看视图

利用系统存储过程查看视图定义。

- sp_help 用于返回视图的特征信息。
- sp_helptext 查看视图的定义文本。
- sp_depends 查看视图对表的依赖关系和引用的字段。

1. 使用系统存储过程 sp_helptext 查看视图的定义信息

语法格式如下：

```
sp_helptext '视图名'
```

【例 6-8】使用系统存储过程 sp_helptext 查看视图 C_view1 的定义信息。

```
USE ProductsSALES
GO
sp_helptext 'C_view1'
```

按功能键“F5”或单击工具栏中的“! 执行(X)”按钮，结果如图 6-19 所示

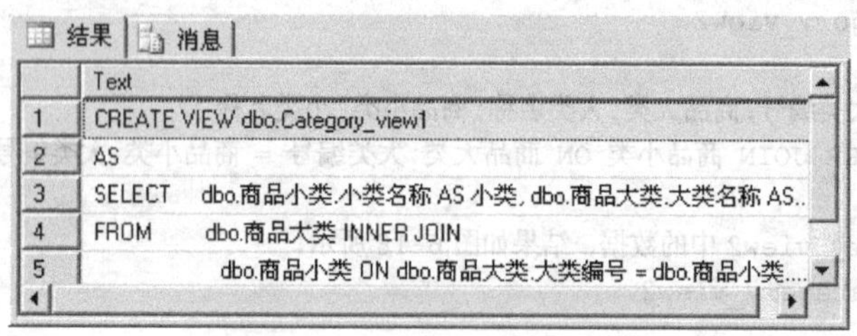

	Text
1	CREATE VIEW dbo.Category_view1
2	AS
3	SELECT dbo.商品小类.小类名称 AS 小类, dbo.商品大类.大类名称 AS...
4	FROM dbo.商品大类 INNER JOIN
5	dbo.商品小类 ON dbo.商品大类.大类编号 = dbo.商品小类....

图 6-19 查看 C_view1 视图

2. 使用系统存储过程 sp_depends 查看视图的参照对象和字段

语法格式如下：

```
sp_depends '视图名'
```

【例 6-9】使用系统存储过程 sp_depends 查看视图 C_view1 的参照对象和字段。

```
USE ProductsSALES
GO
sp_depends 'C_view1'
```

按功能键“F5”或单击工具栏中的“! 执行(X)”按钮，结果如图 6-20 所示。

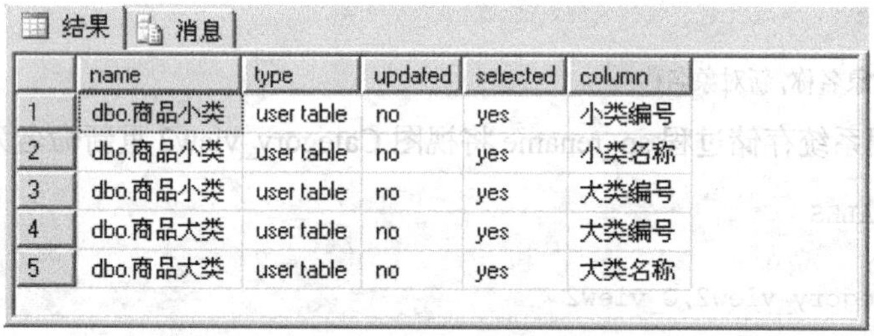

	name	type	updated	selected	column
1	dbo.商品小类	user table	no	yes	小类编号
2	dbo.商品小类	user table	no	yes	小类名称
3	dbo.商品小类	user table	no	yes	大类编号
4	dbo.商品大类	user table	no	yes	大类编号
5	dbo.商品大类	user table	no	yes	大类名称

图 6-20 执行系统存储过程 sp_depends 获得视图 C_view1 的参照对象和字段

6.3.5 删除视图

语法格式如下：

```
DROP VIEW view_name
```

【例 6-10】使用 DROP VIEW 语句删除视图 Category_view2。

```
USE ProductsSALES
GO
DROP VIEW Category_view2
```

【练一练】使用 DROP VIEW 语句删除视图 View_lx1。

6.4 使用视图

6.4.1 通过视图查询数据

视图与表具有相似的结构，当定义了视图以后，用户可以像查询基本表一样，对视图进行查询。

【例 6-11】需要了解某学校女同学的的毕业学校，在已创建视图的 VW_学生 1 中进行查询

```
SELECT 学号,姓名, 毕业学校 FROM VW_学生 1
```

运行结果如图 6-21 所示。

	学号	姓名	毕业学校
1	09011630	孙婉莹	吉林十八中
2	09011631	孙修雨	通榆实验高中
3	09011632	王鹤松	蛟河一中
4	09011633	武梦乔	东丰县第三中学
5	09011634	徐玲	柳河八中
6	09011635	杨薇	NULL
7	09011636	张欣	大安市第一中学
8	09011722	蔡靖娇	图们市二高中
9	09011724	陈瑶	永吉四中
10	09011726	李天艺	大安第二中学

图 6-21　查询视图 vw_学生 1

【例 6-12】查询每位学生的总分和平均分。

```
SELECT 学号,总成绩　总分, 平均成绩　　平均分 FROM VW_学生
```

运行结果如图 6-22 所示。

	学号	总分	平均分
1	09011601	400.0	80.000000
2	09011602	350.0	70.000000
3	09011603	450.0	90.000000
4	09011604	326.0	81.500000
5	09011605	306.0	61.200000
6	09011607	435.0	87.000000
7	09011608	412.0	82.400000
8	09011609	419.0	83.800000
9	09011610	411.0	82.200000
10	09011611	405.0	81.000000

图 6-22　查询视图 vw_学生

从该例中可以看出，在查询视图时也可以指定别名。

6.4.2 通过视图修改数据

当对视图进行更新操作时，实际上是对视图所基于的表进行更新操作，并且在对视图进行这些操作时，有如下限制。

- 一个语句中只能修改一个视图基表。
- 修改视图中列的时候，要受到基表的各种约束。
- 无法修改计算列及包含聚合函数的视图。

【例 6-13】通过视图“vw_年级”向“年级”表中增加一条记录。

首先创建视图“vw_年级”

```
CREATE VIEW VW_年级
AS
SELECT 年级代码  CODE,年级名称  NAME, 入学年份  TIME,状态  STATUS
FROM 年级
```

通过视图“vw_年级”插入新记录，代码如下：

```
INSERT INTO VW_年级
VALUES('11','2011级','2011','有效')
```

向视图“vw_年级”中插入记录后，再次查询“年级”表，查询结果如图 6-23 所示。

【例 6-14】通过视图“vw_年级”修改“年级”表中年级代码为 11 的记录的状态为“无效”。

```
UPDATE VW_年级
SET STATUS='无效'
WHERE CODE='11'
```

修改“vw_年级”视图后，再次查询“年级”表，查询结果如图 6-24 所示。

	年级代码	年级名称	入学年份	状态
1	02	2002级	2002	有效
2	03	2003级	2003	有效
3	04	2004级	2004	有效
4	05	2005级	2005	有效
5	06	2006级	2006	有效
6	07	2007级	2007	有效
7	08	2008级	2008	有效
8	09	2009级	2009	有效
9	10	2010级	2010	有效
10	11	2011级	2011	有效

图 6-23 查询“年级”表

	年级代码	年级名称	入学年份	状态
1	02	2002级	2002	有效
2	03	2003级	2003	有效
3	04	2004级	2004	有效
4	05	2005级	2005	有效
5	06	2006级	2006	有效
6	07	2007级	2007	有效
7	08	2008级	2008	有效
8	09	2009级	2009	有效
9	10	2010级	2010	有效
10	11	2011级	2011	无效

图 6-24 查询修改后的“年级”表

【提示】

从上可以看出，修改视图时，必须使用视图中的列名。

【练一练】

（1）在已创建视图的 vw_ex1 中查询所有男生的学号、班级及毕业学校。

（2）在已创建视图的 vw_ex2 中查询男生中汉族学生的详细信息。

（3）通过“学分”表创建一个视图 vw_ex3，使其字段名字为英文，并通过视图 vw_ex3 向“学分”表增加两条新记录。

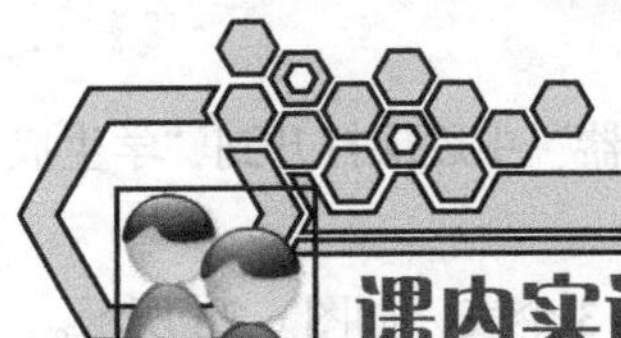

课内实训　学生成绩管理数据库视图的应用

※ 任务描述

1．使用 SQL Server Management Studio 建立视图 view_cjcx1，要求能够查询出所有同学的姓名、考试课程名称、成绩。

2．使用 Transact-SQL 语句建立视图 view_cjcx2，要求能够查询学号为“200601001”同学的考试课程名称及成绩。

3．使用 Transact-SQL 语句修改视图 view_cjcx2，要求能够查询学号为“200602002”同学的考试课程名称及成绩。

4．使用 Transact-SQL 语句删除视图 view_cjcx2。

※ 技术要点

1．视图 view_cjcx1 完成的功能需要由以下几方面进行分析。

（1）从 3 个表中提取数据，分别为

- 学生基本信息表中的学号及姓名；
- 课程表中的课程编码及课程名称；
- 成绩表中的课程编码、成绩及学号。

（2）为了实现 3 个表中的数据关联，在查询语句的设计时，应注意相应的关联字段，分别为

- 学生基本信息.学号=成绩.学号；
- 课程.课程编码=成绩.课程编码。

2．视图 view_cjcx2 完成的功能需要由以下几方面进行分析。

（1）从 3 个表中提取数据，分别为

- 涉及的表及相关字段同上一分析；
- 学号为“200601001”的同学的记录。

（2）为了实现 3 个表中的数据关联，在查询语句的设计时，应注意相应的关联字段，分别为

- 学生基本信息.学号=成绩.学号；
- 课程.课程编码=成绩.课程编码。

（3）条件语句的应用：

```
WHERE 成绩.学号= '200601001 '
```

（4）使用 Transact-SQL 中的 CREATE VIEW 创建视图。

3．修改视图 view_cjcx2 完成的功能需要由以下几方面进行分析：

（1）Transact-SQL 中修改视图的命令语句为 ALTER VIEW；

（2）将原条件语句中的“WHERE 成绩.学号= '200601001'”改为“WHERE 成绩.学号= '200602002'”

4．删除视图 view_cjcx2 需要由以下几方面进行分析：

（1）Transact-SQL 中删除视图的命令语句为 DROP VIEW，由于视图是数据库对象，因此不能使用 DELETE 语句进行删除；

（2）view_cjcx2 视图中原有的命令语句不必去考虑。

※ 实现过程

（1）启动 SQL Server Management Studio 后，在“对象资源管理器”中逐层打开到“学生成绩”数据库中的“视图”位置，单击鼠标右键，如图 6-25 所示。

（2）单击“新建视图”菜单项，添加成绩、课程和学生基本信息 3 个表，如图 6-26 所示。

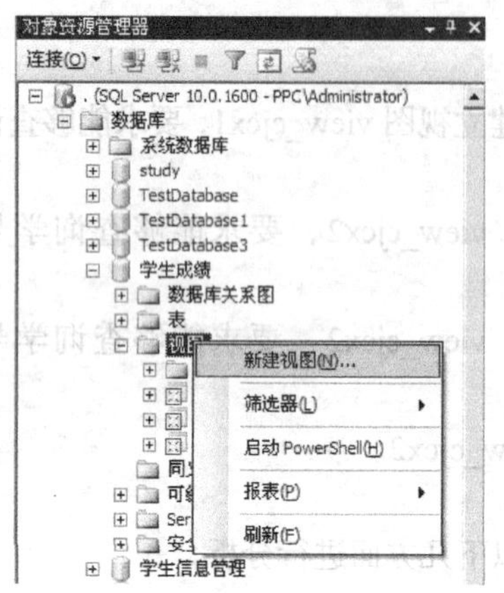

图 6-25 新建视图

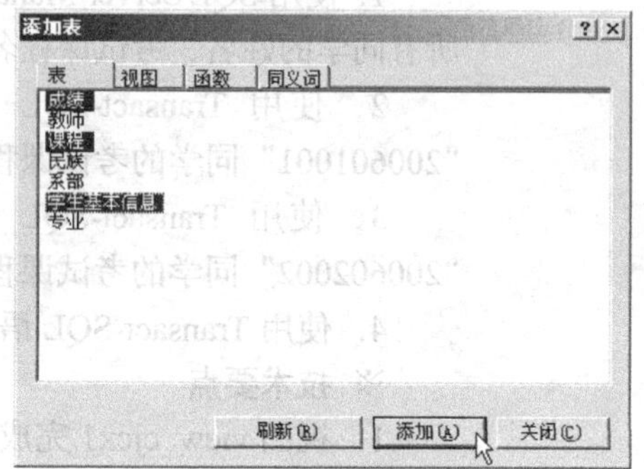

图 6-26 添加表

（3）选择要显示的字段，如图 6-27 所示。

（4）单击图形工具栏中的“![]”图标按钮后，输入视图名称 view_cjcx1，单击“确定”按钮保存视图，如图 6-28 所示。

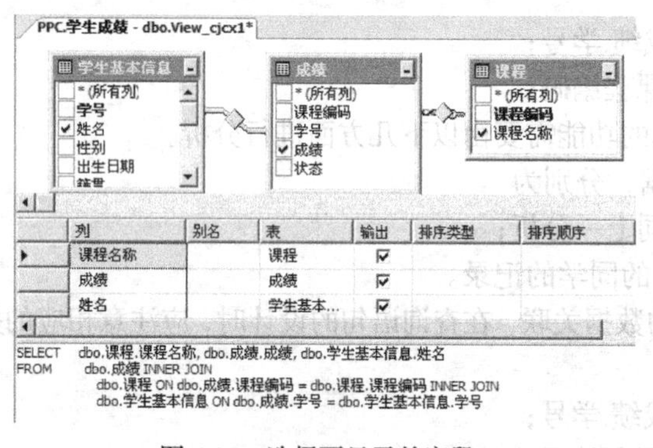

图 6-27 选择要显示的字段

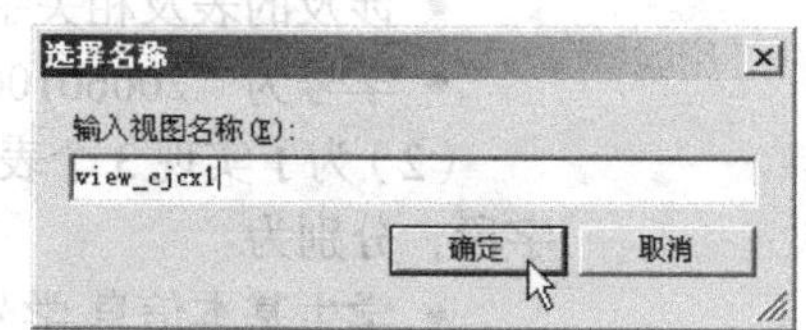

图 6-28 输入视图名称

（5）为了验证数据的正确性，单击图形工具栏中的“![]”图标按钮后，显示查询结果，如图 6-29 所示。

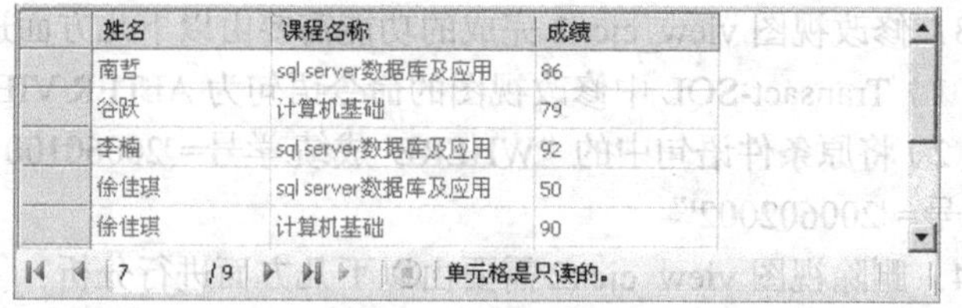

姓名	课程名称	成绩
南哲	sql server数据库及应用	86
谷跃	计算机基础	79
李楠	sql server数据库及应用	92
徐佳琪	sql server数据库及应用	50
徐佳琪	计算机基础	90

图 6-29 查询结果

```
CREATE VIEW view_cjcx2
AS
SELECT 学生基本信息.姓名,课程.课程名称,成绩.成绩
FROM 学生基本信息 INNER JOIN 成绩
    ON 学生基本信息.学号=成绩.学号
    INNER JOIN 课程
    ON 成绩.课程编码= 课程.课程编码
WHERE 成绩.学号='200601001'
```

```
ALTER VIEW view_cjcx2
AS
SELECT 学生基本信息.姓名,课程.课程名称,成绩.成绩
FROM 学生基本信息 INNER JOIN 成绩
    ON 学生基本信息.学号=成绩.学号
    INNER JOIN 课程
    ON 成绩.课程编码=课程.课程编码
WHERE 成绩.学号='200602002'
```

```
DROP VIEW view_cjcx2
```

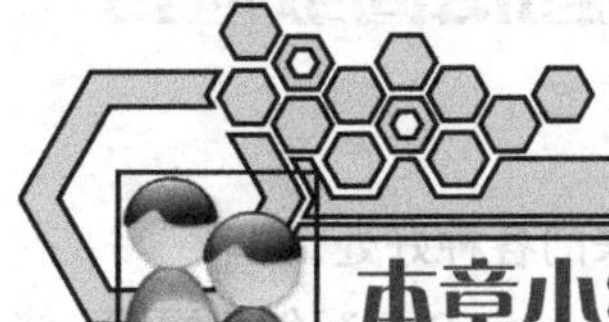

本章小结

- 视图是一种虚拟的表，是另一种查看数据表中数据的方法。
- 对视图的操作可以使用 SQL Server Management Studio 进行直接操作，也可以使用 Transact-SQL 语句。
- 使用 CREATE VIEW 语句创建视图，ALTER VIEW 语句修改视图，DROP VIEW 语句删除视图。
- 使用系统存储过程 sp_helptext 查看视图的定义信息。
- 使用系统存储过程 sp_depends 查看视图的参照对象和字段。

测试与练习

1. 视图与表不同，视图是一个__________，即视图对所对应的数据不进行实际存储。

2. 对视图的操作可以使用__________________________进行直接操作，也可以使用__________________语句。

3. 使用 Transact-SQL 中的____________________语句进行创建视图。

4．使用 Transact-SQL 中的________________语句可以修改视图的定义。

5．使用 Transact-SQL 中的________________语句能够删除视图。

6．SQL Server 的视图最多可包含多少列？（　　）

A．250　　B．1024　　C．24　　D．99

7．创建视图的语句不能包含以下哪些项？（　　）

A．ORDER BY 子句　　B．COMPUTE 子句

C．COMPUTE BY 子句　　D．INTO 关键字

8．为数据库 SALES 创建视图 sales_lx1，要求显示销售数量介于 2 与 4 之间的所有销售记录明细。

9．修改创建的视图 sales_lx1，要求通过视图查询出销售数量小于 3 的所有销售记录明细。

10．删除所创建的视图 sales_lx1。

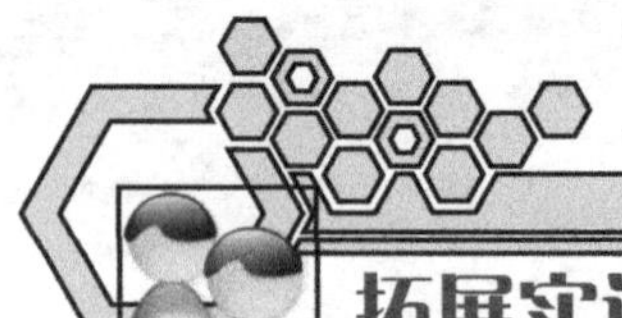

拓展实训　学生成绩管理数据库视图的高级应用

【实训目标】

- 理解视图的特点，明确视图在软件项目中所带来的各种好处。
- 掌握使用 Transact-SQL 语句及 SQL Server Management Studio 创建视图、修改视图及删除视图的方法。

【预估时间】

90 分钟

【实训步骤】

基于课内实训“学生成绩管理数据库视图的应用”的内容，完成下述功能：

1．使用 SQL Server Management Studio，建立视图 view_sx1，要求能够通过视图查询系部名称为“国际商务系”所有同学的姓名、考试课程名称及成绩。

2．使用 Transact-SQL 语句建立视图 view_sx2，要求能够通过视图查询系部名称为“计算机系”所有同学的姓名、考试科目名称及成绩。

3．使用 SQL Server Management Studio，修改视图 view_sx1，要求能够通过视图查询系部名称为“国际商务系”，入学时间为 2006 年的所有同学的姓名、考试科目名称及成绩。

4．使用 Transact-SQL 语句修改视图 view_sx2，要求能够通过视图查询系部名称为“计算机系”，入学时间为 2006 年，并且籍贯为“长春”的学生姓名、课程名称及成绩。

5．使用 SQL Server Management Studio 及 Transact-SQL 语句，删除视图 view_sx1。

第7章

存储过程、触发器、游标及事务

【知识目标】

- 掌握存储过程的创建、执行、修改及删除。
- 掌握触发器的设计、实现及管理。
- 掌握游标的创建及执行过程。

【技能目标】

- 能够利用存储过程、触发器及游标解决问题。

7.1 存储过程

7.1.1 存储过程概述

1. 认识存储过程

存储过程是一组为了完成特定功能的 Transact-SQL 语句的集合，经编译后存储在数据库服务器中，可以接受参数并返回状态值和参数值。存储过程能够显著提高应用程序的处理能力，并降低编写及维护数据库应用程序的难度。数据库开发人员及管理人员通过编写存储过程来运行经常执行的管理任务，或者应用复杂的业务规则。

2. 存储过程的优点

（1）存储过程已在服务器注册。存储过程具有安全特性（例如：权限）和所有权链接，以及可以附加到它们的证书。用户可以被授予权限来执行存储过程而不必直接对存储过程中引用的对象具有权限。

（2）存储过程可以强制应用程序的安全性。参数化存储过程有助于保护应用程序不受 SQL Injection 攻击。

（3）允许进行模块化程序设计。存储过程创建完成后，即可在程序中调用任意多次。这大大提高了应用程序的可维护性，并允许应用程序统一访问数据库。

（4）存储过程是命名代码，允许延迟绑定。这提供了一个用于简单代码演变的间接级别。

（5）存储过程可以降低网络负载。一个数百行 Transact-SQL 代码的操作能够通过一条执行过程代码的语句来执行，而不必在网络中发送数百行代码。

【说明】SQL Injection 就是利用某些数据库的外部接口把用户数据插入到实际的数据库操作语言（SQL）当中，从而达到入侵数据库乃至操作系统的目的。它的产生主要是由于程序对用户输入的数据没有进行严格的过滤，导致非法数据库查询语句的执行。

3. 存储过程的分类

存储过程可以分为系统存储过程、用户定义存储过程和扩展存储过程等。

- 系统存储过程：由系统自动创建，存储在 master 数据库中，前缀为 sp_。系统存储过程完成的功能主要是从系统表中获取信息，系统管理员可以通过系统存储过程完成复杂的 SQL Server 的管理工作。
- 用户定义存储过程：在 SQL Server 2008 中，用户定义存储过程分为两种类型：Transact-SQL 和 CLR。Transact-SQL 存储过程是指保存的 Transact-SQL 语句集合，可以接收和返回用户提供的参数。CLR 存储过程是指对 Microsoft .NET Framework 公共语言运行时（CLR）方法的引用，可以接收和返回用户提供的参数，它们在.NET Framework 程序集中是作为类的公共静态方法实现的。本章主要介绍 Transact-SQL 存储过程。
- 扩展存储过程：使用其他的程序设计语言创建的扩展程序，可以将其看成为动态链接库（DLL），其前缀为 xp_。

7.1.2 使用 CREATE PROCEDURE 语句创建存储过程

语法格式如下：

```
CREATE PROCEDURE 存储过程名
(输入参数 1 类型,
输入参数 2  类型,
…
输出参数 1 类型 output,
输出参数 2 类型 output,
…
)
[ WITH <procedure_option> [ ,...n ]
AS
{ [ BEGIN ] sql 语句 [ END ] }
```

其中：

```
<procedure_option> ::=
    [ ENCRYPTION ]
```

```
    [ RECOMPILE ]
```

参数说明如下。

- OUTPUT：指示参数是输出参数。此选项的值可以返回给调用 EXECUTE 的语句，用 OUTPUT 参数将值返回给过程的调用方。除非是 CLR 过程，否则 text、ntext 和 image 参数不能用作 OUTPUT 参数。
- ENCRYTPION：将存储过程进行加密。
- RECOMPILE：该过程将在运行时重新编译。

1. 创建简单存储过程

【例 7-1】使用 CREATE PROCEDURE 语句创建存储过程“SEL_销售总金额”，查询销售明细表中操作员代码为“01001”的商品销售总金额。

```
USE ProductsSALES
GO
CREATE PROCEDURE SEL_销售总金额
AS
SELECT SUM(数量*单价) AS 销售总金额
FROM 销售明细
WHERE 操作员代码='01001'
```

2. 使用带有参数的存储过程

【例 7-2】创建存储过程“SEL_销售总金额_cs”，查询销售明细表中任意一操作员的商品销售总金额。

```
USE ProductsSALES
GO
CREATE PROCEDURE SEL_销售总金额_cs
@OpCode varchar(5)
AS
SELECT SUM(数量*单价) AS 销售总金额
FROM 销售明细
WHERE 操作员代码=@OpCode
```

3. 使用带有通配符参数的存储过程

【例 7-3】创建存储过程“SEL_销售总金额_0100”，查询销售明细表中操作员代码以“0100”开始的操作员商品销售总金额。

```
USE ProductsSALES
GO
CREATE PROCEDURE SEL_销售总金额_0100
@OpCode varchar(5) = '0100%'
AS
SELECT SUM(数量*单价) AS 销售总金额
FROM 销售明细
WHERE 操作员代码 like @OpCode
```

4. 使用 OUTPUT 参数

输出参数用于把返回值赋予变量并传给调用它的存储过程或应用程序。声明输出参数时需要在声明参数的后面加上 OUTPUT，以表明此参数为输出参数。

【例 7-4】创建存储过程“Products_GetList”，过程将返回某商品的销售数量。

```
USE ProductsSALES
GO
CREATE PROCEDURE Products_GetList
@Pro_Code varchar(13),
@Pro_nums SMALLINT OUTPUT
AS
SET @Pro_nums=
(
SELECT COUNT(*) FROM 销售明细
WHERE 条形码=@Pro_Code
)
PRINT @pro_nums
GO
--执行存储过程，返回条形码为“6922365800092”的销售数量
DECLARE @Pro_Code varchar(13),@Pro_nums SMALLINT
SET @Pro_Code = '6922365800092'
EXEC Products_GetList @Pro_Code, @Pro_nums
```

运行结果如图 7-1 所示。

```
SQLQuery11.sql ...istrator (52))*
--执行存储过程，返回条形码为"6922365800092"的销售数量
DECLARE @Pro_Code varchar(13),@Pro_nums SMALLINT
SET @Pro_Code = '6922365800092'
EXEC Products_GetList @Pro_Code, @Pro_nums

消息
2
```

图 7-1 执行带输出参数的存储过程

【说明】例 7-4 中，@Pro_nums 为输出参数，@Pro_Code 为输入参数。使用 EXEC 执行存储过程，详见 7.1.3 节。

【练一练】创建存储过程 sel_Products_mx，要求根据条形码从“商品信息”表及“销售明细”表中查询商品名称、规格、销售数量及单价。

7.1.3 执行存储过程

存储过程创建完成后，可以使用 EXECUTE 语句来执行存储过程。

语法格式如下：

```
EXEC[UTE] 存储过程名 [参数值,…]
```

【说明】若 EXECUTE 语句是批的第一条语句时，可以省略 EXECUTE。

【例 7-5】执行例 7-1 所创的存储过程“SEL_销售总金额”，结果如图 7-2 所示。

```
USE ProductsSALES
GO
EXECUTE SEL_销售总金额
```

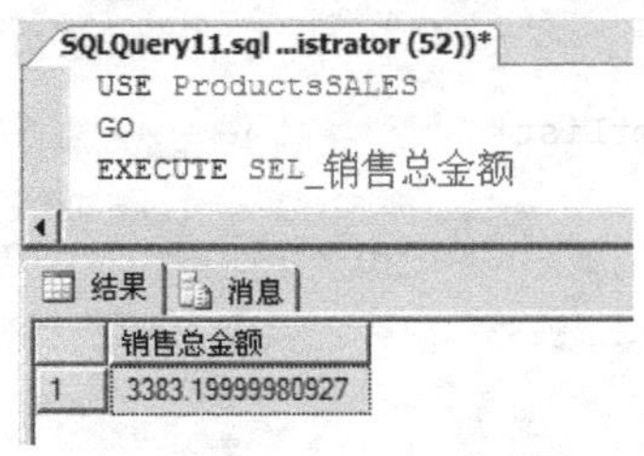

图 7-2　执行存储过程 SEL_销售总金额

【例 7-6】使用 EXECUTE 命令传递参数，执行例 7-2 创建的存储过程“SEL_销售总金额_cs”，结果如图 7-3 所示。

```
USE ProductsSALES
GO
EXECUTE SEL_销售总金额_cs '01002'
```

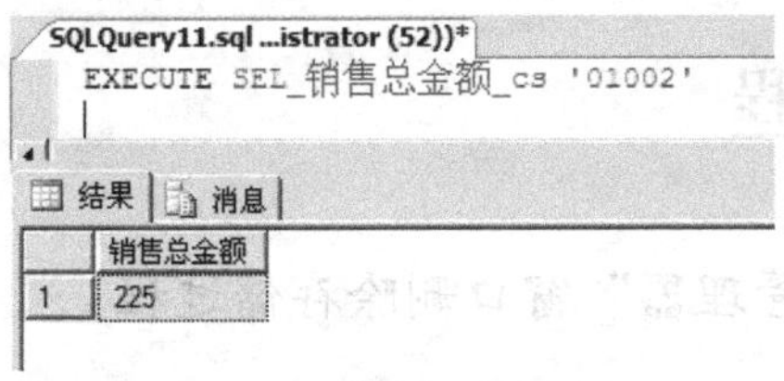

图 7-3　执行存储过程 SEL_销售总金额_cs

【练一练】执行存储过程 sel_Products_mx，并观察结果。

7.1.4　使用 ALTER PROCEDURE 语句修改存储过程

语法格式如下：

```
ALTER PROCEDURE 存储过程名
(输入参数 1 类型,
输入参数 2  类型,
…
输出参数 1 类型 output,
输出参数 2 类型 output,
…
)
[ WITH <procedure_option> [ ,...n ]
AS
{ [ BEGIN ] statements [ END ] }
```

其中：

```
<procedure_option> ::=
    [ ENCRYPTION ]
```

```
  [ RECOMPILE ]
```

相关参数的含义参见 CREATE PROCEDURE 语句。

【例 7-7】修改存储过程“Products_GetList”，返回某商品共销售总量。

```
USE ProductsSALES
GO
ALTER PROCEDURE Products_GetList
@Pro_Code varchar(13),
@Pro_nums SMALLINT OUTPUT
AS
SET @Pro_nums=
(
SELECT COUNT(*) FROM 销售明细
WHERE 条形码=@Pro_Code
)
PRINT @pro_nums
GO
```

【练一练】修改存储过程 sel_Products_mx，要求根据条形码从“商品信息”表及“销售明细”表中查询商品名称、规格及统计该商品的销售次数；执行所建立的存储过程，并观察结果。

7.1.5　删除存储过程

1. 通过“对象资源管理器”窗口删除存储过程

在“对象资源管理器”窗口中选中要删除的存储过程节点，单击鼠标右键，在打开的快捷菜单中单击“删除”菜单项，即可删除存储过程，如图 7-4 所示。

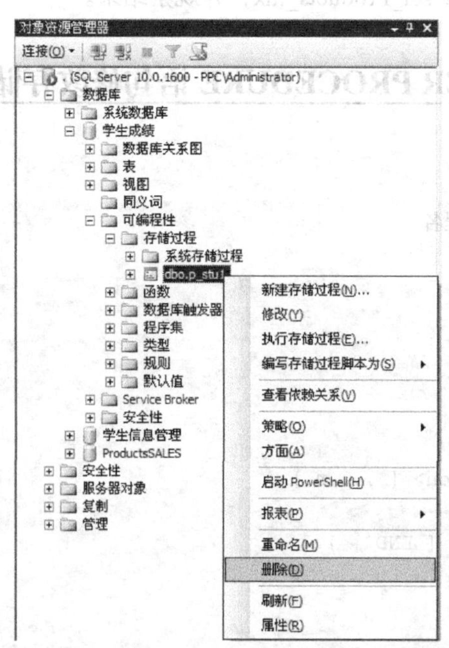

图 7-4　在“对象资源管理器”中删除存储过程

2. 使用 DROP PROCEDURE 语句删除存储过程

语法格式如下：

```
DROP { PROC | PROCEDURE } { 存储过程名 } [ ,...n ]
```

【例 7-8】使用 Transact-SQL 语句删除 ProductsSALES 数据库中的存储过程“Products_GetList”。

```
USE ProductsSALES
GO
DROP PROCEDURE Products_GetList
```

7.2 触发器

触发器是一种特殊的存储过程，是 SQL Server 为保证数据完整性、确保系统正常工作而设置的一种高级技术。当触发器所保护的数据发生变化时，触发器就会自动运行，以保证数据的完整性与正确性。SQL Server 包括两大类触发器：DML 触发器和 DDL 触发器。

7.2.1 DML 触发器

DML 触发器是当数据库服务器中对表或视图发出 UPDATE、INSERT 或 DELETE 语句等数据操作语言（DML）事件时要执行的操作。该种类型触发器用于在数据被修改时强制执行业务规则，以及扩展 Microsoft SQL Server 2008 约束、默认值和规则的完整性检查逻辑。

DML 触发器有如下优点：

- DML 触发器可通过数据库中的相关表实现级联更改。
- DML 触发器能够强制比 CHECK 定义的约束更为复杂的约束。
- DML 触发器能够引用其他表中的列，而 CHECK 约束却不能。
- DML 触发器能够评估数据修改前与修改后的表状态，并根据其差异采取对策。
- 一个表中的多个同类 DML 触发器（INSERT、UPDATE 或 DELETE）允许采取多个不同的操作来响应同一个修改语句。

SQL Server 2008 提供了两种类型的 DML 触发器：AFTER 触发器和 INSTEAD OF 触发器。

在执行了 INSERT、UPDATE 或 DELETE 语句操作之后执行 AFTER 触发器。INSTEAD OF 触发器用于替代引起触发器执行的 Transact-SQL 语句，若要在处理条件约束之前触发程序时，应使用 INSTEAD OF 触发器，可在表和视图上指定 INSTEAD OF 触发器。每个表可以有多个不同名称的 AFTER 触发器，但每种触发事件只能有一个 INSTEAD OF 触发器。

表 7-1 对 AFTER 触发器和 INSTEAD OF 触发器的功能进行了比较。

触发器语句中使用了两种特殊的表：deleted 表和 inserted 表。SQL Server 自动创建和管理这些表。能够使用这两个临时的、驻留内存的表测试某些数据修改的效果及设置触发器操作的条件，但是不能直接对表中的数据进行更改。

deleted 表用来存储 DELETE 及 UPDATE 命令所影响的行的复本。在执行 DELETE 或 UPDATE 命令时，行记录从触发器表中删除，并传输到 Deleted 表中，Deleted 表和触发器表通常没有相同的行。inserted 表用来存储 INSERT 和 UPDATE 命令所影响的行记录的副本。在一个插入或更新

事务处理中，新建行被同时添加到 inserted 表和触发器表中，inserted 表中的行是触发器表中新行的副本，对数据的更新操作类似于在删除记录之后执行记录的插入操作，首先旧行被拷贝至 deleted 表中，然后新行被拷贝至触发器表和 inserted 表中。

表 7–1　　AFTER 触发器和 INSTEAD OF 触发器的功能比较

触发器类型	AFTER 触发器	INSTEAD OF 触发器
适用范围	表	表及视图
每个表或视图包含触发器的数量	每个触发操作包含多个触发器	每个触发操作包含一个触发器
级联引用	没有任何限制条件	不允许在作为级联引用完整性约束目标的表上使用 INSTEAD OF UPDATE 和 DELETE 触发器。
执行	晚于： • 约束处理 • 声明性引用操作 • 创建插入的和删除的表 • 触发操作	早于： • 约束处理 替代： • 触发操作 晚于： • 创建插入的和删除的表
执行顺序	能够指定第一个和最后一个执行	不适用
插入的和删除的表中的 varchar (max)、nvarchar(max)和 varbinary (max) 列引用。	可以	可以
插入的和删除的表中的 text、ntext 和 image 列引用。	不可以	可以

1. 使用 CREATE TRIGGER 语句创建 DML 触发器

语法格式如下：

```
CREATE TRIGGER 触发器名
ON 表名|视图名
[ WITH ENCRYPTION ]
{ FOR | AFTER | INSTEAD OF }
   { [DELETE] [,] [INSERT] [,] [UPDATE] }
AS { sql 语句 }
```

参数说明如下。

- WITH ENCRYPTION：表示对 CREATE TRIGGER 语句的文本进行加密。
- AFTER：指定 DML 触发器仅在触发 SQL 语句中指定的所有操作都已成功执行时才被激发。若仅指定 FOR 关键字，则 AFTER 为默认值。
- INSTEAD OF：指定 DML 触发器是“代替”SQL 语句执行的，所以其优先级高于触发语句的操作。
- { [DELETE] [,] [INSERT] [,] [UPDATE] }：指定在表或视图上执行哪些数据修改语句时将激活触发器的关键字。

【说明】创建触发器时需指定：(1) 名称；(2) 在其上定义触发器的表；(3) 触发器将何时激发；(4) 激活触发器的数据修改语句，有效选项为 INSERT、UPDATE 或 DELETE。

（5）执行触发操作的编程语句。另外需注意 AFTER 触发器只能定义在表中，而 INSTEAD OF 触发器可以定义在表中也可定义在视图上。不能为 DDL 触发器指定 INSTEAD OF。

【例 7-9】创建触发器 Trigger1，如果有人试图在操作员表中添加或更改数据，则该触发器向客户端显示一条消息。

```
USE ProductsSALES
GO
/*如果触发器 Trigger1 存在，则删除*/
IF OBJECT_ID ('Trigger1', 'TR') IS NOT NULL
  DROP TRIGGER Trigger1
GO
--创建触发器 Trigger1
CREATE TRIGGER Trigger1
ON 操作员表
AFTER INSERT, UPDATE
AS RAISERROR ('数据已被修改', 16, 10)
GO
```

【练一练】创建一个触发器 Trigger_lx1，在向商品大类表中插入记录时，自动显示表中的内容。

2. 使用 ALTER TRIGGER 语句修改 DML 触发器

语法格式如下：

```
ALTER TRIGGER 触发器名
ON 表名|视图名
[ WITH ENCRYPTION ]
{ FOR | AFTER | INSTEAD OF }
{ [ INSERT ] [ , ] [ UPDATE ] [ , ] [ DELETE ] }
AS { sql 语句 }
```

【说明】ALTER TRIGGER 的有关参数说明同 CREATE TRIGGER。

【例 7-10】创建触发器 Trigger2，当用户要在商品大类表中添加或更改数据时，该触发器把用户定义的消息输出到客户端。然后使用 ALTER TRIGGER 对该触发器进行修改，以便只将其应用于 UPDATE 活动。

```
USE ProductsSALES
GO
--创建触发器 Trigger2
CREATE TRIGGER Trigger2
ON 商品大类
AFTER INSERT, UPDATE
AS RAISERROR ('数据已被修改', 16, 10)
GO
-- 开始修改触发器
ALTER TRIGGER Trigger2
ON 商品大类
AFTER UPDATE
AS RAISERROR ('数据已被修改', 16, 10)
GO
```

3. 使用 DROP TRIGGER 语句删除 DML 触发器

语法格式如下：

```
DROP TRIGGER 触发器名 [ ,...n ]
```

【例 7-11】删除触发器 Trigger2。

```
USE ProductsSALES
IF OBJECT_ID ('Trigger2', 'TR') IS NOT NULL
DROP TRIGGER Trigger2
GO
```

7.2.2 DDL 触发器

DDL 触发器同常规触发器一样，它将激发存储过程以响应事件。与 DML 触发器不同的是，DDL 触发器不会为响应针对表或视图的 UPDATE、INSERT 或 DELETE 语句而激发，只是为响应以 CREATE、ALTER 和 DROP 开头的数据定义语言（DDL）语句而激发。DDL 触发器能够用于管理任务，例如审核和控制数据库操作。

只有在运行触发 DDL 触发器的 DDL 语句后，DDL 触发器才能被激发，DDL 触发器不能作为 INSTEAD OF 触发器使用。

1. 使用 CREATE TRIGGER 语句创建 DDL 触发器

语法格式如下：

```
CREATE TRIGGER 触发器名
ON { ALL SERVER | DATABASE }
[ WITH ENCRYPTION ]
{ FOR | AFTER } { event_type | event_group } [ ,...n ]
AS { sql 语句 }
```

参数说明如下。

- ALL SERVER ：表示将 DDL 触发器的作用域应用于当前服务器。若指定了该参数，则在当前服务器中的任何位置上出现 event_type 或 event_group，就能够激发该触发器。
- DATABASE ：表示将 DDL 触发器的作用域应用于当前数据库。若指定了该参数，则只要当前数据库中出现 event_type 或 event_group，就能够激发该触发器。
- WITH ENCRYPTION：表示对 CREATE TRIGGER 语句的文本进行加密。
- event_type：执行之后将导致激发 DDL 触发器的 Transact-SQL 语言事件。用于激发 DDL 触发器的 DDL 事件、列出在 DDL 触发器中可用的事件。
- event_group：预定义的 Transact-SQL 语言事件分组的名称。执行任何属于 event_group 的 Transact-SQL 语言事件之后，都将激发 DDL 触发器。

【例 7-12】创建一个 DDL 触发器 TriggerDDL1，防止数据库中的表被修改或删除。

```
USE ProductsSALES
GO
CREATE TRIGGER TriggerDDL1
```

```
ON DATABASE
FOR DROP_TABLE, ALTER_TABLE
AS
   PRINT '如果你要修改或删除表，请先禁用 TriggerDDL1 触发器！'
   ROLLBACK
```

2. 使用 ALTER TRIGGER 语句修改 DDL 触发器

语法格式如下：

```
ALTER TRIGGER 触发器名
ON { ALL SERVER | DATABASE }
[ WITH ENCRYPTION ]
{ FOR | AFTER } { event_type | event_group } [ ,...n ]
AS { sql 语句 }
```

【例 7-13】修改 DDL 触发器 TriggerDDL1，防止数据库中的表被删除。

```
USE ProductsSALES
GO
ALTER TRIGGER TriggerDDL1
ON DATABASE
FOR DROP_TABLE
AS
   PRINT '如果你要删除表，请先禁用 TriggerDDL1 触发器！'
   ROLLBACK
```

3. 使用 DROP TRIGGER 语句删除 DDL 触发器

语法格式如下：

```
DROP TRIGGER 触发器名 [ ,...n ]
ON { DATABASE | ALL SERVER }
```

【例 7-14】删除触发器 TriggerDDL1。

```
USE ProductsSALES
IF EXISTS (SELECT * FROM sys.triggers
    WHERE parent_class = 0 AND name = 'TriggerDDL1')
DROP TRIGGER TriggerDDL1
ON DATABASE
GO
```

7.2.3 查看触发器

1. 查看触发器基本信息

使用系统存储过程 sp_help 查看触发器的基本信息，包括触发器名称、所有者、类型及创建时间。

语法格式如下：

```
EXEC sp_help '触发器名'
```

【例 7-15】查询 ProductsSALES 数据库中触发器 Trigger2 的基本信息，如图 7-5 所示。

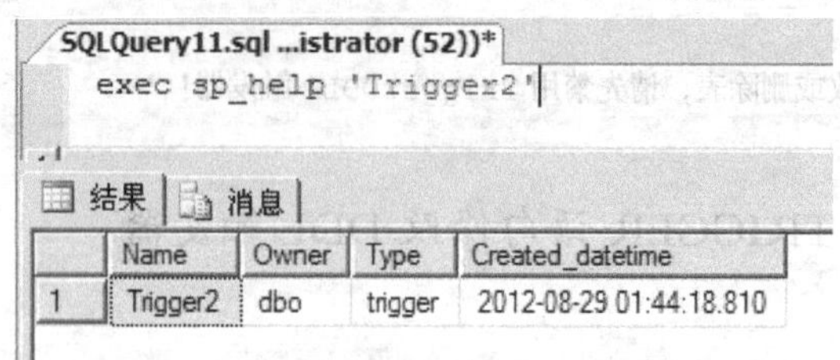

图 7-5 查看触发器 Trigger2 的基本信息

2. 查看触发器的定义

使用系统存储过程 sp_helptext 查看触发器的定义。

语法格式如下：

```
EXEC sp_helptext '触发器名'
```

【例 7-16】查询 ProductsSALES 数据库中触发器 Trigger2 的定义。

```
USE ProductsSALES
GO
EXEC sp_helptext Trigger2
```

运行结果如图 7-6 所示。

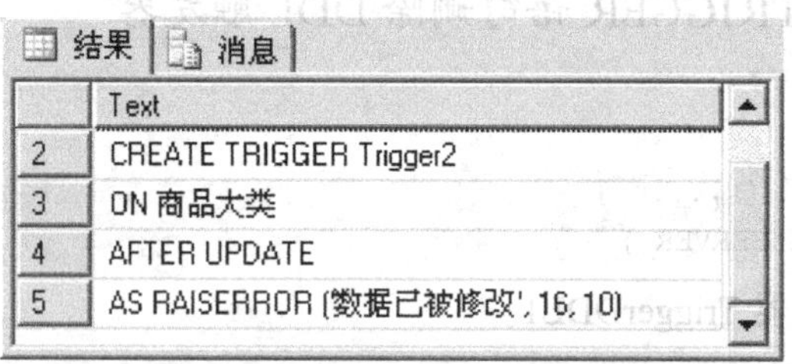

图 7-6 查看触发器 Trigger2 的定义

【练一练】查看触发器 Trigger_lx1 基本信息及该触发器的定义。

7.3 游标

7.3.1 游标概述

SELECT 语句返回的结果包括所有满足其条件语句（WHERE 子句）中的行，关系数据库中的操作会对整个行集产生影响。由 SELECT 语句所返回的这一完整的行集被称为结果集。应用程序通常需要每次处理一行或一部分行，游标就是提供这种机制的结果集扩展。

SQL Server 支持 3 种类型的游标：Transact-SQL 游标、应用程序编程接口（API）服务器游标及客户端游标，本章主要介绍 Transact-SQL 游标。

【说明】由于 Transact-SQL 游标和 API 服务器游标都在服务器上实现，所以它们统称为服务器游标。服务器游标的一个缺点是：并不支持所有的 Transact-SQL 语句。服务器游标不支持生成多个结果集的 Transact-SQL 语句，因此，当应用程序执行包含多个 SELECT 语句的存储过程或批处理时，不能使用服务器游标。服务器游标也不支持包含 COMPUTE、COMPUTE BY、FOR BROWSE 或 INTO 关键字的 SQL 语句。

7.3.2　在存储过程或触发器中使用 Transact-SQL 游标

在存储过程或触发器中使用 Transact-SQL 游标的典型过程如下：

- 声明与处理结果集相关的变量。
- 使用 DECLARE CURSOR 语句声明游标。
- 将 Transact-SQL 游标与 SELECT 语句相关联。
- 使用 OPEN 语句打开游标。
- 使用 FETCH INTO 语句提取单个行数据，并将每列中的数据移至指定的变量中。
- 使用 CLOSE 语句关闭游标。
- 释放游标。

1. 声明变量

声明变量的方式与“5.3.2 变量”中的声明方式相同，此处不再重复讲述。

2. 声明游标

语法格式如下：

```
DECLARE 游标名 CURSOR
[ LOCAL | GLOBAL ]
[ FORWARD_ONLY | SCROLL ]
[ STATIC | KEYSET | DYNAMIC | FAST_FORWARD ]
[ READ_ONLY]
FOR select 语句
[ FOR UPDATE [ OF 列名 [ ,...n ] ] ]
```

参数说明如下。

- LOCAL：指定对于在其中创建的批处理、存储过程或触发器来说，该游标的作用域是局部的。
- GLOBAL：指定该游标的作用域是全局的。
- SELECT 语句：用来定义游标所要处理的结果集。在 SELECT 语句内不允许使用关键字 COMPUTE、COMPUTE BY、FOR BROWSE 和 INTO。
- FORWARD_ONLY：指定游标只能从第一行滚动到最后一行。
- SCROLL：指定所有的提取选项（FIRST、LAST、PRIOR、NEXT、RELATIVE、ABSOLUTE）均可用。
- STATIC：静态游标类型。
- KEYSET：键集游标类型。
- DYNAMIC：动态游标类型。

- FAST_FORWARD：只进游标类型。
- READ_ONLY：设定游标为只读。
- UPDATE [OF 列名[,…n]]：定义游标中能够更新的列。若提供了“OF 列名[,...n]”就只允许修改列出的列，如果在 UPDATE 中未指定列的列表，除非指定了 READ_ONLY 并发选项，否则所有列均可更新。

【例 7-17】声明变量及游标，游标的查询结果集为“销售明细”表及“商品信息”表中商品的条形码、商品名称、数量、单价。

```
USE ProductsSALES
GO
--声明与结果集有关的变量
DECLARE @txm varchar(13),
        @spname varchar(50),
        @sl real,
        @price decimal(18,2)
--声明游标
DECLARE Change_Product cursor for
SELECT a.条形码,b.商品名称,a.数量,a.单价
FROM 销售明细 a,商品信息 b
WHERE a.条形码=b.条形码
```

3. 打开游标

游标创建后，需将其打开才能从中提取记录，使用 OPEN 语句打开游标。

语法格式如下：

```
OPEN 游标名
```

【例 7-18】打开游标 Change_Product。

```
OPEN Change_Product
```

4. 从游标中提取数据

游标打开后，将从中提取记录并显示在屏幕上，FETCH 语句用于显示游标中的记录。

语法格式如下：

```
FETCH [ [FIRST | LAST | PRIOR | NEXT
        | ABSOLUTE { n | @nvar }
        | RELATIVE { n | @nvar }
      ]
FROM 游标名
[INTO @变量名 [,…n] ]
```

参数说明如下。

- FIRST：返回游标中的第一行并将其作为当前行。
- LAST：返回游标中的最后一行并将其作为当前行。
- PRIOR：返回紧邻当前行前面的结果行，并且当前行递减为返回行。如果 FETCH PRIOR 为对游标的第一次提取操作，则没有行返回并且游标置于首行之前。
- NEXT：返回紧跟当前行之后的结果行，并且当前行递增为结果行。如果 FETCH NEXT

是对游标的首次提取操作，则返回结果集中的首行，NEXT 是默认的游标提取选项。

- ABSOLUTE {*n* | @nvar}：当 *n* 或@nvar 为正数时，返回从游标头开始的第 *n* 行并将返回的行变成新的当前行。当 *n* 或@nvar 为负数时，返回游标尾之前的第 *n* 行并将返回的行变成新的当前行。当 *n* 或@nvar 为 0 时，则没有行返回。*n* 必须为整型常量且@nvar 必须为 smallint、tinyint 或 int。
- RELATIVE {*n* | @nvar}：当 *n* 或@nvar 为正数时，返回当前行之后的第 *n* 行并将返回的行变成新的当前行。当 *n* 或@nvar 为负数时，返回当前行之前的第 *n* 行并将返回的行变成新的当前行。当 *n* 或@nvar 为 0 时，返回当前行。如果对游标的第一次提取操作时将 FETCH RELATIVE 的 *n* 或 @nvar 指定为负数或 0，则没有行返回。*n* 必须为整型常量且@nvar 必须为 smallint、tinyint 或 int。
- INTO @变量名[,…*n*]：存入变量。允许将提取操作的列数据放到局部变量中。列表中的各个变量从左到右与游标结果集中的相应列相关联。各变量的数据类型必须与相应的结果列的数据类型匹配。变量的数目必须与游标选择列表中的列的数目一致。

【例 7-19】从游标 Change_Product 中读取记录赋值给变量，循环输出每条记录。

```
--获得游标中的第一条记录
fetch next from Change_Product
into @txm,@spname,@sl,@price
--循环读取游标中的记录，若@@fetch_status=0 表示 fetch 命令成功执行
WHILE @@fetch_status=0
BEGIN
   Print @txm+'  '+@spname+'    '+
      convert(varchar,@sl)+ '    '+convert(varchar,@price)
--读取下一条游标记录
fetch next from Change_Product
into @txm,@spname,@sl,@price
END
```

5. 关闭游标

利用游标处理完数据后，应关闭游标，使用 CLOSE 语句关闭游标。

语法格式如下：

```
CLOSE 游标名
```

【例 7-20】关闭游标 Change_Product。

```
CLOSE Change_Product
```

6. 释放游标

关闭游标后并没有释放游标所占用的系统资源，还应使用 DEALLOCATE 语句释放资源。

语法格式如下：

```
DEALLOCATE 游标名
```

【例 7-21】释放游标 Change_Product。

```
DEALLOCATE Change_Product
```

【例 7-22】声明一个名为 Products_cursor1 的游标，该游标从商品信息表中检索所有商品的条

形码及商品名称的记录，分别提取出结果集中的第二行、第三行、第六行、第一行以及最后一行的数据，结果如图 7-7 所示。

```
USE ProductsSALES
GO
DECLARE Products_cursor1 CURSOR
SCROLL
FOR
SELECT 条形码,商品名称 FROM 商品信息
GO
OPEN Products_cursor1
GO
FETCH ABSOLUTE 2 FROM Products_cursor1
FETCH NEXT FROM Products_cursor1
FETCH RELATIVE 3 FROM Products_cursor1
FETCH FIRST FROM Products_cursor1
FETCH LAST FROM Products_cursor1
CLOSE Products_cursor1
DEALLOCATE Products_cursor1
```

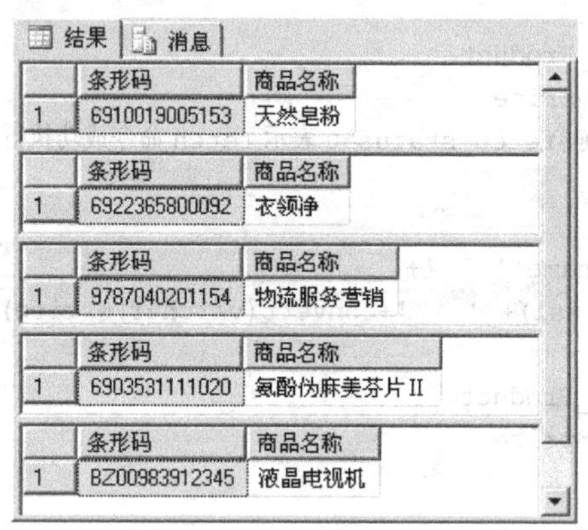

图 7-7　例 7-22 执行情况

【说明】本例中使用绝对位置提取第二行，使用 NEXT 提取其后一行（即第三行），使用相对位置提取第六行（即相对于当前记录的第三行）、使用 FIRST 提取第一行以及使用 LAST 提取最后一行。

【例 7-23】创建游标 Products_cursor2，提取生产厂家表中厂家编号为“101090001”的记录，并将“厂家名称”列的值改为“皓月集团”，结果如图 7-8 所示。

```
USE ProductsSALES
GO
    DECLARE Products_cursor2 CURSOR SCROLL
    FOR
    SELECT * FROM 生产厂家 WHERE 厂家编号='101090001'
    FOR UPDATE
    OPEN Products_cursor2
    FETCH Products_cursor2
    UPDATE 生产厂家 SET 厂家名称='皓月集团' WHERE CURRENT OF Products_cursor2
```

```
    SELECT * FROM 生产厂家
      CLOSE Products_cursor2
DEALLOCATE Products_cursor2
```

	厂家编号	厂家名称	国家
1	101090001	长春皓月	中国

	厂家编号	厂家名称	国家
1	101010001	青岛海尔	中国
2	101010002	杭州娃哈哈	中国
3	101010009	四川长虹	中国
4	101010012	海信集团	中国
5	101020001	同仁堂制药	中国
6	101020003	修正药业	中国
7	101030001	联想集团	中国
8	101080001	高等教育出版社	中国
9	101080002	电子工业出版社	中国
10	101090001	皓月集团	中国

图 7-8　利用游标修改表中的数据

7.3.3 关于@@FETCH_STATUS

@@FETCH_STATUS 返回针对连接当前打开的任何游标发出的上一条游标 FETCH 语句的状态，具体返回值及描述如表 7-2 所示。

表 7-2　@@FETCH_STATUS 的返回值及描述

返 回 值	描　述
0	FETCH 命令成功执行
-1	FETCH 命令失败或此行不在结果集中
-2	所提取的数据不存在

【例 7-24】创建游标 Products_cursor3，通过游标显示生产厂家表中的全部记录，结果如图 7-9 所示。

```
USE ProductsSALES
GO
DECLARE @厂家编号 varchar(10), @厂家名称 varchar(100),@show_factory varchar(200)
DECLARE Products_cursor3 CURSOR FOR
SELECT 厂家编号,厂家名称 FROM 生产厂家
OPEN Products_cursor3
fetch next from Products_cursor3 into @厂家编号,@厂家名称
WHILE @@FETCH_STATUS = 0
BEGIN
select @show_factory=@厂家编号+'  '+@厂家名称
print @show_factory
FETCH next from Products_cursor3 into @厂家编号,@厂家名称
end
CLOSE Products_cursor3
DEALLOCATE Products_cursor3
```

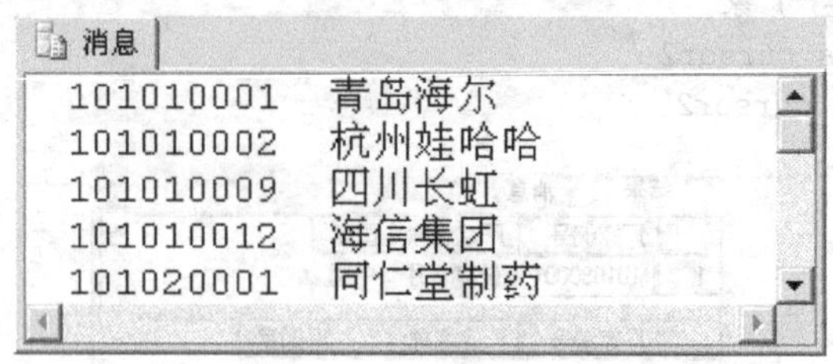

图 7-9 利用游标遍历显示整个结果集

【说明】本例是利用游标遍历显示整个结果集。定义变量和游标后，打开游标，先提取第一条纪录，通过判断@@FETCH_STATUS 进行循环，利用变量打印输出结果，直到显示完结果集。

7.4 事务

事务是单个的工作单元。如果某一事务成功，则在该事务中进行的所有数据修改均会提交，成为数据库中的永久组成部分。如果遇到错误，则必须取消或回滚，所有的数据修改全部清除。例如，修改“商品信息”表中的条形码后，应该立即修改“销售明细”表中对应商品的条形码，这两个操作要么全都做，要么都不做。如果修改“商品信息”表中的条形码成功完成，而对“销售明细”表中的条形码出现了错误，则对“商品信息”表中条形码的修改也应被撤销，否则会造成无法提取商品名称的情况。

事务有四个特性（ACID）即原子性（A）、一致性（C）、隔离性（I）和持久性（D）。

- 原子性：事务必须是原子工作单元，对于其数据修改，要么全都执行，要么全都不执行。
- 一致性：事务在完成时，必须使所有的数据都保持一致状态。在相关数据库中，所有规则都必须应用于事务的修改，以保持所有数据的完整性。事务结束时，所有的内部数据结构都必须是正确的。
- 隔离性：由并发事务所作的修改必须与任何其他并发事务所作的修改隔离。事务识别数据时数据所处的状态，要么是另一并发事务修改它之前的状态，要么是第二个事务修改它之后的状态，而不能查看中间状态的数据。
- 持久性：事务完成后对系统的影响是永久性的。

SQL Server 以下列事务模式运行。

- 自动提交事务：每条单独的语句都是一个事务。
- 显式事务：每个事务均以 BEGIN TRANSACTION 语句显式开始，以 COMMIT 或 ROLLBACK 语句显式结束。
- 隐式事务：在前一个事务完成时新事务隐式启动，但每个事务仍以 COMMIT 或 ROLLBACK 语句显式完成。
- 批处理级事务：只能应用于多个活动结果集（MARS），在 MARS 会话中启动的 Transact-SQL 显式或隐式事务变为批处理级事务。当批处理完成时没有提交或回滚的批处理级事务自动由 SQL Server 进行回滚。

7.4.1　显式事务的处理

显式事务是指能够显式地在其中定义事务的开始和结束的事务。Transact-SQL 脚本使用 BEGIN TRANSACTION、COMMIT TRANSACTION、COMMIT WORK、ROLLBACK TRANSACTION 或 ROLLBACK WORK Transact-SQL 语句定义显式事务。

1. BEGIN TRANSACTION

该语句标记一个显式本地事务的起始点。

语法格式如下：

```
BEGIN { TRAN | TRANSACTION } 事务名
    [ WITH MARK [ '描述' ] ]
```

参数说明：

- 事务名：命名时应遵循标识符规则，但是不允许标识符多于 32 个字符。
- WITH MARK ['描述']：指定在日志中标记事务。要注意的是：若使用了 WITH MARK，则一定要指定事务名，WITH MARK 允许将事务日志还原到命名标记。

【例 7-25】设置事务“First_T1”的起始点。

```
BEGIN TRANSACTION First_T1
```

2. COMMIT TRANSACTION

COMMIT TRANSACTION 标志一个成功的隐式事务或显式事务的完成。

语法格式如下：

```
COMMIT { TRAN | TRANSACTION } 事务名
```

【例 7-26】标记显示事务“First_T1”被成功执行。

```
COMMIT TRANSACTION First_T1
```

3. ROLLBACK TRANSACTION

ROLLBACK TRANSACTION 将显式事务或隐式事务回滚到事务的起点或事务内的某个保存点。

语法格式如下：

```
ROLLBACK { TRAN | TRANSACTION } 事务名
```

【例 7-27】回滚事务“First_T1”。

```
ROLLBACK TRANSACTION First_T1
```

【例 7-28】对条形码为“6903531111020”的商品零售价降价 10%，若其价格低于 15 元，则事务回滚并输出“价格低于 15 元，不进行更新!”的信息。

```
BEGIN TRANSACTION
UPDATE 商品信息
set 零售价=零售价*0.9
```

```
WHERE 条形码='6903531111020'
IF(select 零售价 from 商品信息 where 条形码='6903531111020')<15
BEGIN
 ROLLBACK TRANSACTION
 PRINT '价格低于 15 元，不进行更新!'
END
ELSE
BEGIN
 COMMIT TRANSACTION
 PRINT '价格修改完毕! '
END
```

7.4.2 隐式事务

隐式事务表示在当前事务提交或回滚后，SQL Server 自动开始的事务。隐式事务无须使用 BEGIN TRANSACTION 语句标志事务的开始，只需结束或回滚事务。在回滚后，SQL Server 又自动开始一个新的事务。

启动隐式事务模式：SET IMPLICIT_TRANSACTIONS ON

关闭隐式事务模式：SET IMPLICIT_TRANSACTIONS OFF

结束或回滚事务：COMMIT TRANSACTION、COMMIT WORK、ROLLBACK TRANSACTION 或 ROLLBACK WORK

【例 7-29】隐式事务的应用。

（1）启动 SQL Server Management Studio 并打开一个“新建查询”窗口。

（2）设置连接为隐式事务模式。

```
SET IMPLICIT_TRANSACTIONS ON
GO
```

（3）检验事务是否已经启动。

```
CREATE TABLE Table1    --创建一个表
    (C1 int PRIMARY KEY)
```

（4）使用@@TRANCOUNT 测试一个事务是否已经打开。

```
SELECT @@TRANCOUNT AS [Transaction Count]
```

（5）结果为“1”表示当前连接已经打开了一个事务。结果为“0”表示当前没有事务，若结果大于“1”表示有嵌套事务。

（6）向表中插入一条记录后再次检查@@TRANCOUNT。

```
INSERT INTO Table1 VALUES(10)
GO
SELECT @@TRANCOUNT AS [Transaction Count]
```

@@TRANCOUNT 的值仍为“1”。因为已经打开了一个事务，所以 SQL Server 没有开始一个新的事务。

（7）回滚该事务并再次检查@@TRANCOUNT。可以看出，执行完 ROLLBACK TRANSACTION 语句后，@@TRANCOUNT 的值转变为“0”。

```
ROLLBACK TRANSACTION
GO
SELECT @@TRANCOUNT AS [Transaction Count]
```

（8）查询表 Table1 中的数据。

```
SELECT * FROM Table1
/*
```

因为表已经不存在，所以将得到一个错误信息。这个隐式事务起始于 CREATE TABLE 语句，并且 ROLLBACK TRAN 语句取消了第一个语句后所做的所有工作。

```
*/
```

（9）关闭隐式事务。

```
SET IMPLICIT_TRANSACTIONS OFF
```

【注意】使用隐式事务时不能忘记提交或回滚事务。由于没有显式的 BEGIN TRANSACTION 语句，这些步骤很容易被遗忘，并导致事务长期运行，在连接关闭时产生的不必要的回滚，以及与其他连接之间产生的阻塞问题。

7.4.3 自动提交事务

自动提交模式是 SQL Server 的默认事务管理模式。每个 Transact-SQL 语句完成时都被提交或回滚。若一个语句被成功执行，则提交该语句；若遇到错误，则回滚该语句。只要自动提交模式没有被显式或隐式事务替代，SQL Server 连接就以该默认模式进行操作。自动提交模式也是 ADO、OLE DB、ODBC 和 DB-Library 的默认模式。

SQL Server 连接在 BEGIN TRANSACTION 语句启动显式事务或隐式事务模式设置为打开之前，将以自动提交模式进行操作。当提交或回滚显式事务或者关闭隐式事务模式时，SQL Server 将返回到自动提交模式。

【例 7-30】自动提交事务实例：创建一个表，并向表中插入三条记录，并检验记录是否被插入。

```
USE ProductsSALES
GO
CREATE TABLE 自动提交事务练习1(列a INT PRIMARY KEY, 列b CHAR(5))
GO
INSERT INTO 自动提交事务练习1 VALUES (1,'aaaaa')
INSERT INTO 自动提交事务练习1 VALUES (2,'bbbbb')
INSERT INTO 自动提交事务练习1 VALSYE (3,'ccccc')  /*VALSYE 符号错误*/
GO
SELECT * FROM 自动提交事务练习1   /*不能返回任何结果 */
GO
```

【说明】由于编译错误，第三个批处理中的任意 INSERT 语句都没有执行（实际是前两个 INSERT 语句没有执行便进行了回滚）。

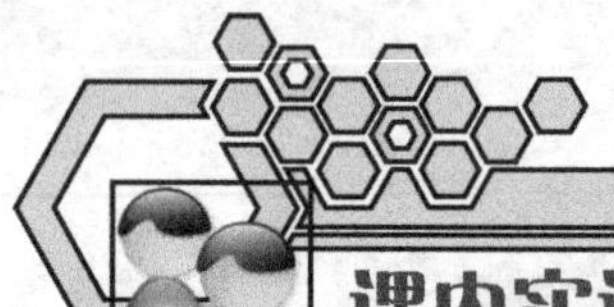

课内实训　学生成绩管理数据库存储过程、触发器及游标的应用

※ 任务描述

1. 创建存储过程 p_stu1，要求能够显示学生基本信表中的数据。

2. 创建触发器 t_stu1，若向学生基本信息表中输入新数据后，即显示“祝贺你！向学生基本信息表输入信息成功完成！”。

3. 查看触发器 t_stu1 的定义。

4. 使用游标显示系部表的整个结果集。

※ 技术要点

1. 创建存储过程可以使用 CREATE PROCEDURE 语句。

2. 创建触发器可以使用 CREATE TRIGGER 语句。

3. 使用系统存储过程 sp_helptext 查看触发器的定义。

4. 利用游标遍历显示整个结果集。

※ 实现过程

1.

```
CREATE PROCEDURE p_stu1
AS
SELECT * FROM 学生基本信息
```

2.

```
CREATE TRIGGER t_stu1
   ON 学生基本信息
   AFTER INSERT
   AS
   PRINT '祝贺你！向学生基本信息表输入信息成功完成！'
```

3.

```
sp_helptext t_stu1
```

4.

```
USE 学生成绩
GO
DECLARE @系部编码 varchar(3), @系部名称 varchar(50),@show_part varchar(100)
DECLARE cur_stu1 CURSOR FOR
SELECT * FROM 系部
OPEN cur_stu1
fetch next from cur_stu1 into @系部编码, @系部名称
WHILE @@FETCH_STATUS = 0
```

```
BEGIN
select @show_part=@系部编码+'  '+@系部名称
print @show_part
FETCH next from cur_stu1 into @系部编码, @系部名称
end
CLOSE cur_stu1
DEALLOCATE cur_stu1
```

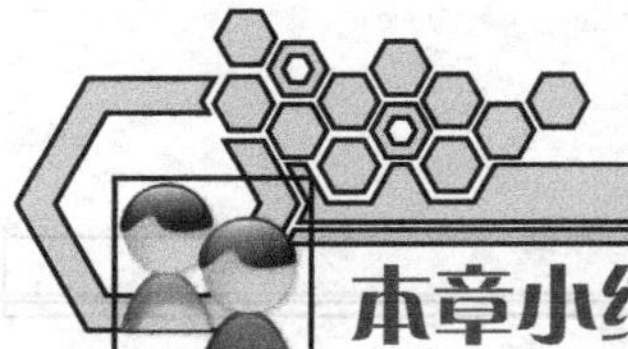

本章小结

- 存储过程是一组为了完成特定功能的 Transact-SQL 语句的集合，经编译后存储在数据库服务器中，可以接收参数并返回状态值和参数值。
- 存储过程可以分为系统存储过程、用户定义存储过程和扩展存储过程等。
- 使用 CREATE PROCEDURE 来创建存储过程、使用 ALTER PROCEDURE 来修改存储过程、使用 DROP PROCEDURE 删除存储过程。
- 存储过程创建完成后，可以使用 EXECUTE 语句来执行存储过程。
- 可以通过“对象资源管理器”窗口创建、修改及删除存储过程。
- 触发器是一种特殊的存储过程，它在执行语言事件时自动生效。SQL Server 包括两大类触发器：DML 触发器和 DDL 触发器。
- DML 触发器是当数据库服务器中对表或视图发出 UPDATE、INSERT 或 DELETE 语句等数据操作语言（DML）事件时要执行的操作。
- DDL 触发器是为响应以 CREATE、ALTER 和 DROP 开头的数据定义语言（DDL）语句而激发。
- 使用 CREATE TRIGGER 语句创建触发器、使用 ALTER TRIGGER 语句修改触发器、使用 DROP TRIGGER 语句删除触发器。
- 使用系统存储过程 sp_help 查看触发器的基本信息，包括触发器名称、所有者、类型及创建时间。
- 使用系统存储过程 sp_helptext 查看触发器的定义。
- SQL Server 支持 3 种类型的游标：Transact-SQL 游标、应用程序编程接口（API）服务器游标和客户端游标。
- 事务是单个的工作单元。如果某一事务成功，则在该事务中进行的所有数据修改均会提交，成为数据库中的永久组成部分。如果遇到错误，则必须取消或回滚，所有的数据修改全部清除。
- 事务有 4 个特性（ACID），即原子性（A）、一致性（C）、隔离性（I）和持久性（D）。
- 显式事务是指能够显式地在其中定义事务的开始和结束的事务。Transact-SQL 脚本使用 BEGIN TRANSACTION、COMMIT TRANSACTION、

COMMIT WORK、ROLLBACK TRANSACTION 或 ROLLBACK WORK Transact-SQL 语句定义显式事务。

- 自动提交模式是 SQL Server 的默认事务管理模式。每个 Transact-SQL 语句完成时，都被提交或回滚。
- 隐式事务表示在当前事务提交或回滚后，SQL Server 自动开始的事务。隐式事务无须描述事务的开始，只需提交或回滚每个事务。

测试与练习

1．以下哪个选项是创建存储过程的语句？（　）

A．CREATE TRIGGER　　B．CREATE PROCEDURE

C．CREATE VIEW　　D．CREATE TABLE

2．下列哪些选项可用于检索游标中的记录？（　）

A．DEALLOCATE　　B．DROP

C．FETCH　　D．CREATE

E．OPEN

3．下列哪条 Transact-SQL 语句能够声明游标？（　）

A．OPEN　　B．CLOSE

C．FORWARD_ONLY　　D．DECLARE

4．以下哪个选项是创建触发器的语句？（　）

A．CREATE VIEW　　B．CREATE PROCEDURE

C．CREATE TRIGGER　　D．CREATE TABLE

5．（　）触发器是为响应以 CREATE、ALTER 和 DROP 开头的数据定义语言语句而激发。

A．DDL　　B．DML

C．AFTER　　D．INSTEAD OF

6．触发器语句中使用了哪些特殊的表？（　）

A．deleted 表和 inserted 表

B．update 表和 inserted 表

C．select 表和 deleted 表

D．以上都是

7．（　）是 SQL Server 中的执行单元，它可以是一条 SQL 语句、一组 SQL 语句或整个程序。这些操作要么都做、要么都不做，是一个不可分割的工作单位。

A．事务　　B．更新

C．插入　　D．以上都不是

8．下列选项中哪个语句用于清除自最近的事务语句以来所有的修改？（　）

A．COMMIT TRANSACTION　　B．ROLLBACK TRANSACTION

C．BEGIN TRANSACTION　　D．SAVE TRANSACTION

9．下列选项中哪个语句是用于定义事务的起始点的？（　）

A．COMMIT TRANSACTION　　B．ROLLBACK TRANSACTION

C．BEGIN TRANSACTION　　D．SAVE TRANSACTION

10．下列选项中哪个语句能够提交一个事务？（　）

A．COMMIT TRANSACTION

B．ROLLBACK TRANSACTION

C．BEGIN TRANSACTION

D．SAVE TRANSACTION

11．下列选项中哪个语句能够回滚事务？（　　）

A．COMMIT TRANSACTION

B．ROLLBACK TRANSACTION

C．BEGIN TRANSACTION

D．SAVE TRANSACTION

12．简述在存储过程或触发器中使用 Transact-SQL 游标的典型过程。

13．SQL Server 支持哪几种类型的游标？

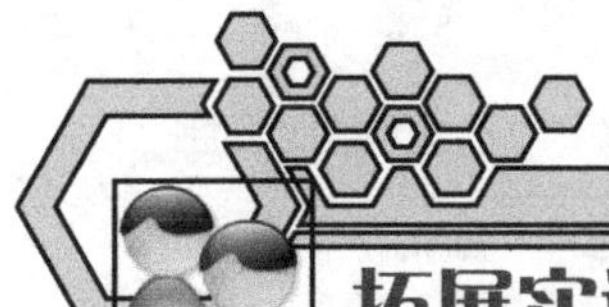

拓展实训 1　学生成绩管理系统中存储过程、触发器及游标综合应用

【实训目标】

1．掌握存储过程、触发器的创建、修改及删除。

2．掌握存储过程、触发器及游标在学生成绩管理系统中的应用。

3．学会使用触发器来维护学生成绩管理系统的数据完整性。

【预估时间】

90 分钟

【实训步骤】

1．存储过程在学生成绩管理系统中的应用。

（1）创建存储过程 p_stu2，要求能够根据学生学号显示学生的基本信息。

（2）创建存储过程 p_stu3，要求能够根据学生学号显示学生的姓名及各科成绩（说明：学生成绩与学生姓名分属于不同的两个表）。

（3）创建带输入参数的存储过程 p_stu5，要求能够通过参数传递的方式向系部表中添加新的记录。

（4）创建带输入参数的存储过程 p_stu6，要求能够通过学号修改学生基本信息表中的学生姓名。

（5）删除存储过程 p_stu1。

2．触发器在学生成绩管理系统中的应用。

（1）创建触发器 t_stu2，若学生基本信息表中学号被修改时，学生成绩表中对应的数据也相应发生变化。

（2）创建触发器 t_stu3，若更改成绩表中的数据，即显示“已对成绩表中的内容修改完毕！”。

（3）创建触发器 t_stu4，若删除课程表中的行数据，将同时删除成绩表中该课程的全部数据。

（4）创建触发器 t_stu5，若删除学生基本信息表中的学生数据，则删除成绩表中相应的记录。

3．游标在学生成绩管理系统中的应用。

使用游标显示成绩表内课程编码（kcno）为“0001”的结果集。

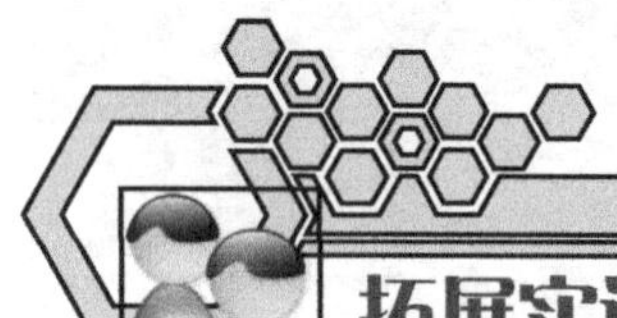

拓展实训 2　学生成绩管理系统数据库中事务的应用

【实训目标】

1．掌握 SQL Server 事务的基本操作。

2．掌握学生成绩管理系统数据库中事务的应用。

【预估时间】

40 分钟

【实训步骤】

1．定义一个事务，提交该事务后，将考试课程为“英语”且成绩小于 90 分的学生成绩增加 5%。

2．定义一个事务，当一个学号为“200601001”的学生退学后，如果学生基本信息表中相关数据被删除后，成绩表中的相应数据也要被删除。

第8章 SQL Server 2008 的安全管理

【知识目标】

- 掌握登录名的创建与管理。
- 掌握角色和用户的创建与管理。
- 了解数据控制语言对数据库权限的控制。

【技能目标】

- 能够设置登录名、角色和用户。

8.1 创建与管理登录名

账户要使用系统必须登录，SQL Server 在整个服务器范围管理登录。登录名存储在 master 数据库的 syslogins 系统表中。

8.1.1 登录名的创建

1. 在可视化环境中创建登录名

（1）启动 SQL Server Management Studio，在“对象资源管理器”窗口中展开实例节点→选择“安全性”→选择“新建”→在“登录”处单击鼠标右键，如图 8-1 所示。

（2）在“登录名-新建”对话框中的选项页中有五个选项：常规、服务器角色、用户映射、安全对象及状态，如图 8-2 所示。

①“常规”选项。

- 登录名：键入或选择 SQL Server 登录名。
- Windows 身份验证：对该登录账户使用 Windows 身份验证。

- SQL Server 身份验证：对登录账户使用 SQL Server 身份验证。

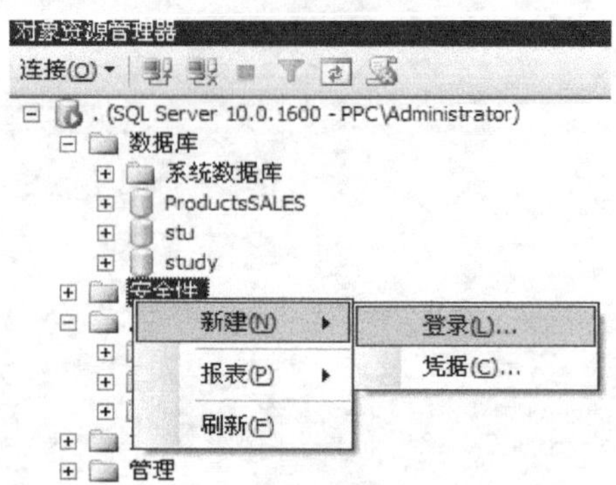

图 8-1　新建登录名

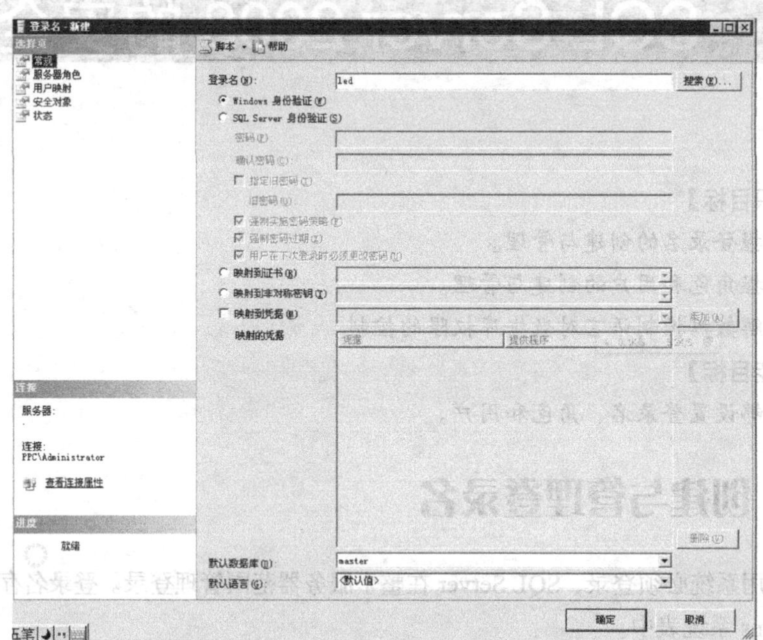

图 8-2　新建登录名对话框

➢ 强制实施密码策略：对登录账户强制实施密码策略，是 SQL Server 身份验证的默认设置。

➢ 强制密码过期：对登录账户强制实施密码过期策略，选择“强制实施密码策略”后方能启用此项。

➢ 用户在下次登录时必须更改密码：首次使用新登录名时，SQL Server 将提示用户输入新密码。

- 映射到证书：表示该登录账户与某个证书相关联。
- 映射到非对称密钥：表示该登录账户与某个非对称密钥相关联。
- 默认数据库：为该登录账户选择默认的数据库。
- 默认语言：为该登录账户选择默认的语言。

②“服务器角色”选项。

服务器角色用于向用户授予服务器范围内的安全特性，如图 8-3 所示。

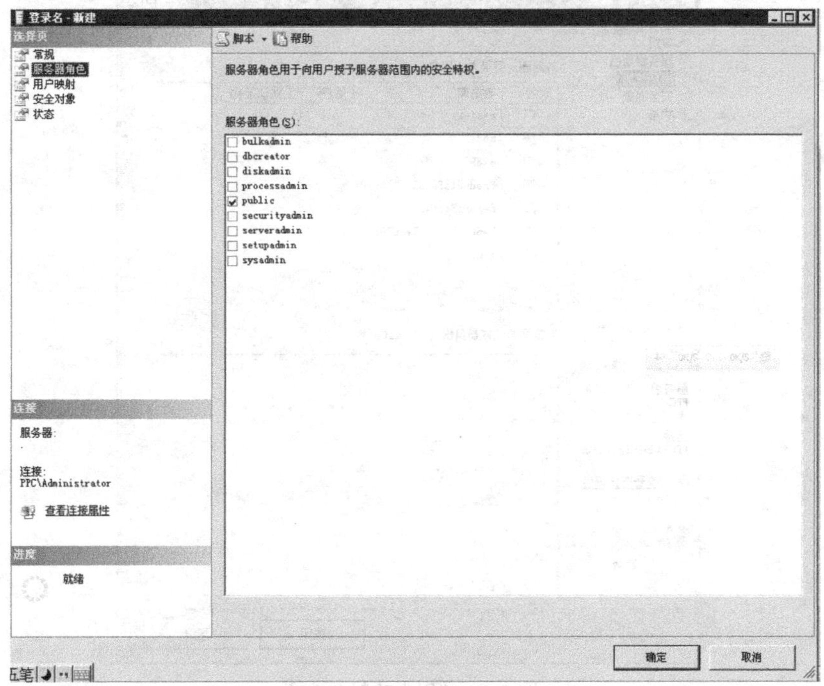

图 8-3 “服务器角色”选项

- bulkadmin：该成员能够运行 BULK INSERT 语句。
- dbcreator：该成员能够创建、更改、删除和还原任何数据库。
- diskadmin：该成员能够管理磁盘文件。
- processadmin：该成员能够终止在数据库引擎实例中运行的进程。
- securityadmin：该成员能管理登录名及其属性。
- serveradmin：该成员能够更改服务器范围的配置选项和关闭服务器。
- setupadmin：该成员能够添加和删除链接服务器，并执行某些系统存储过程。
- sysadmin：该成员能够在数据库引擎中执行任何活动。默认情况下，本地管理员组的所有成员都是 sysadmin 固定服务器角色的成员。

③ “用户映射”选项。

“用户映射”选项如图 8-4 所示。

- 映射到此登录名的用户：选择此登录名可以访问的数据库。选择某个数据库时，在“数据库角色成员身份: <数据库名>”窗格中将显示其有效的数据库角色。
- 映射：允许登录名访问列出的数据库。
- 数据库：列出服务器上可用的数据库。
- 用户：指定要映射到登录名的数据库用户，默认情况下，数据库用户名与登录名相同。
- 默认架构：指定用户的默认架构，初次创建用户时，其默认架构是 dbo。
- 已启用 Guest 账户:<数据库名>：这是一个只读属性，指示当前数据库是否已启用 Guest 账户。
- 数据库角色成员身份:<数据库名>：选择用户在当前数据库中的角色。在每个数据库中，所有用户都是 public 角色的成员，并且不能被删除。

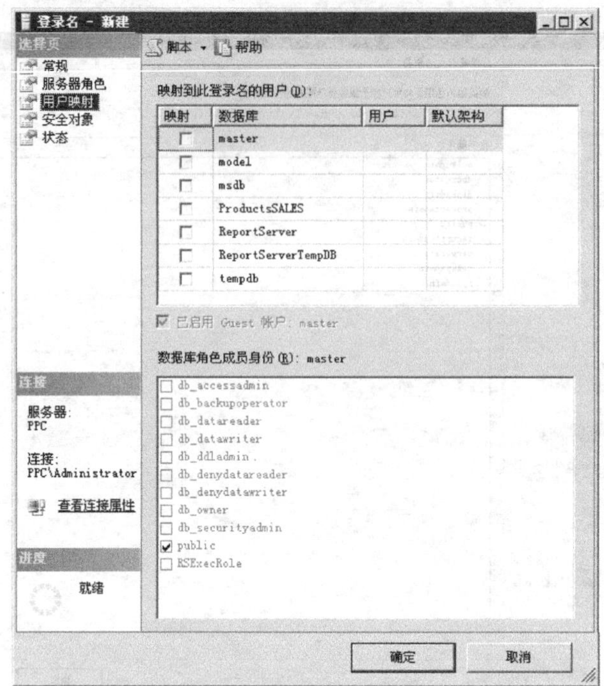

图 8-4 “用户映射“选项

④“安全对象”选项。

使用“安全对象”选项能够查看或设置数据库安全对象的权限。单击“添加”按钮能够将选项添加到上部的网格内，然后在“显式权限”网格中为其设置适当的权限，如图 8-5 所示。

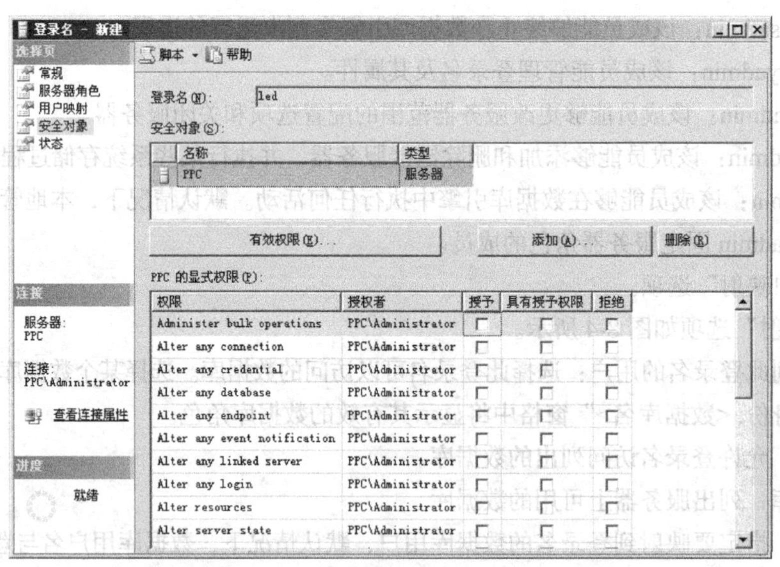

图 8-5 “安全对象“选项

- “安全对象”网格：此网格中能够添加、删除要设置权限的对象或主体。
- “显式权限”网格：列出了“安全对象”网格中所选安全对象的可能权限。选中或清除“授予”、“具有授予权限”和“拒绝”复选框对这些权限进行配置。

⑤“状态”选项。

“状态”选项能够配置所选 SQL Server 登录名的一些身份验证和授权选项，如图 8-6 所示。

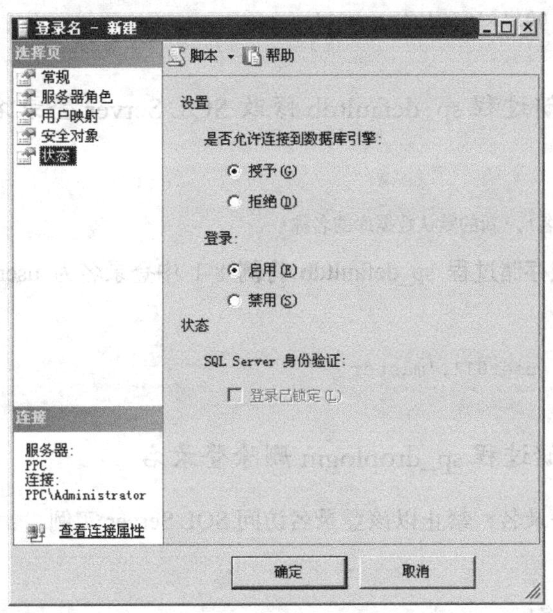

图 8-6 “状态“选项

- 连接到数据库引擎的权限：选择“授予”，将允许此登录连接到 SQL Server 数据库引擎实例，选择“拒绝”，将阻止此登录的连接。
- 登录：通过该选项能够启用或禁用此登录名。

2. 使用系统存储过程 sp_addlogin 创建登录名

系统存储过程 sp_addlogin 能够创建新的 SQL Server 登录，该登录允许用户使用 SQL Server 身份验证连接到 SQL Server 实例。

语法格式如下：

```
sp_addlogin '登录名','密码','默认数据库'[ ,'默认语言' ]
```

【例 8-1】使用存储过程 sp_addlogin 创建登录账户 user01,密码为“001”，默认数据库为 PruductsSALES。

```
EXEC sp_addlogin 'user01','001','ProductsSALES'
GO
```

8.1.2 维护登录名

1. 使用系统存储过程 sp_password 添加或更改用户密码

语法格式如下：

```
sp_password '原密码','新密码','登录名'
```

【例 8-2】使用系统存储过程 sp_password 将例 8-1 中创建登录名为 user01 的密码修改为“000”。

```
EXEC sp_password '001','000','user01'
GO
```

2. 使用系统存储过程 sp_defaultdb 修改 SQL Server 登录名的默认数据库

语法格式如下：

```
sp_defaultdb '登录名','新的默认数据库的名称'
```

【例 8-3】使用系统存储过程 sp_defaultdb 将例 8-1 中登录名为 user01 的默认数据库修改为 master。

```
EXEC sp_defaultdb 'user01','master'
GO
```

3. 使用系统存储过程 sp_droplogin 删除登录名

删除 SQL Server 登录名，禁止以该登录名访问 SQL Server 实例。
语法格式如下：

```
sp_droplogin '登录名'
```

【例 8-4】使用系统存储过程 sp_droplogin 删除登录名 user01。

```
EXEC sp_droplogin 'user01'
GO
```

8.2 角色和用户的创建与管理

8.2.1 角色类型

SQL Server 2008 中有两种类型的角色：服务器角色和数据库角色。

1. 服务器角色

服务器角色在其作用域内属于服务器范围，服务器角色的每个成员都可以向其所属角色添加登录名。SQL Server 2008 提供了下列服务器角色，如表 8-1 所示。

表 8-1　服务器角色

服务器角色	描　述
sysadmin	能够在 SQL Server 中执行任何活动
serveradmin	能够设置服务器范围的配置选项，关闭服务器
securityadmin	安全管理员，可以管理登录服务器权限
setupadmin	能够添加和删除链接服务器，并且也可以执行某些系统存储过程
processadmin	管理在 SQL Server 中运行的进程

续表

服务器角色	描　述
dbcreator	能够创建、更改、删除和还原任何数据库
diskadmin	能够管理磁盘文件
bulkadmin	能够执行 BULK INSERT 语句

2. 数据库角色

数据库角色是在数据库级别定义的，并且存在于每个数据库中。数据库角色包括：db_owner、db_accessadmin、db_securityadmin、db_ddladmin、db_backupoperator、db_datareader、db_datawriter、db_denydatareader、db_denydatawriter 等，如表 8-2 所示。

表 8-2　数据库角色

数据库角色	描　述
db_owner	数据库的所有者，能够执行数据库的所有管理操作
db_accessadmin	能够添加或删除用户 ID
db_securityadmin	执行语句及对象权限管理
db_ddladmin	能够增加、修改或删除数据库中的对象
db_backupoperator	能够执行数据库备份和还原
db_datareader	能够读取用户表中的所有数据
db_datawriter	能够更改用户表中的所有数据
db_denydatareader	禁止用户查看用户表中的数据
db_denydatawriter	禁止修改任意用户表中的数据

8.2.2　角色的创建与管理

1. 在可视化环境中创建角色

数据库角色是针对某一具体的数据库而言的，其作用域为该数据库范围。

【例 8-5】在可视化环境中向 ProductsSALES 数据库中添加数据库角色 myled。

（1）启动 SQL Server Management Studio，在“对象资源管理器”窗口中展开实例节点→选择“安全性”→选择“角色”，在“数据库角色”处单击鼠标右键，在弹出菜单中选择“新建数据库角色”选项，如图 8-7 所示。

（2）在“新建数据库角色”对话框中需要设置如图 8-8 所示各项。

- 角色名称：该处输入角色名称。
- 所有者：显示角色的所有者。
- 此角色拥有的架构：选择或查看此角色拥有的架构。
- 此角色的成员：从所有可用数据库用户的列表中选择角色的成员身份。

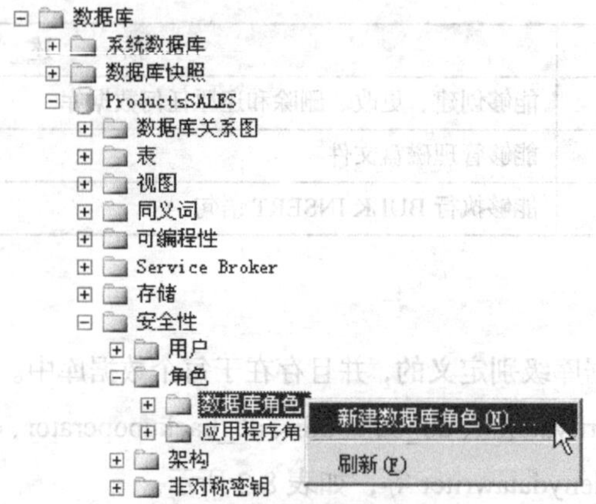

图 8-7 新建数据库角色

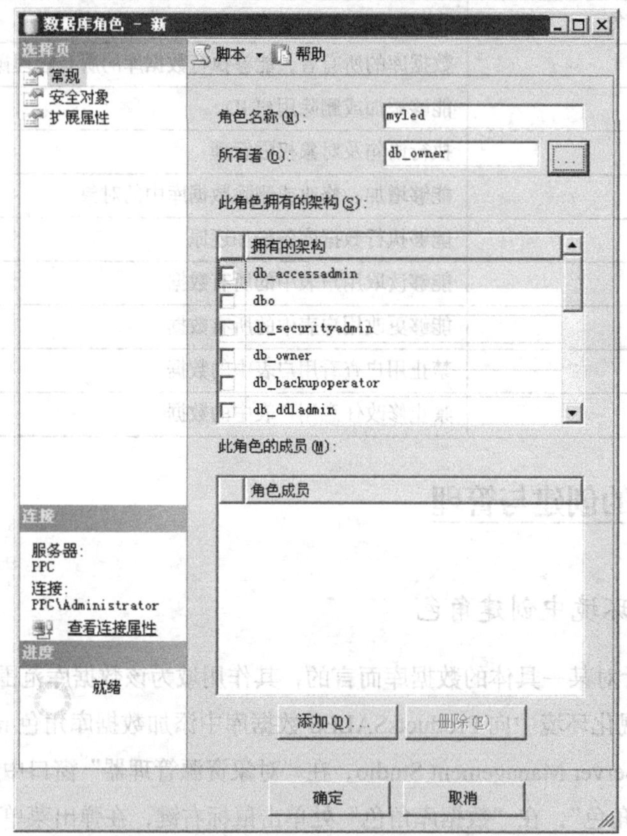

图 8-8 数据库角色“常规”项

以上选项设置完后，根据需要再设置“安全对象”及“扩展属性”项中的相关选项。

（3）单击“确定”按钮，完成新角色的创建。

2. 使用 Transact-SQL 语句创建与管理角色

（1）添加角色。

使用系统存储过程 sp_addrole 能够为当前数据库创建一个新的角色。

语法格式如下：

```
sp_addrole '角色名称','角色的所有者'
```

【例 8-6】向 ProductsSALES 数据库中添加名为 OfficeWorker 的新角色。

```
USE ProductsSALES
GO
EXEC sp_addrole 'OfficeWorker'
```

（2）删除角色。

使用系统存储过程 sp_droprole 删除当前数据库中的角色。

语法格式如下：

```
sp_droprole '角色名称'
```

【注意】首先应删除数据库角色的所有成员，然后才能删除该数据库角色。不能在用户定义的事务内执行 sp_droprole。

【例 8-7】将 ProductsSALES 数据库名为 OfficeWorker 的角色删除。

```
USE ProductsSALES
GO
EXEC sp_droprole 'OfficeWorker'
```

（3）添加数据库角色成员。

使用系统存储过程 sp_addrolemember 添加数据库角色成员。

语法格式如下：

```
sp_addrolemember '角色名称','用户名'
```

（4）删除数据库角色成员。

使用系统存储过程 sp_droprolemember 删除数据库角色成员。

语法格式如下：

```
sp_droprolemember '角色名称','用户名'
```

8.2.3　数据库用户的管理

1. 可视化环境下对用户的管理

在某个数据库下依次展开“安全性”→选择“用户”，在“用户”处单击鼠标右键，在弹出菜单中选择“新建用户”选项，如图 8-9 所示。

在打开的新建数据库用户对话框内进行如下各项的设置，如图 8-10 所示。

- 用户名：为所选登录名输入用户名。
- 登录名：创建新用户时，从列表中选择一个登录名。如果对现有用户进行编辑，则不能更改此选项。

- 证书名称：若创建新用户时使用了证书，将显示证书名称。
- 密钥名称：若创建新用户时使用了非对称密钥，将显示密钥名称。
- 无登录名：指示登录名是使用 WITHOUT LOGIN 子句创建的。
- 默认架构：除非另行指定，否则指定该用户所创建对象所属的架构。
- 此用户拥有的架构：在此选择或查看该用户拥有的架构。
- 数据库角色成员身份：从所有可用的数据库角色列表中为用户选择数据库角色成员身份。

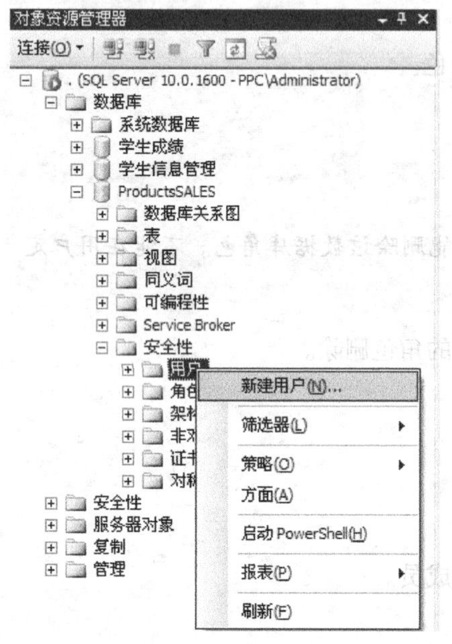

图 8-9　新建用户

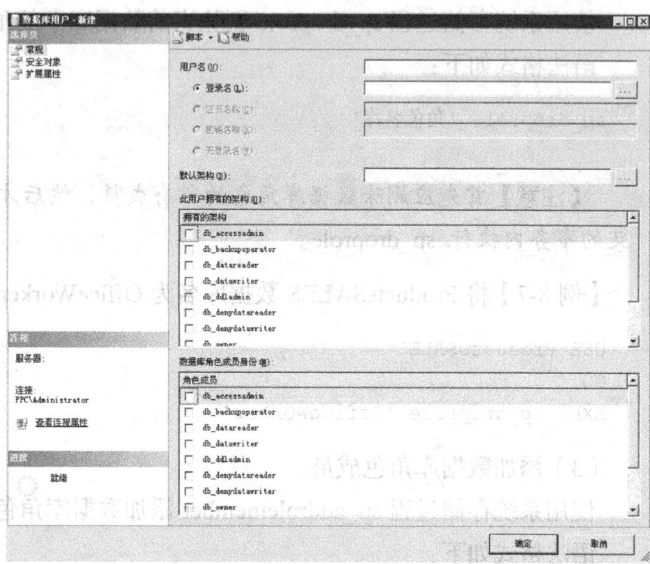

图 8-10　新建数据库用户对话框

2. 使用 Transact-SQL 语句对用户管理

（1）添加用户。

① 使用系统存储过程 sp_adduser 可以为当前数据库创建一个新的用户。

语法格式如下：

```
sp_adduser '登录名'[ , '新的用户名' ] [ , '数据库角色' ]
```

参数说明如下。

- 登录名：SQL Server 登录或 Windows 登录的名称。必须是现有的 SQL Server 登录名或 Windows 登录名。
- 新的用户名：如果未指定“新的用户名”，则用户的名称默认为登录名。
- 数据库角色：新用户成为其成员的数据库角色。

② 使用 sp_grantdbaccess 将数据库用户添加到当前数据库。

语法格式如下：

```
sp_grantdbaccess 登录名,数据库用户名
```

用户添加完成后，可以使用 GRANT、DENY 和 REVOKE 等语句来定义控制用户所执行的活

动的权限。可以使用 sp_helprole 显示有效角色名的列表，使用系统视图 sys.server_principals 显示有效登录名的列表，如图 8-11 所示。当指定一个角色时，用户能够自动地获得为该角色所定义的权限，未指定角色时，用户所获得的权限将是授予默认 public 角色的权限。如果把用户添加到角色，必须提供“新的用户名”的值。

【说明】“用户名”与“登录名”可以相同

SQLQuery1.sql ...istrator (53))*

```
select * from sys.server_principals
```

结果 | 消息

	name	principal_id	sid	type	type_desc	is_disabled
1	sa	1	0x01	S	SQL_LOGIN	0
2	public	2	0x02	R	SERVER_ROLE	0
3	sysa...	3	0x03	R	SERVER_ROLE	0
4	sec...	4	0x04	R	SERVER_ROLE	0
5	serv...	5	0x05	R	SERVER_ROLE	0
6	setu...	6	0x06	R	SERVER_ROLE	0
7	proc...	7	0x07	R	SERVER_ROLE	0
8	disk...	8	0x08	R	SERVER_ROLE	0
9	dbcr...	9	0x09	R	SERVER_ROLE	0
10	bulk...	10	0x0A	R	SERVER_ROLE	0

图 8-11 显示有效登录名的列表

【例 8-8】用现有的登录名 user01，将数据库用户 myled1 添加到 ProductsSALES 数据库中的 db_datareader 角色。

```
USE ProductsSALES
GO
EXEC sp_adduser 'user01','myled1','db_datareader'
```

（2）删除用户。

① 使用系统存储过程 sp_dropuser 能够删除当前数据库中的用户。

语法格式如下：

```
sp_dropuser '用户名'
```

②使用系统存储过程 sp_revokedbaccess 从当前数据库中删除数据库用户。

语法格式如下：

```
sp_revokedbaccess '用户名'
```

使用系统存储过程 sp_helpuser 能够显示一个可从当前数据库中删除的用户名的列表，如图 8-12 所示。

【例 8-9】将 ProductsSALES 数据库中的用户 myled1 删除。

```
USE ProductsSALES
GO
EXEC sp_dropuser 'myled1'
```

	UserName	GroupName	LoginName	DefDBName	DefSchemaNa
1	dbo	db_owner	NULL	NULL	dbo
2	guest	myled	NULL	NULL	guest
3	INFORMATION_SCHEMA	public	NULL	NULL	NULL
4	myled1	db_datareader	user01	ProductsSALES	myled1
5	sys	public	NULL	NULL	NULL

图 8-12　显示一个可从当前数据库中删除的用户名的列表

8.3 数据控制语言对数据库权限的控制

8.3.1 授予权限

GRANT 用于授予权限。

语法格式如下：

```
GRANT { ALL [ PRIVILEGES ] }
      | 权限的名称 [ ( 列名称 [ ,...n ] ) ] [ ,...n ]
      [ ON [ 类 :: ] 安全对象 ] TO 主体名称 [ ,...n ]
      [ WITH GRANT OPTION ] [ AS 主体]
```

参数说明如下。

- 安全对象为数据库时，“ALL”表示 BACKUP DATABASE、BACKUP LOG、CREATE DATABASE、CREATE DEFAULT、CREATE FUNCTION、CREATE PROCEDURE、CREATE RULE、CREATE TABLE 和 CREATE VIEW。
- 安全对象为标量函数时，“ALL”表示 EXECUTE 和 REFERENCES。
- 安全对象为表、表值函数或视图时，“ALL”表示 DELETE、INSERT、REFERENCES、SELECT 和 UPDATE。
- 安全对象为存储过程时，“ALL”表示 DELETE、EXECUTE、INSERT、SELECT 和 UPDATE。

【例 8-10】为用户 myled1 授予 CREATE TABLE 语句权限。

```
GRANT CREATE TABLE TO myled1
```

8.3.2 删除、拒绝权限

REVOKE 语句可用于删除已授予的权限，DENY 语句可用于防止主体通过 GRANT 获得特定权限。REVOKE 及 DENY 的语法与 GRANT 相似，在此不再列出。

【例 8-11】撤销为用户 myled1 授予的 CREATE TABLE 语句权限。

```
REVOKE CREATE TABLE FROM myled1
```

【例 8-12】为角色 myled 授予 SELECT 商品信息的权限。然后，拒绝用户 myled1 的特定权限。

```
USE ProductsSALES
GO
GRANT SELECT ON 商品信息 TO myled
GO
DENY SELECT,INSERT,UPDATE,DELETE ON 商品信息 TO myled1
```

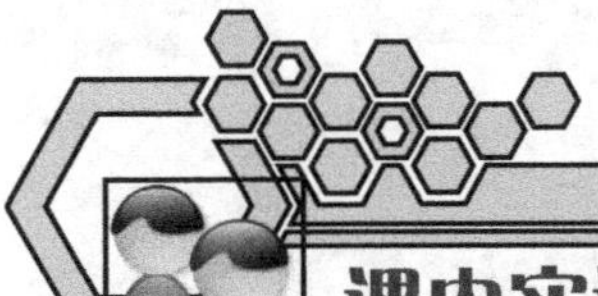

课内实训　学生成绩管理系统数据库的权限与角色管理

※ 任务描述

对于学生成绩管理系统数据库使用者而言，应根据用户的权限不同，来决定用户是否可以登录到 SQL Server 数据库，以及对数据库对象实施哪些操作。

1．创建两个登录账号。
2．创建两个数据库用户。
3．创建角色。
4．为角色及用户赋予权限。
5．拒绝、删除权限。
6．添加数据库角色成员。
7．删除数据库角色成员。

※ 技术要点

1．使用 sp_addlogin 创建登录账号。
2．使用 sp_grantdbaccess 创建数据库用户。
3．使用 sp_addrole 创建角色。
4．使用 grant 为角色及用户赋予权限。
5．使用 deny 拒绝权限、使用 revoke 删除权限。
6．使用 sp_addrolemember 添加数据库角色成员。
7．使用 sp_droprolemember 删除数据库角色成员。

※ 实现过程

1．创建两个登录账号

```
EXECUTE sp_addlogin 'StuUser1','111','学生成绩'
EXECUTE sp_addlogin 'StuUser2','222','学生成绩'
```

2．创建两个数据库用户

```
EXECUTE sp_grantdbaccess 'StuUser1','DBStuUser1'
EXECUTE sp_grantdbaccess 'StuUser2','DBStuUser2'
```

3．创建角色

```
EXECUTE sp_addrole 'StuRole1'
```

4. 为角色赋予权限

```
GRANT SELECT,INSERT ON 成绩 TO StuRole1
--为用户赋予权限
GRANT SELECT,UPDATE,DELETE ON 学生基本信息 TO DBStuUser1
```

5. 拒绝、删除权限

```
DENY UPDATE ON 学生基本信息 TO DBStuUser1,StuRole1
REVOKE SELECT ON 成绩 TO StuRole1
```

6. 添加数据库角色成员

```
EXECUTE sp_addrolemember StuRole1,DBStuUser1
EXECUTE sp_addrolemember StuRole1,DBStuUser2
```

7. 删除数据库角色成员

```
EXECUTE sp_droprolemember StuRole1,DBStuUser1
```

本章小结

- 使用系统存储过程 sp_addlogin 创建登录名。
- 使用系统存储过程 sp_password 修改用户密码，使用 sp_defaultdb 修改用户的默认数据库，使用 sp_droplogin 删除登录名。
- SQL Server 2008 中有两种类型的角色：服务器级别角色和固定数据库角色。
- 使用系统存储过程 sp_addrole 能够为当前数据库创建一个新的角色。
- 使用系统存储过程 sp_droprole 删除当前数据库中的角色。
- 使用系统存储过程 sp_adduser 或 sp_grantdbaccess 能够为当前数据库创建一个新的用户。
- 使用系统存储过程 sp_dropuser 或 sp_revokedbaccess 能够删除当前数据库中的用户。
- 数据控制语言包括：GRANT、REVOKE 和 DENY。GRANT 用于授予权限，REVOKE 语句可用于删除已授予的权限，DENY 语句可用于防止主体通过 GRANT 获得特定权限。

测试与练习

1. SQL Server 2008 中有哪几种类型的角色？（　　）

A. 服务器级别角色　　B. 固定数据库角色

C．用户　　　　D．程序员

2．SQL Server 使用哪些命令来管理权限？（　　）

A．GRANT、DENY、REVOKE

B．DELETE、DENY、REVOKE

C．SELECT、DROP、INSERT

D．CREATE、ALTER、DROP

3．可以使用系统存储过程（　　）创建新的 SQL Server 登录。

A．sp_addlogin　　　　B．sp_addrolemember

C．sp_addserverolemember　　　　D．sp_addrule

4．以下哪个服务器角色成员能够创建、更改、删除和还原任何数据库？（　　）

A．bulkadmin　　　　B．diskadmin

C．securityadmin　　　　D．dbcreator

5．可以使用（　　）为 SQL Server 登录名添加或更改密码。

A．sp_addlogin　　　　B．sp_addrolemember

C．sp_addserverolemember　　　　D．sp_password

6．可以使用（　　）更改 SQL Server 登录名的默认数据库。

A．sp_addlogin　　　　B．sp_defaultdb

C．sp_addserverolemember　　　　D．sp_password

7．可以使用（　　）删除 SQL Server 登录，禁止以该登录名访问 SQL Server 实例。

A．sp_addlogin　　　　B．sp_defaultdb

C．sp_droplogin　　　　D．sp_password

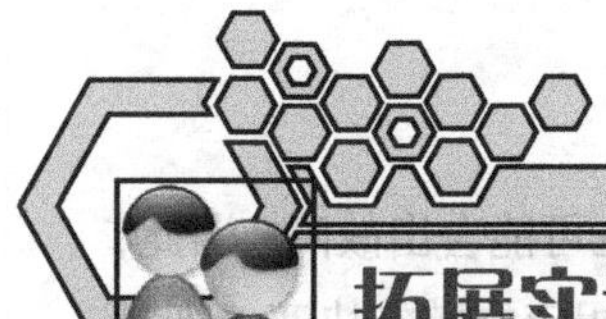

拓展实训　学生成绩管理系统数据库的安全管理

【实训目标】

1．了解 SQL Server 的安全性机制。

2．掌握 SQL Server 2008 中有关登录账户、用户角色和权限的管理。

【预估时间】

40 分钟

【实训步骤】

1．设置 SQL Server 2008 数据库服务器使用 SQL Server 和 Windows 混合认证模式。

2．创建登录账户，账户名要求为："学号"，自行设置密码。

3．创建登录账户"学号"在"学生成绩"数据库中对应的用户"学号"。

4．授予用户"学号"对"学生基本信息表"执行 SELECT 语句的许可。

第9章

数据库的备份、还原及数据的导入与导出

【知识目标】

- 掌握数据库的备份与还原的方法。
- 掌握数据的导入与导出。

【能力目标】

- 能够使用 SQL Server Management Studio 可视化操作及利用 Transact-SQL 语句进行数据库的备份及还原。

9.1 数据库的备份

数据是存放在计算机上的，但即便是最可靠的软件及硬件，也可能会出故障。因此，应该在发生意外前做好充分的准备工作，以便在发生意外之后有相应的措施快速地恢复数据库，使丢失的数据量减小到最少。

9.1.1 备份的方式

SQL Server 2008 提供了以下几种数据库备份方式。

1. 完整备份

完整备份是指备份整个数据库，包括事务日志部分。通过包括在完整备份中的事务日志，可以使用备份恢复到备份完成时的数据库。完整备份使用的存储空间比差异备份使用的存储空间大，由于完成完整备份需要更多的时间，因此创建完整备份的使用频率常常低于创建差异备份的使用频率。

2. 差异备份

差异备份是指备份自上一次完整备份之后数据库中发生变化的部分。差异备份能够加快备份操作速度，减少备份时间。

3. 事务日志备份

在完整恢复模式和大容量日志恢复模式下，执行常规事务日志备份对于恢复数据非常重要。使用事务日志备份，能够将数据库恢复到特定的时间点或故障点。

通常，事务日志备份比完整备份使用的资源少。因此，为了减少数据丢失的风险，可以比完整备份更频繁地创建事务日志备份。

4. 数据库文件和文件组备份

使用文件备份可以仅还原已损坏的文件，而不必还原数据库的其他部分，从而提高恢复速度。通常，在备份和还原操作过程中指定文件组相当于列出文件组中包含的每个文件。但是，如果文件组中的任一文件离线，则整个文件组是离线的。

9.1.2 备份设备

备份设备是指备份或还原时使用的磁带机或磁盘驱动器。在创建备份时，必须选择要将数据写入的备份设备。

1. 使用 SQL Server Management Studio 创建磁盘备份设备

【例 9-1】使用 SQL Server Management Studio 创建磁盘备份设备 MyDevice1。

（1）连接到相应的 Microsoft SQL Server Database Engine 实例之后，在对象资源管理器中，单击服务器名称以展开服务器树。

（2）展开“服务器对象”，右键单击“备份设备”，并选择“新建备份设备”，如图 9-1 所示。

（3）打开“备份设备”对话框后，输入设备名称，如图 9-2 所示。

（4）若要确定目标位置，请单击“文件”并指定该文件的完整路径。

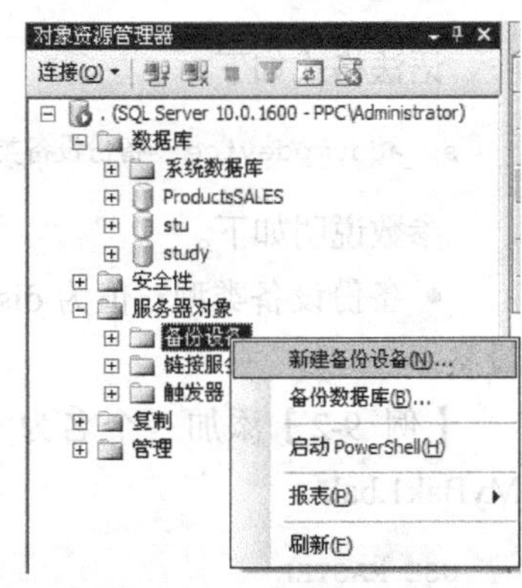

图 9-1 新建备份设备

2. 使用 SQL Server Management Studio 创建磁带备份设备

（1）连接到相应的 Microsoft SQL Server Database Engine 实例之后，在对象资源管理器中，单击服务器名称以展开服务器树。

（2）展开“服务器对象”，然后右键单击“备份设备”，并选择“新建备份设备”。

（3）打开“备份设备”对话框后，输入设备名称。

（4）为了确定要使用的备份设备，则单击“磁带”，然后选择一个未与其他备份设备相关联的磁带设备，如果没有磁带机，则“磁带”选项处于非活动状态。

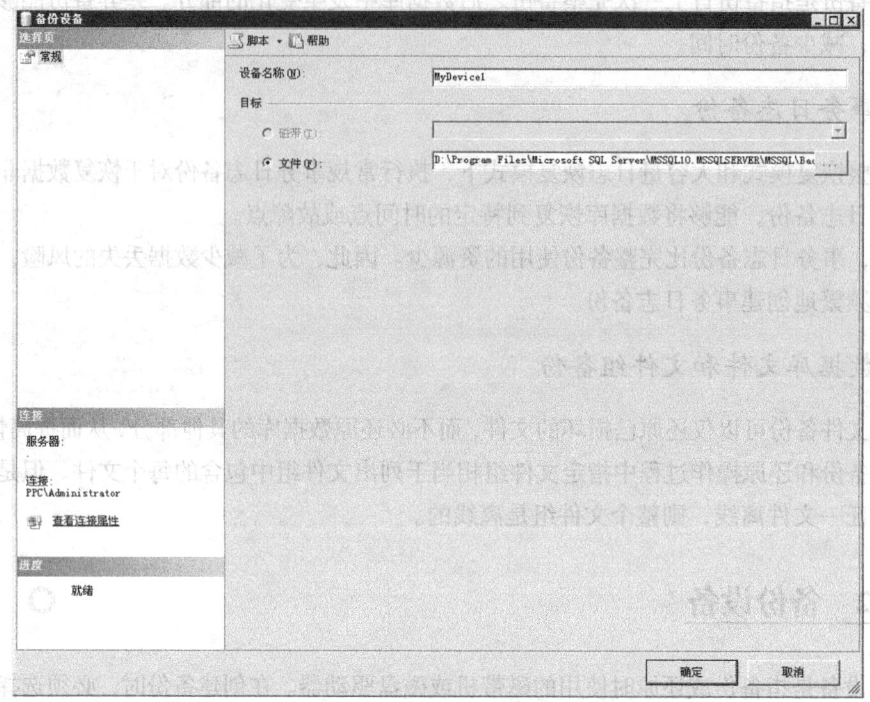

图 9-2　输入设备名称

3. 使用系统存储过程 sp_addumpdevice 创建备份设备

语法格式如下：

```
sp_addumpdevice '备份设备类型','备份设备名称','文件路径及名称'
```

参数说明如下。

- 备份设备类型：值为 disk 或 tape，其中 disk 表示硬盘文件作为备份设备，tape 表示磁带设备。

【例 9-2】添加一个名为 Myfirst_Bak 的磁盘备份设备，其物理名称为 D:\SQLBackUp\MyBak1.bak。

```
USE MASTER
GO
EXEC sp_addumpdevice 'disk', 'Myfirst_Bak', 'D:\SQLBackUp\MyBak1.bak'
```

4. 使用系统存储过程 sp_dropdevice 删除备份设备

语法格式如下：

```
sp_dropdevice '备份设备名称' [ , 'delfile' ]
```

参数说明如下。

- 'delfile'：指定是否同时删除文件。如果指定为 delfile，则删除备份文件。

【例 9-3】删除名为 Myfirst_Bak 的磁盘备份设备，并同时删除备份文件。

```
USE MASTER
GO
EXEC sp_dropdevice 'Myfirst_Bak', 'delfile'
```

9.1.3　备份的执行

1. 使用 SQL Server Management Studio 备份数据库

【例 9-4】使用 SQL Server Management Studio 备份 ProductsSALES 数据库。

（1）启动 SQL Server Management Studio，在“对象资源管理器”窗口中展开实例节点→数据库，在要备份的 ProductsSALES 数据库上单击鼠标右键，选择“任务”→“备份”，如图 9-3 所示。

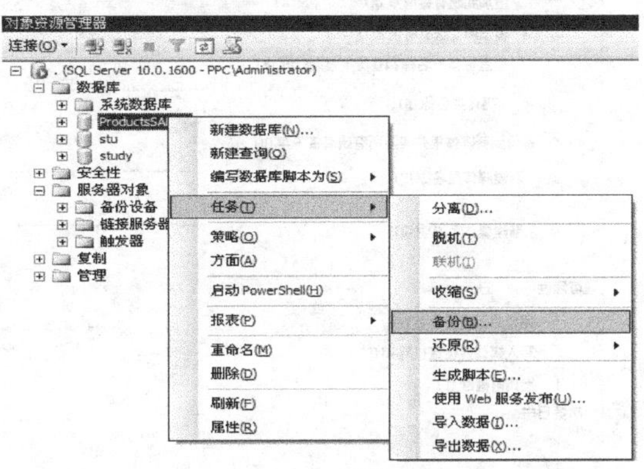

图 9-3　备份数据库

（2）在“备份数据库”对话框中的“常规”项中需要设置如下项目，如图 9-4 所示。

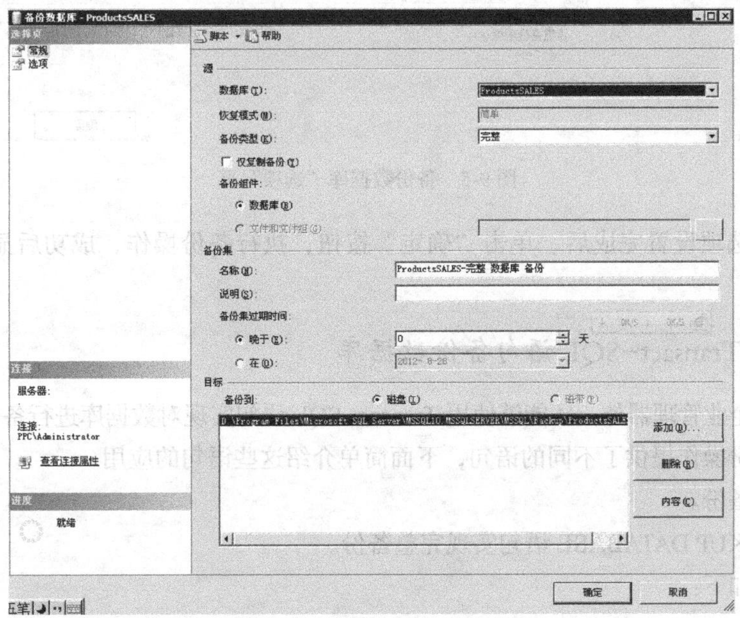

图 9-4　备份数据库“常规”页

• 数据库：在“数据库”列表框中选择 ProductsSALES。

• 备份类型：默认为“完整”，单击该下拉列表框还可以从中选择“差异”或“事务日志”选项。

• 备份组件：默认为“数据库”。

• 备份到：通过单击“磁盘”或“磁带”，选择备份目标的类型。在没有磁带机的情况下，目标自动选择为“磁盘”。

（3）在“选择页”窗格中单击“选项”，在“覆盖媒体”选项中选择“覆盖所有现有备份集”，如图 9-5 所示。

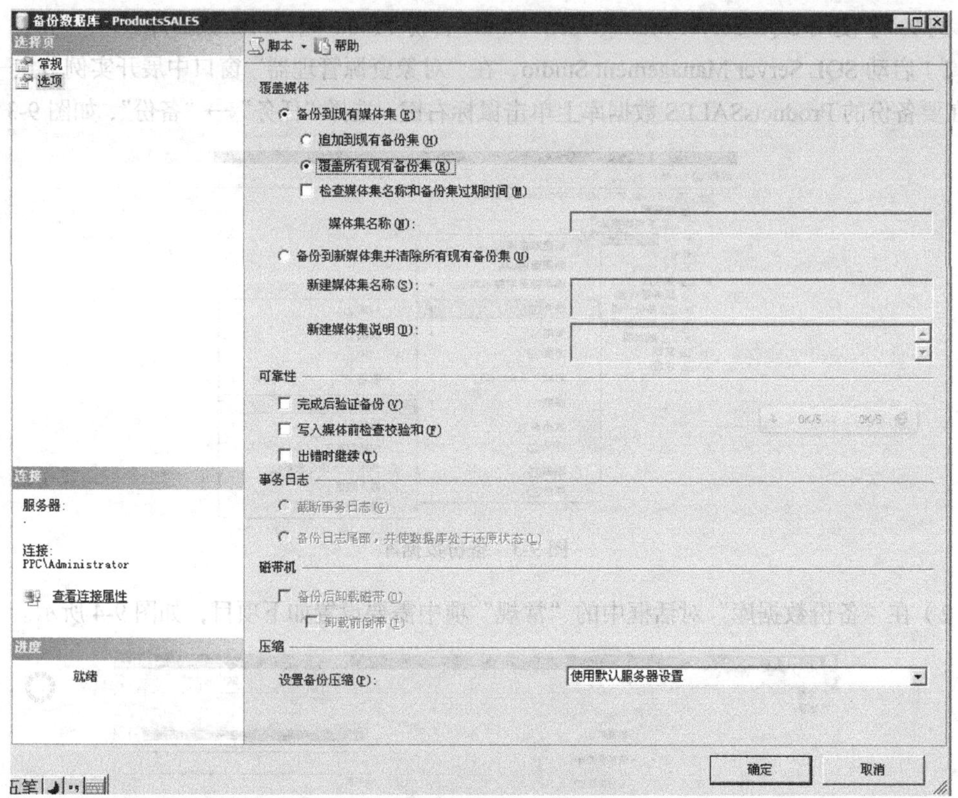

图 9-5　备份数据库“选项”页

（4）备份选项设置完成后，单击“确定”按钮，执行备份操作，成功后显示备份成功的信息。

2. 使用 Transact-SQL 语句备份数据库

除了使用企业管理器外，还能够使用 Transact-SQL 语句实现对数据库进行备份。SQL Server 针对不同的备份操作提供了不同的语句，下面简单介绍这些语句的应用。

（1）完整备份。

使用 BACKUP DATABASE 语句实现完整备份。

语法格式如下：

```
BACKUP DATABASE 数据库名
```

```
TO < 备份设备 > [ ,...n ]
[ WITH { INIT 或 NOINIT} ]
```

参数说明如下。

- INIT 或 NOINIT：INIT 表示新备份的数据覆盖当前备份设备上的每一项内容，NOINIT 表示新备份的数据添加到备份设备上已有内容的后面。

【例 9-5】完整备份 ProductsSALES 数据库，创建用于存放 ProductsSALES 数据库完整备份的逻辑备份设备 SALESData，结果如图 9-6 所示。

```
--建立一个备份设备
USE master
GO
EXEC sp_addumpdevice 'disk', 'SALESData', 'D:\ProductsSALES.bak'
--完整备份 ProductsSALES 数据库
BACKUP DATABASE ProductsSALES TO SALESData
```

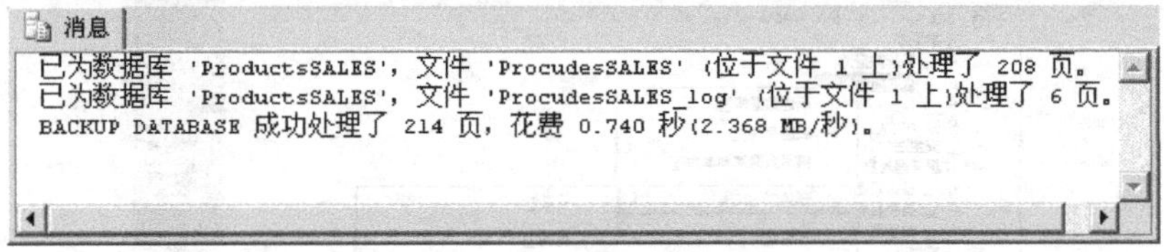

图 9-6　备份整个 ProductsSALES 数据库

（2）差异备份。

使用 BACKUP DATABASE 语句对数据库创建差异备份与创建完整备份类似，除了执行 BACKUP DATABASE 语句时需要指定要备份的数据库名称和写入完整备份的备份设备以外，还需使用 WITH DIFFERENTIAL 参数来标明执行的是一个差异备份。

【例 9-6】创建 ProductsSALES 数据库的差异备份。

```
BACKUP DATABASE ProductsSALES TO SALESData WITH DIFFERENTIAL
```

（3）备份事务日志。

可以使用 BACKUP LOG 语句实现事务日志备份。

语法格式如下：

```
BACKUP LOG 数据库名
    TO < 备份设备 > [ ,...n ]
```

【例 9-7】将 ProductsSALES 数据库的事务日志备份到 D:\Products_log_backup 中。

```
BACKUP LOG ProductsSALES TO DISK='D:\Products_log_backup'
```

（4）文件和文件组备份。

在 BACKUP DATABASE 语句中使用“FILE=逻辑文件名”或“FILEGROUP=逻辑文件组名”执行一个文件和文件组备份。

【例 9-8】将 ProductsSALES 数据库中“PRIMARY”文件组备份到 D:\Products_FileGroup_backup 中。

```
BACKUP DATABASE ProductsSALES FILEGROUP='PRIMARY' TO DISK='D:\Products_ FileGroup_backup'
```

9.2 数据库的还原

9.2.1 使用 SQL Server Management Studio 还原数据库

【例 9-9】使用 SQL Server Management Studio 还原 ProductsSALES 数据库。

（1）启动 SQL Server Management Studio，在“对象资源管理器”窗口中展开实例节点→数据库，选择用户数据库 ProductsSALES。

（2）右键单击 ProductsSALES 数据库，并依次选择“任务”→“还原”→“数据库”选项，如图 9-7 所示。

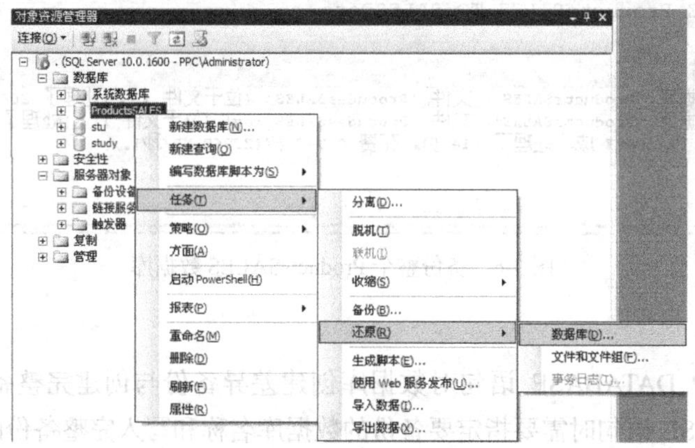

图 9-7 还原数据库

（3）打开“还原数据库”对话框，如图 9-8 所示。

- 还原的目标：为还原操作选择现有数据库的名称或键入新数据库名称。
- 还原的源：指定用于还原的备份集的源和位置。

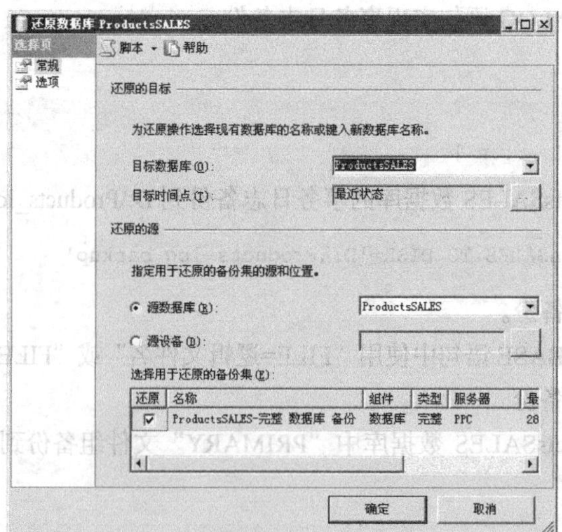

图 9-8 还原数据库“常规”页

（4）单击“选择页”中的“选项”，在“还原选项”中选择“覆盖现有数据库”，“恢复状态”使用缺省选项，如图 9-9 所示。

（5）单击“确定”按钮，执行还原操作，成功后显示还原成功的信息，如图 9-10 所示。

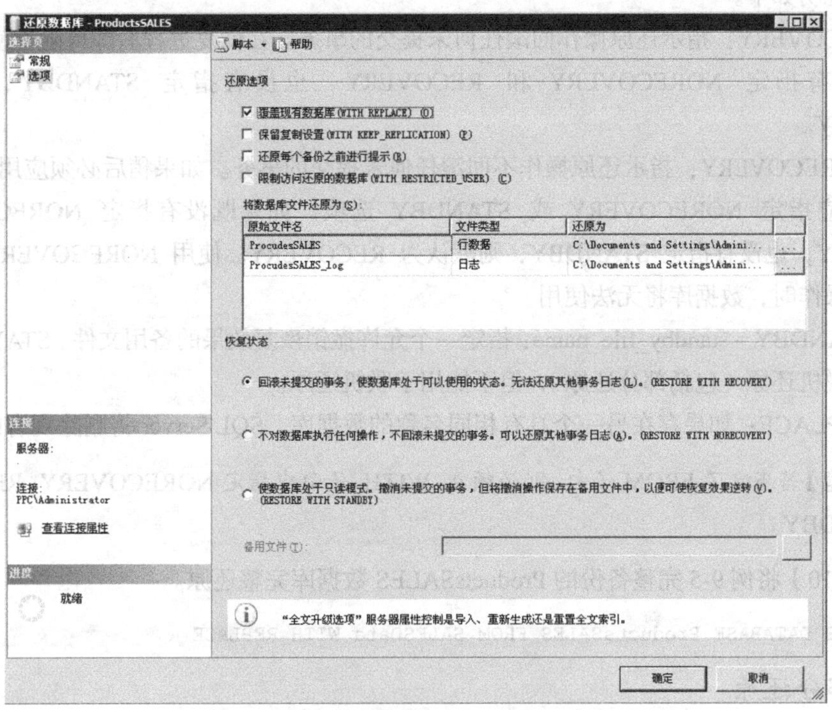

图 9-9　还原数据库“选项”页

图 9-10　还原成功

9.2.2　使用 Transact-SQL 语句还原数据库

1．完整还原

使用 RESTORE DATABASE 完整还原数据库。

语法格式如下：

```
RESTORE DATABASE 数据库名
[ FROM <备份设备> [,...n ] ]
[ WITH
[ FILE=file_number ]
[ [,] { RECOVERY | NORECOVERY | STANDBY =
      {standby_file_name | @standby_file_name_var }
```

```
  } ]
[ [,] REPLACE ]
]
```

参数说明如下。

- RECOVERY：指示还原操作回滚任何未提交的事务。在恢复进程后即可随时使用数据库。如果既没有指定 NORECOVERY 和 RECOVERY，也没有指定 STANDBY，则默认为 RECOVERY。
- NORECOVERY：指示还原操作不回滚任何未提交的事务。如果稍后必须应用另一个事务日志，则应指定 NORECOVERY 或 STANDBY 选项。如果既没有指定 NORECOVERY 和 RECOVERY，也没有指定 STANDBY，则默认为 RECOVERY。使用 NORECOVERY 选项执行脱机还原操作时，数据库将无法使用。
- STANDBY = standby_file_name：指定一个允许撤销恢复效果的备用文件。STANDBY 选项可以用于脱机还原（包括部分还原），但不能用于联机还原。
- REPLACE：如果存在另一个具有相同名称的数据库，SQL Server 将删除现有的数据库。

【注意】若省略了 FROM 子句，则必须在 WITH 子句中指定 NORECOVERY、RECOVERY 或 STANDBY。

【例 9-10】将例 9-5 完整备份的 ProductsSALES 数据库完整还原。

```
RESTORE DATABASE ProductsSALES FROM SALESData WITH REPLACE
```

2. 部分还原

使用 RESTORE DATABASE 部分还原数据库。

语法格式如下：

```
RESTORE DATABASE 数据库名
     <文件或文件组>
[ FROM <备份设备> [ ,... ] ]
[ WITH
[ FILE=file_number ]
 [ [,] { RECOVERY | NORECOVERY } ]
   [ [ , ] REPLACE ]
]
```

其中：

```
<文件或文件组> ::=
{
   FILE = '文件名'
   或
   FILEGROUP = '文件组名'
 }
[ ,... ]
```

【例 9-11】对例 9-8 所操作的“将 ProductsSALES 数据库中‘PRIMARY’文件组备份到 D:\Products_FileGroup_backup 中”进行数据还原。

```
RESTORE DATABASE ProductsSALES FILEGROUP='PRIMARY'
```

```
FROM DISK='D:\Products_ FileGroup_backup' WITH REPLACE
```

3. 事务日志还原

```
RESTORE LOG 数据库名
 [ FROM <备份设备> [ ,... ] ]
[ WITH
   [ FILE=file_number ]
   [ [,] { RECOVERY | NORECOVERY } ]
]
```

【例 9-12】将 ProductsSALES 数据库在本地磁盘设备上作备份，包括一次全库备份、一次差异备份和一次日志备份；当发生故障时从备份中恢复。

```
USE master
GO
--完整备份 ProductsSALES 数据库
BACKUP DATABASE ProductsSALES TO SALESData WITH INIT
--对数据库做差异备份
BACKUP DATABASE ProductsSALES TO SALESData WITH DIFFERENTIAL
--事务日志备份
BACKUP LOG ProductsSALES TO SALESData
/*恢复完整备份*/
RESTORE DATABASE ProductsSALES
FROM SALESData
WITH FILE=1,NORECOVERY
/*恢复差异备份*/
RESTORE DATABASE ProductsSALES
FROM SALESData
WITH FILE=2,NORECOVERY
/*恢复日志备份*/
RESTORE LOG ProductsSALES
FROM SALESData
WITH FILE=3
```

9.3 数据的导入与导出

SQL Server 允许用户在 SQL Server 和异类数据源之间大容量地导入及导出数据，“大容量导出”表示将数据从 SQL Server 表复制到数据文件，“大容量导入”表示将数据从数据文件加载到 SQL Server 表。

9.3.1 数据的导出

本节介绍由 SQL Server 导出数据到 Excel 文件的操作步骤。

【例 9-13】使用 SQL Server Management Studio 将 ProductsSALES 数据库中商品信息表及销售明细表的数据导出到 D 盘根目录下的“商品信息及销售明细.xls”文件中。

（1）启动 SQL Server Management Studio，在“对象资源管理器”窗口中展开实例节点→选择数据库，右键单击 ProductsSALES 数据库，选择“任务”→“导出数据”项，如图 9-11 所示。

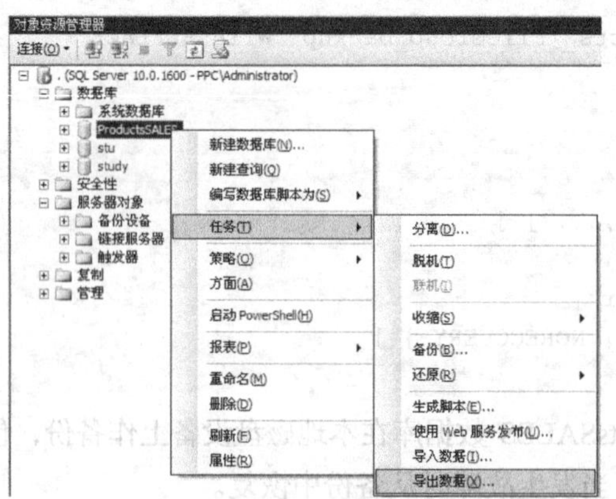

图 9-11　导出数据

（2）打开“SQL Server 导入和导出向导”，如图 9-12 所示，单击“下一步”按钮。

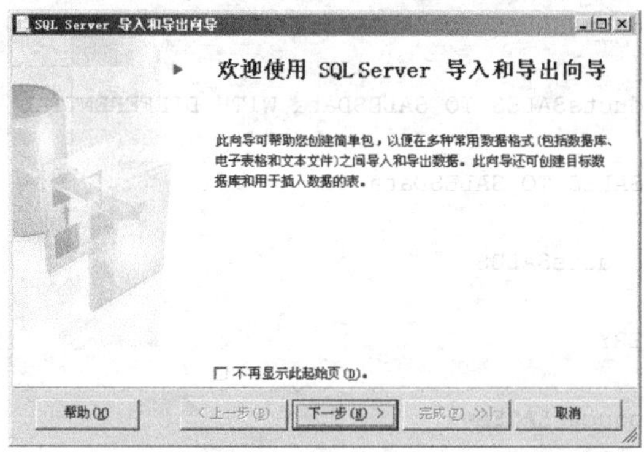

图 9-12　SQL Srver 导入和导出向导

（3）在“选择数据源”对话框中，身份验证项选择“使用 Windows 身份验证”，数据库项选择“ProductsSALES”，如图 9-13 所示，单击“下一步”按钮。

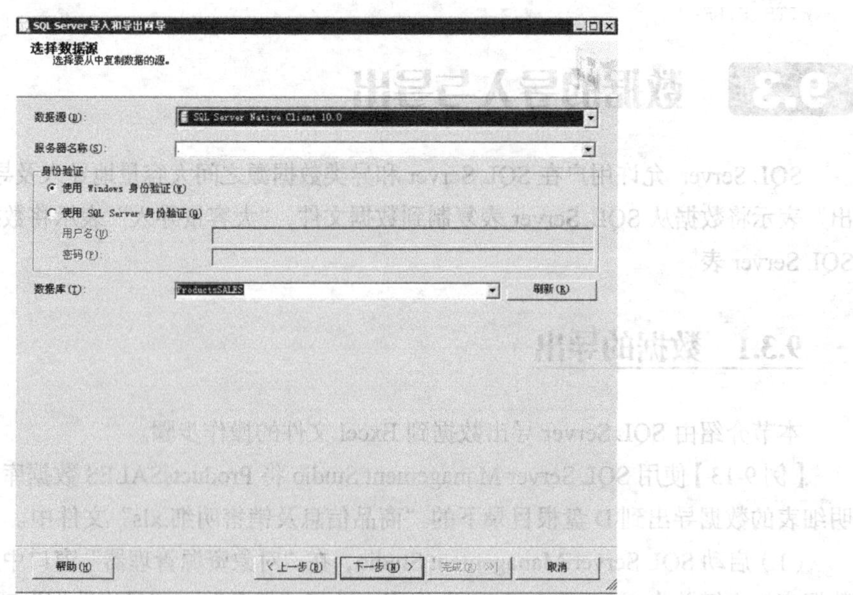

图 9-13　选择数据源

（4）在“选择目标”对话框中指定要将数据复制到何处。在目标窗口中选择“Microsoft Excel”，Excel 文件路径文本框中输入（或浏览）文件路径及文件名“D:\商品信息及销售明细.xls”，选择 Excel 版本，如图 9-14 所示，单击“下一步”按钮。

（5）在“指定表复制或查询”对话框中，在此选择“复制一个或多个表和视图的数据”，如图 9-15 所示，单击“下一步”按钮。

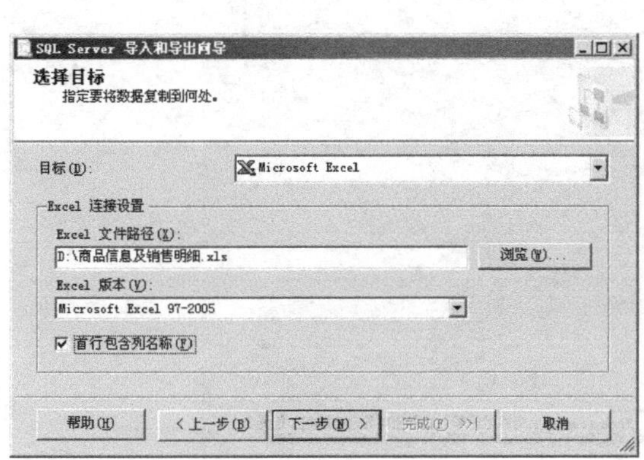

图 9-14　选择目标

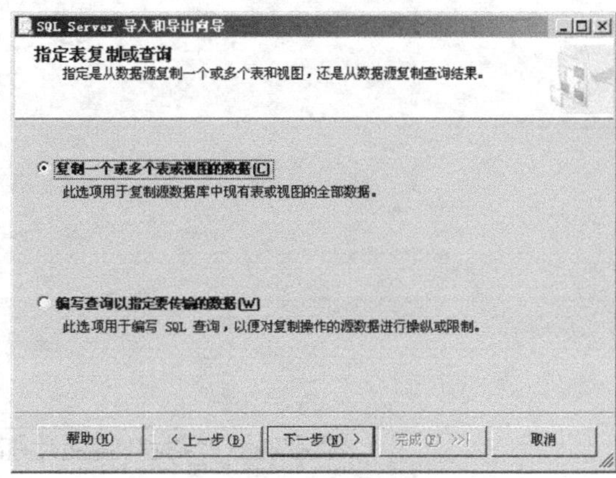

图 9-15　指定表复制或查询

（6）在“选择源表和源视图”对话框中的“表和视图”选项中选择商品信息及销售明细，如图 9-16 所示，单击“下一步”按钮。

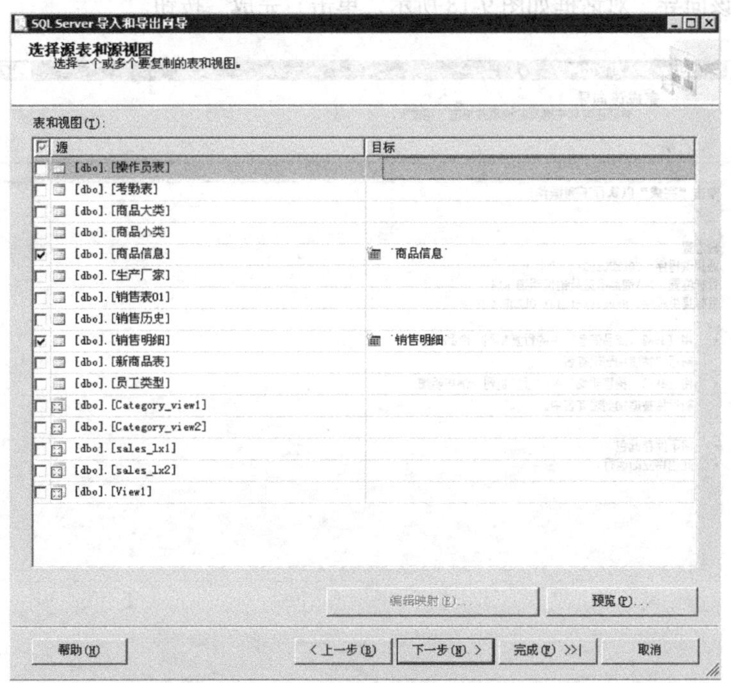

图 9-16　选择源表和源视图

（7）“运行包”对话框如图 9-17 所示，单击“下一步”按钮。

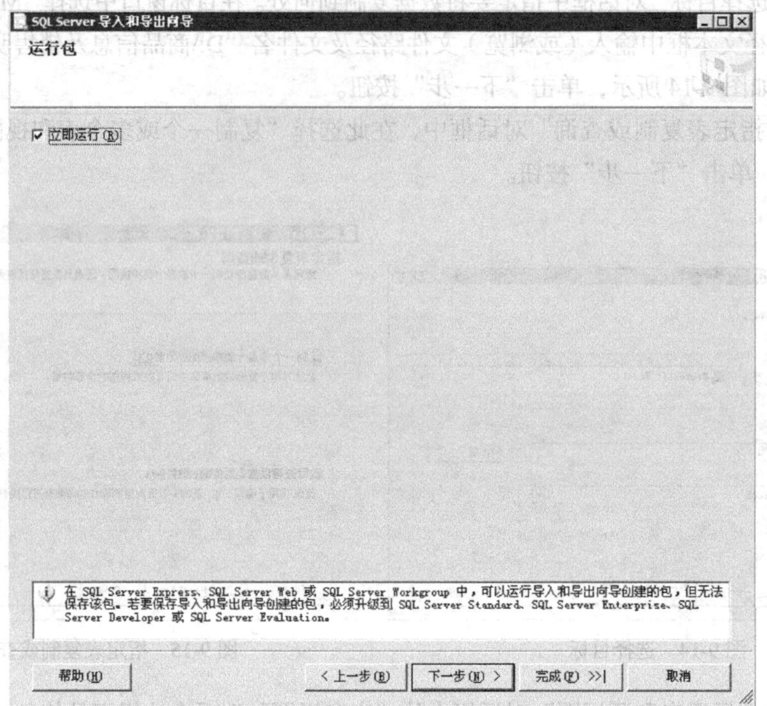

图 9-17　运行包

（8）“完成该向导”对话框如图 9-18 所示，单击“完成”按钮。

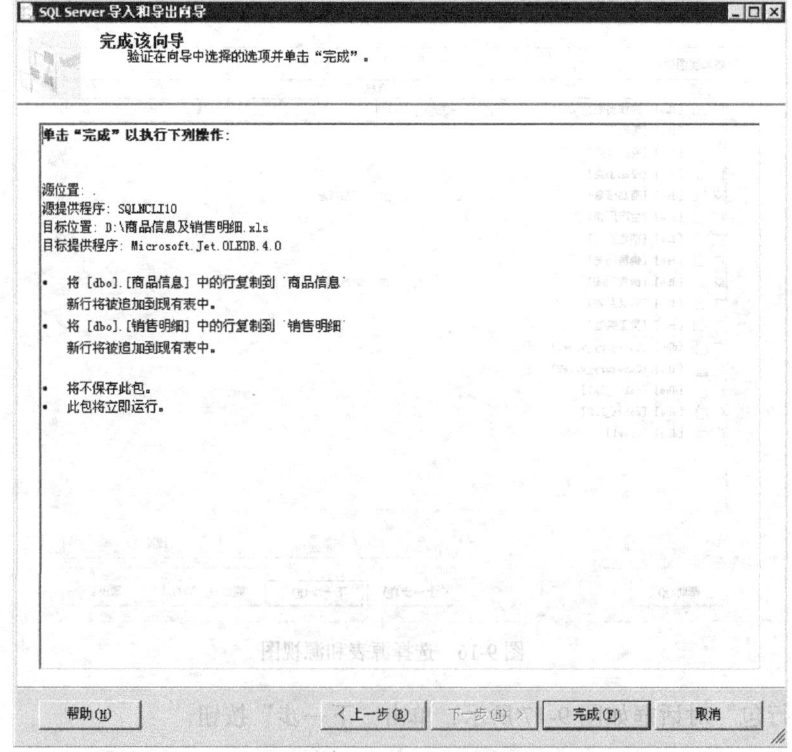

图 9-18　完成导入和导出向导

（9）在“执行成功”对话框中，单击“关闭”按钮，完成数据的导出，如图 9-19 所示。

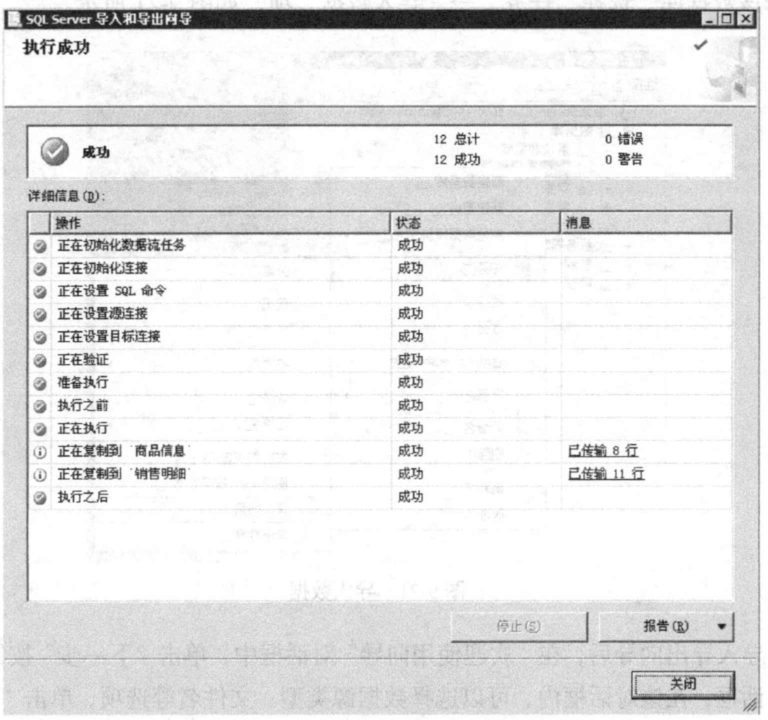

图 9-19　执行成功

（10）导出数据完成后，打开导出的文件“D:\商品信息及销售明细.xls”，检查是否导出成功，如图 9-20 所示。

图 9-20　商品信息及销售明细.xls 文件内容

9.3.2　数据的导入

本节介绍由 Excel 文件导入数据到 SQL Server 中的操作步骤。

【例 9-14】使用 SQL Server Management Studio 将 D 盘根目录下的“商品信息及销售明细.xls”文件中的数据导入到 ProductsSALES 数据库中。

（1）启动 SQL Server Management Studio，在“对象资源管理器”窗口中展开实例节点→数据库，右键单击该数据库，选择“任务”→“导入数据”项，如图 9-21 所示。

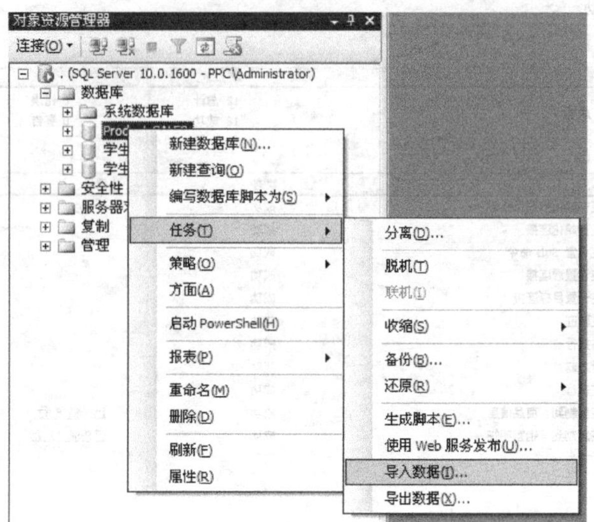

图 9-21 导入数据

（2）启动导入导出向导后，在“欢迎使用向导”对话框中，单击“下一步”按钮后，出现“选择数据源”对话框，在该对话框内，可以选择数据源类型、文件名等选项，单击“下一步”按钮，如图 9-22 所示。

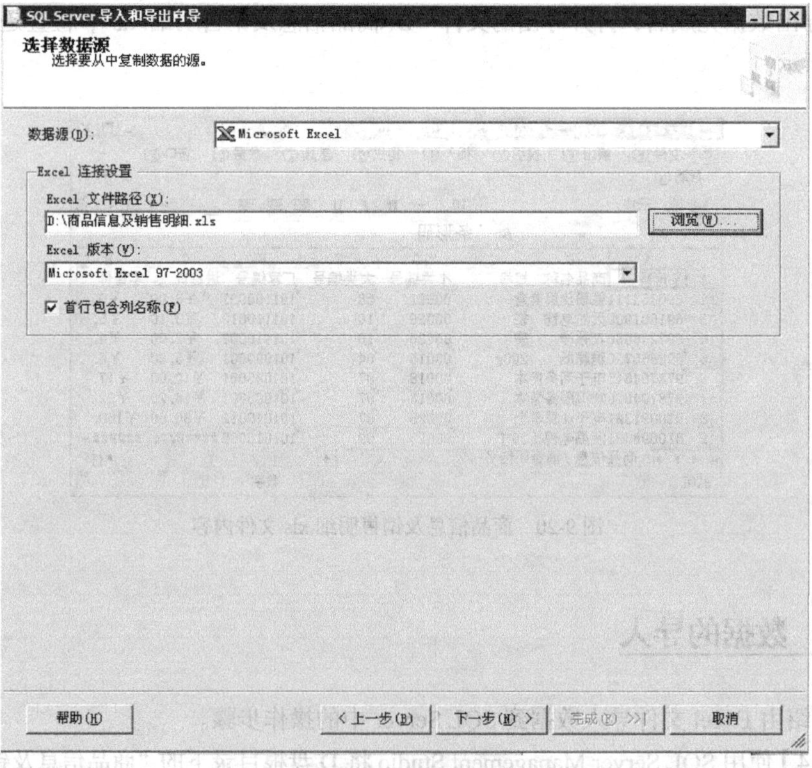

SQL Server 导入和导出向导
选择数据源
选择要从中复制数据的源。
数据源(D)： Microsoft Excel
Excel 连接设置
Excel 文件路径(X)：
D:\商品信息及销售明细.xls 浏览(W)...
Excel 版本(V)：
Microsoft Excel 97-2003
首行包含列名称(F)
帮助(H) < 上一步(B) 下一步(N) > 完成(F) >>| 取消

图 9-22 选择数据源

（3）在“选择目标”对话框中，选择 SQL Native Client，在服务器名称框中输入目标数据库所在的服务器名称，选择身份验证及目标数据库后，单击“下一步”按钮，如图 9-23 所示。

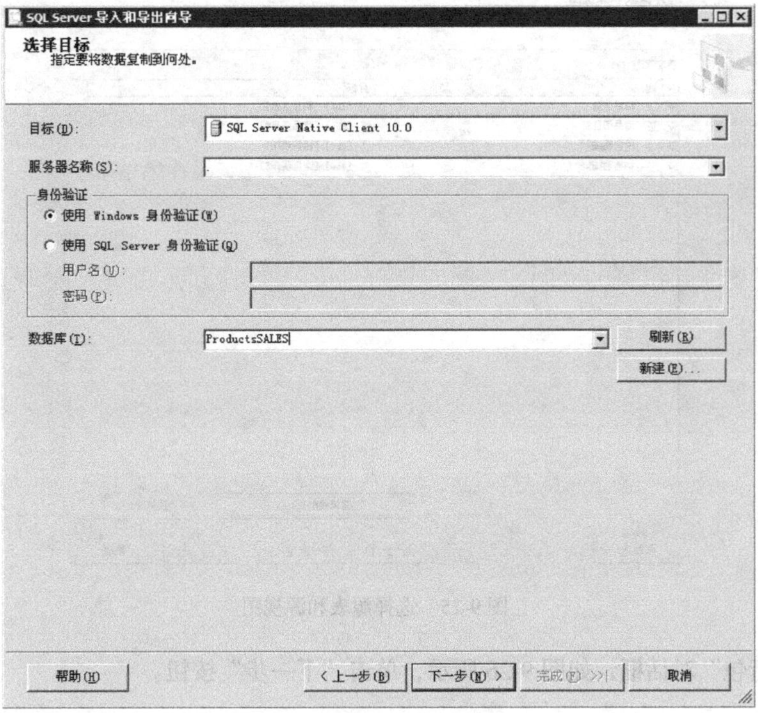

图 9-23　选择导出目标

（4）在“指定表复制或查询”对话框中选择“复制一个或多个表或视图的数据”或“编写查询以指定要传输的数据”，选择完成后，单击“下一步”按钮，如图 9-24 所示。

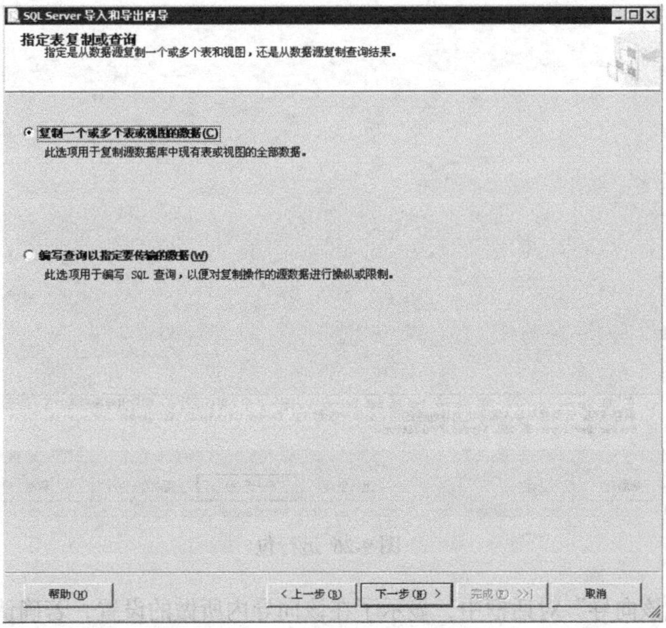

图 9-24 指定表复制或查询

（5）在“选择源表和源视图”对话框中选择表和视图后，单击“下一步”按钮，如图 9-25 所示。

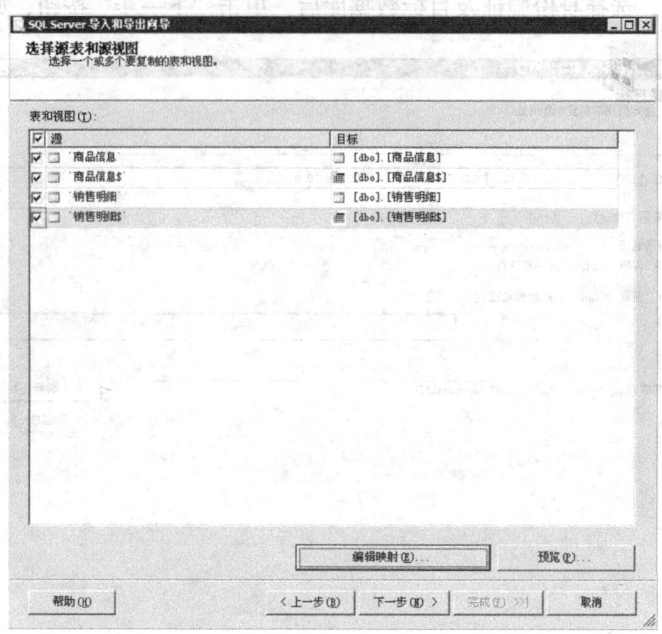

图 9-25　选择源表和源视图

（6）“运行包”对话框，如图 9-26 所示，单击“下一步”按钮。

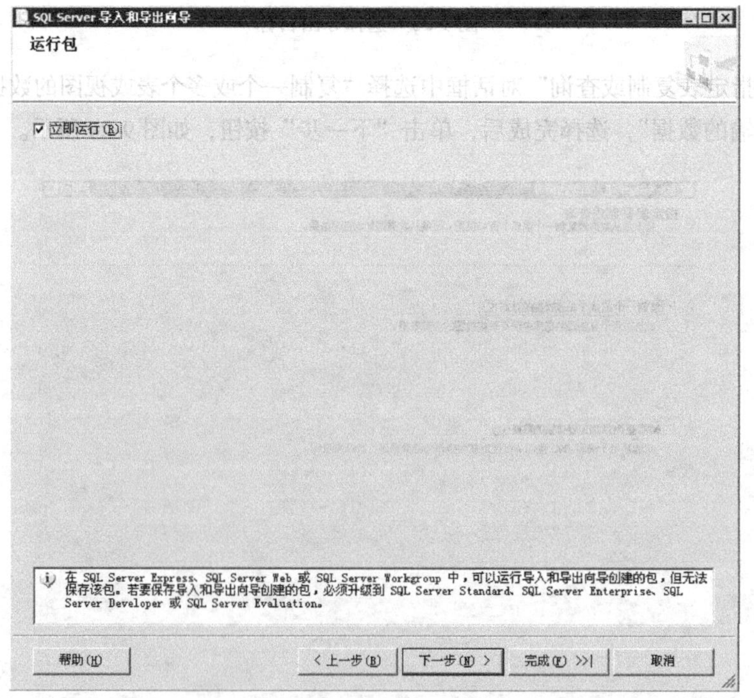

图 9-26 运行包

（7）在“完成该向导”对话框中，显示了在该向导内所做的设置，若确认前面的操作正确，单击“完成”按钮后执行数据导入操作，如图 9-27 所示。

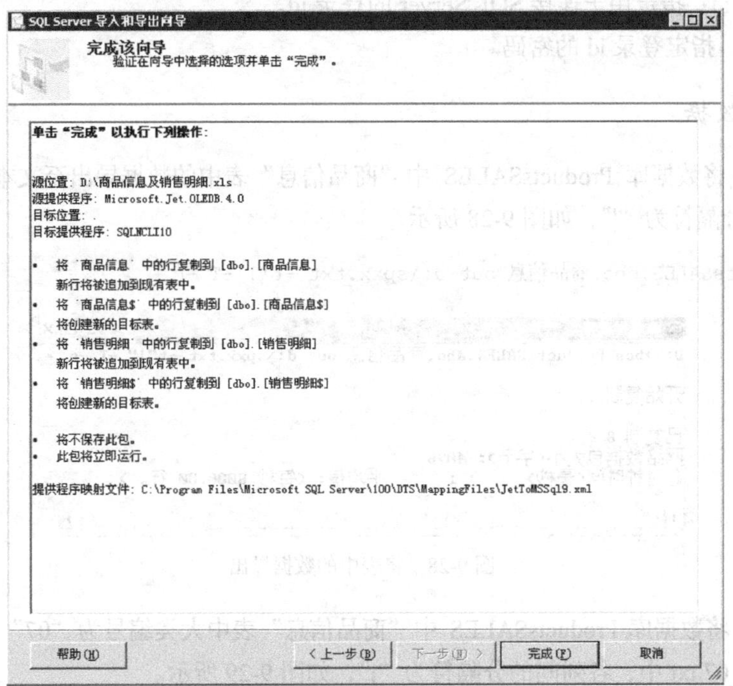

图 9-27　完成导入导出向导

9.3.3　bcp（大容量复制程序）实用工具

bcp 实用工具能够将大容量数据从 SQL Server 表导出到数据文件中，从查询导出大容量数据，将大容量数据从数据文件导入到 SQL Server 表中，生成格式化文件。bcp 实用工具可以通过 bcp 命令访问。

语法格式如下：

```
bcp {[[数据库名.][拥有者].]{表名或视图名} | 'query'}
    {in | out | queryout | format} 数据文件及其完整路径
    [-c]
    [-t 间隔符]
    [-T]
    [-S 服务器名[\实例名]] [-U 登录 id] [-P 密码]
```

参数说明如下。

- in：从文件导入数据到数据库表或视图。
- out：从数据库表或视图导出数据到文件。
- queryout：从查询中复制，仅当从查询大容量复制数据时才必须指定此选项。
- -c：使用字符数据类型执行该操作。
- -t 间隔符：指定字段间的间隔符。
- -T：指定 bcp 实用工具通过使用集成安全性的受信任连接连接到 SQL Server。不需要网络用户的安全凭据、登录 id 和密码。若未指定-T，则需要指定-U 和-P 才能成功登录。
- -S 服务器名[\实例名]：指定要连接的 SQL Server 的实例。

- -U 登录 id：指定用于连接 SQL Server 的登录 id。
- -P 密码：指定登录 id 的密码。

1. 导出数据

【例 9-15】将数据库 ProductsSALES 中“商品信息”表中的数据导出至文本文件 d:\spxx.txt 中，各列间的分隔符为“|”，如图 9-28 所示。

```
bcp ProductsSALES.dbo.商品信息 out d:\spxx.txt -t'|'-T -c
```

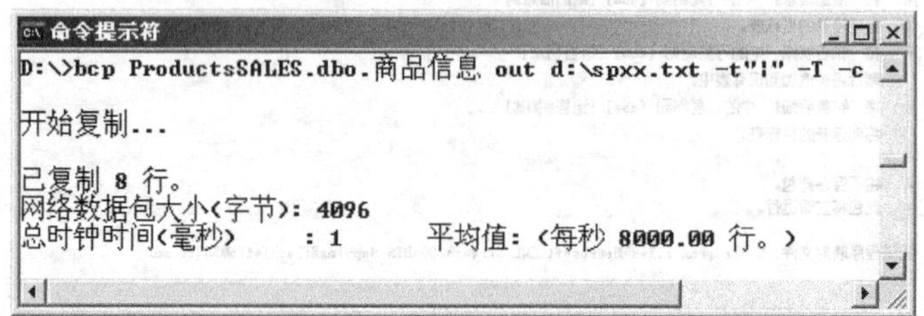

图 9-28 将表中的数据导出

【例 9-16】将数据库 ProductsSALES 中“商品信息”表中大类编号为“07”的记录导出至文本文件 d:\spxx_07.txt 中，各列间的分隔符为“|”，如图 9-29 所示。

```
bcp 'select * from ProductsSALES.dbo.商品信息 where 大类编号="07"' queryout d:\spxx_07.
txt -t'|' -T -c
```

```
命令提示符
D:\>bcp "select * from ProductsSALES.dbo.商品信息
where 大类编号="07"" queryout d:\spxx_07.txt -t"|" -T -c
开始复制...
已复制 3 行。
网络数据包大小(字节): 4096
总时钟时间(毫秒)       : 1       平均值: (每秒 3000.00 行。)
```

图 9-29 导出符合要求的数据

2. 导入数据

【例 9-17】将文本文件“d:\spxx_07.txt”中的记录批量导入到 ProductsSALES 数据库的“商品信息”表中，如图 9-30 所示。

```
bcp ProductsSALES.dbo.商品信息 in d:\spxx_07.txt -t'|'-T -c
```

```
命令提示符
D:\>bcp ProductsSALES.dbo.商品信息 in d:\spxx_07.txt -t"|" -T -c
开始复制...
已复制 3 行。
网络数据包大小(字节): 4096
总时钟时间(毫秒)       : 109     平均值: (每秒 27.52 行。)
```

图 9-30 导入文本文件中的数据

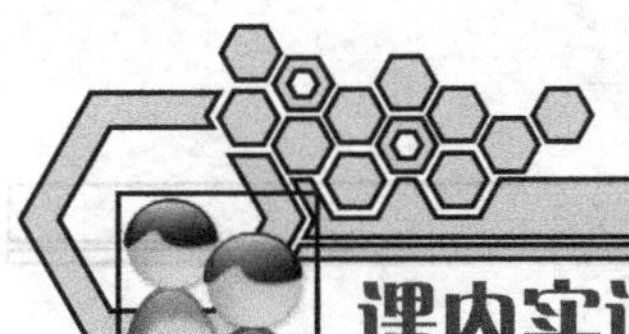

课内实训　学生成绩管理系统数据库的备份与还原

※ 任务描述

为了确保学生成绩管理系统数据库的完整及安全，需要对学生成绩数据库进行备份，需要时可将该备份还原。

1. 将"学生成绩"数据库在本地磁盘设备上做一次全库备份、一次差异备份和一次日志备份。

2. 如何从备份中恢复数据。

※ 技术要点

可以使用 SQL Server Management Studio 进行备份与还原；也可以使用 Transact-SQL 中的 BACKUP DATABASE 备份数据库，使用 RESTORE DATABASE 还原数据库。

※ 实现过程

1.

```
USE master
GO
--创建备份设备
EXEC sp_addumpdevice 'disk','device_stu1','d:\学生成绩.bak'
GO
--完整备份"学生成绩"数据库
BACKUP DATABASE 学生成绩 TO device_stu1 WITH INIT
--对"学生成绩"数据库做差异备份
BACKUP DATABASE 学生成绩 TO device_stu1 WITH DIFFERENTIAL
--事务日志备份
BACKUP LOG 学生成绩 TO device_stu1
```

2.

```
/*恢复完整备份*/
RESTORE DATABASE 学生成绩
FROM device_stu1
WITH FILE=1,NORECOVERY
/*恢复差异备份*/
RESTORE DATABASE 学生成绩
FROM device_stu1
WITH FILE=2,NORECOVERY
/*恢复日志备份*/
RESTORE LOG 学生成绩
FROM device_stu1
WITH FILE=3
```

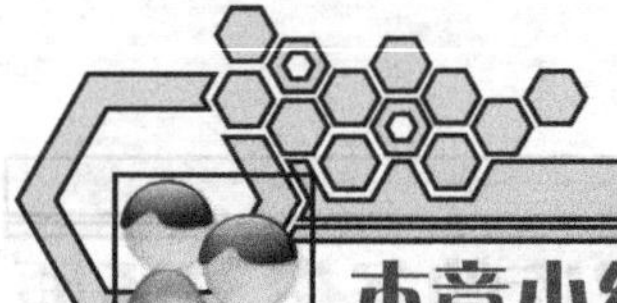

本章小结

- SQL Server 2008 提供了以下几种数据库备份方式：完整备份、差异备份、事务日志备份及数据库文件和文件组备份。
- 备份设备是指备份或还原时使用的磁带机或磁盘驱动器。在创建备份时，必须选择要将数据写入的备份设备。SQL Server 可以将数据库、事务日志和文件备份到磁盘或磁带设备上。
- 可以使用系统存储过程 sp_addumpdevice 创建备份设备。
- 可以使用系统存储过程 sp_dropdevice 删除备份设备。
- 使用 BACKUP DATABASE 语句实现数据库的备份。
- 使用 RESTORE DATABASE 实现数据库的还原。
- "大容量导出" 表示将数据从 SQL Server 表复制到数据文件。"大容量导入" 表示将数据从数据文件加载到 SQL Server 表。
- bcp 实用工具能够将大容量数据从 SQL Server 表导出到数据文件中，从查询导出大容量数据，将大容量数据从数据文件导入到 SQL Server 表中，生成格式化文件。

测试与练习

1．以下选项中的哪个语句能够实现数据库的备份？（　　）

A．RESTORE DATABASE

B．BACKUP DATABASE

C．BACKUP LOG

D．以上都不是

2．以下选项中的哪个语句能够实现数据库的还原？（　　）

A．RESTORE DATABASE

B．BACKUP DATABASE

C．BACKUP LOG

D．以上都不是

3．使用 bcp 命令将 ABC 表中的数据导出至文本文件 d:\dcabc1.txt 中，各列间的分隔符为 "|"。

4. 使用 bcp 命令将 ABC 表中性别为 "男" 的记录导出至文本文件 d:\dcabc2.txt 中，各列间的分隔符为 "|"。

5．使用 bcp 命令将文本文件“d:\drsj.txt”中的记录批量导入到 ABC 表中，原 ABC 表中各列间的分隔符为“|”。

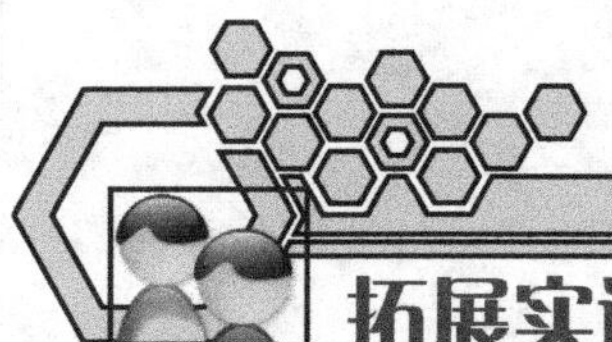

拓展实训　学生成绩管理系统数据库的备份、还原与导入导出

【实训目标】

掌握 SQL Server 2008 中数据库的备份、还原及导入导出数据。

【预估时间】

40 分钟

【实训步骤】

1．使用 Transact-SQL 语句创建 disk 类型的备份设备，备份设备名为“<学号>_bak”形式，物理文件为 D:\SQL Server 成绩管理文件夹中的“<学号>_成绩_bak.bak”。

2．使用 Transact-SQL 语句，将“学生成绩管理”数据库完全备份至备份设备“<学号>_bak”上。

3．删除“学生成绩管理”数据库中的任意一表。

4．使用 Transact-SQL 语句从备份设备“<学号>_bak”上还原数据库。

5．将“学生成绩管理”数据库中的数据导入 Excel 文件中。

6．利用 bcp 实用工具，将“学生成绩管理”数据库中“学生基本信息”表导出至文本文件“d:\SQL Server 成绩管理\学生基本信息.txt”中，各列间的分隔符为“|”。

第10章 商业智能开发工具

【知识目标】

- 了解 SQL Server Business Intelligence Development Studio 的基本功能。
- 掌握 SQL Server Reporting Services 设计报表项目的步骤。
- 掌握 SQL Server Integration Services 设计数据集成服务的基本步骤。

【能力目标】

- 能够利用 SQL Server Reporting Services 熟练设计报表项目。
- 能够设计 Integration Services 项目。

10.1 SQL Server Business Intelligence Development Studio 简介

Business Intelligence Development Studio（SQL Server 商业智能开发平台）是 SQL Server 2008 提供的一个集成化的商业智能开发平台，主要包括：

- SQL Server Analysis Services（SQL Server 数据分析服务，简称 SSAS）;
- SQL Server Reporting Services（SQL Server 报表服务，简称 SSRS）;
- SQL Server Integration Services（SQL Server 数据集成服务，简称 SSIS）。

各个项目类型都提供了用于创建商业智能解决方案所需对象的模板，并提供了用于处理这些对象的各种设计器、工具及向导。

SSAS 为商业智能应用程序提供联机分析处理（OLAP）和数据挖掘功能。SSRS 提供支持 Web 的企业级报告功能，以便创建可以从多种数据源获取内容的报表，以多种格式发布报表并集中管理安全性和订阅。SSIS 可以从各种异构数据源中整合 Business Intelligence 需要的业务数据，同时实现与商务流程的统一，该项功能在 SQL Server 2008

以前版本是通过 DTS（数据转换服务）来实现的。由于 SSAS 比较复杂，而且必须首先具备数据仓库和联机分析的基础知识，有兴趣的读者可参考相关书籍，本章只介绍 SSRS 和 SSIS 的基本使用方法。

10.2 报表服务

SQL Server Reporting Services（SQL Server 报表服务）是一种基于服务器的解决方案，用于创建和管理包含关系数据源和多维数据源中的数据的表格、矩阵、图形和自由格式的报表。创建的报表可以通过基于 Web 的连接或作为 Microsoft Windows 应用程序的一部分进行查看。Reporting Services 包括下列核心组件。

- 用于创建和发布报表及报表模型的图形工具和向导。
- 用于管理 Reporting Services 的报表服务器管理工具，输出格式包括 HTML、PDF、TIFF、Excel、CSV 等。
- 用于对 Reporting Services 对象模型进行编程和扩展的应用程序编程接口（API）。

Reporting Services 是基于服务器的，通过它能够集中存储和管理报表，安全地访问报表和文件夹，控制报表的处理和分发方式，并使报表在企业内的使用方式标准化。

创建报表的步骤如下。

① 连接到数据源并检索数据。可以通过连接字符串和查询，或通过创建用于指定要使用的数据的报表模型来完成该操作。

② 创建报表布局。报表生成器提供了执行此步骤的模板。报表设计器提供工具箱和设计图面，使用户可以将表、矩阵、图表、图形元素和其他任何所需项组合起来。

③ 预览报表并将报表发布到报表服务器。

10.2.1 创建报表

1. 创建矩阵式报表

【例 10-1】创建“商品销售情况”矩阵式报表，报表名为“商品销售情况.rdl”，保存在“D:\ProductsSALES\报表项目”文件夹下。

（1）启动 SQL Server Business Intelligence Devepopment Studio，单击主菜单的“文件”→“新建”→“项目”，打开“新建项目”对话框，在模板项目中选择“报表服务器项目向导”，在“名称”文本框内输入“商品销售情况”，在“位置”文本框中输入“D:\ProductsSALES\报表项目”，单击“确定”按钮，如图 10-1 所示。

（2）在“欢迎使用报表向导”对话框中，单击“下一步”按钮，如图 10-2 所示。

（3）在“选择数据源”对话框中，单击“编辑”按钮，如图 10-3 所示。

（4）在“连接属性”对话框中的服务器名列表中选择服务器，设置“登录到服务器”及“连接到一个数据库”选项，单击“测试连接”成功后，单击“确定”按钮，如图 10-4 所示。

（5）在“选择数据源”对话框中，单击“下一步”按钮，如图 10-5 所示。

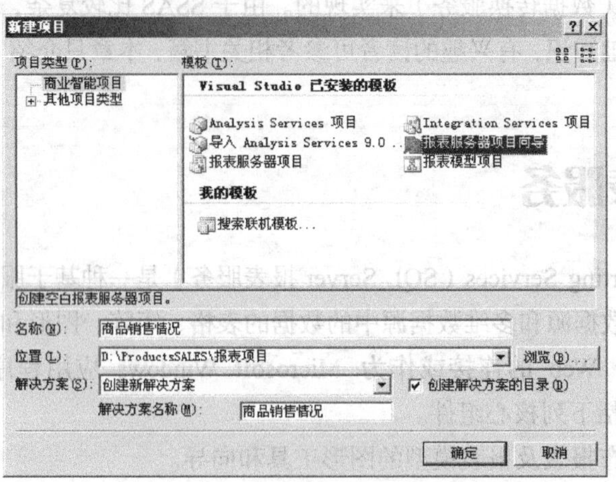

图 10-1 新建报表服务器项目

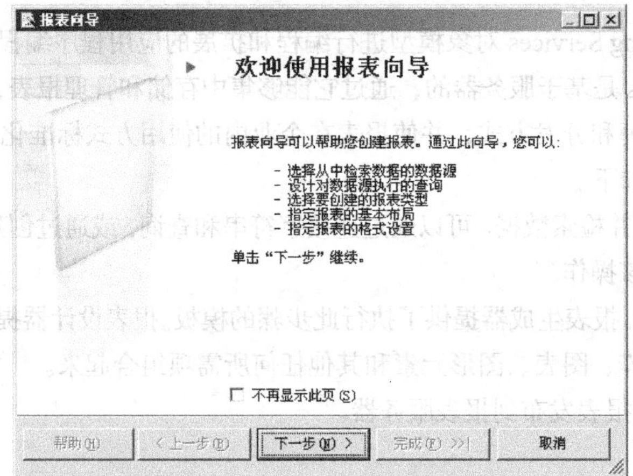

图 10-2 “欢迎使用报表向导”对话框

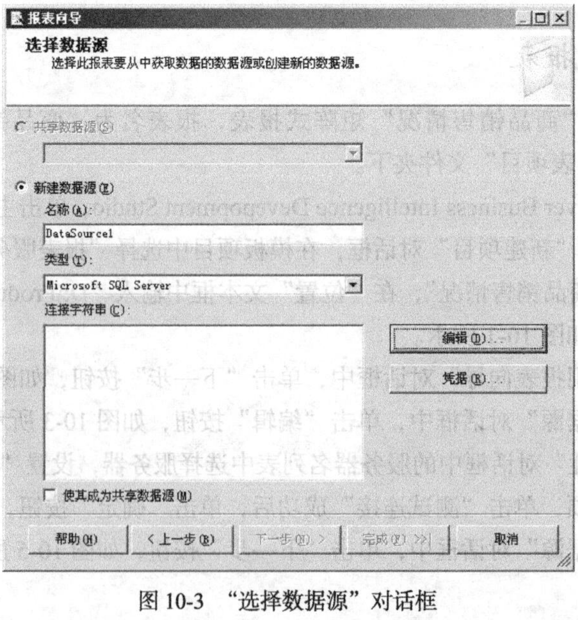

图 10-3 “选择数据源”对话框

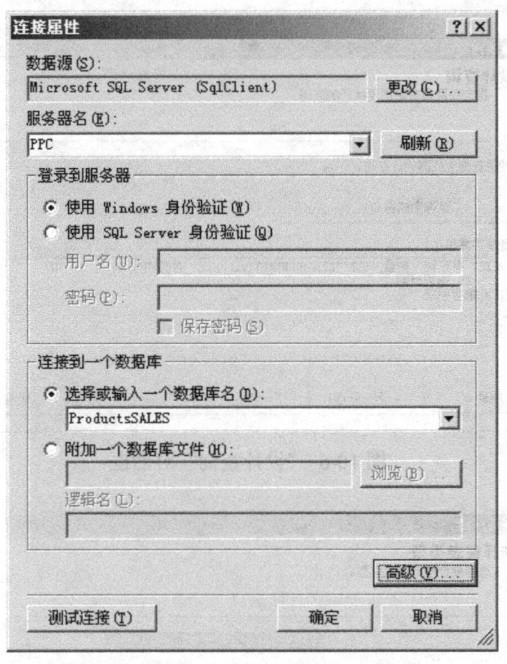

图 10-4 “连接属性”对话框

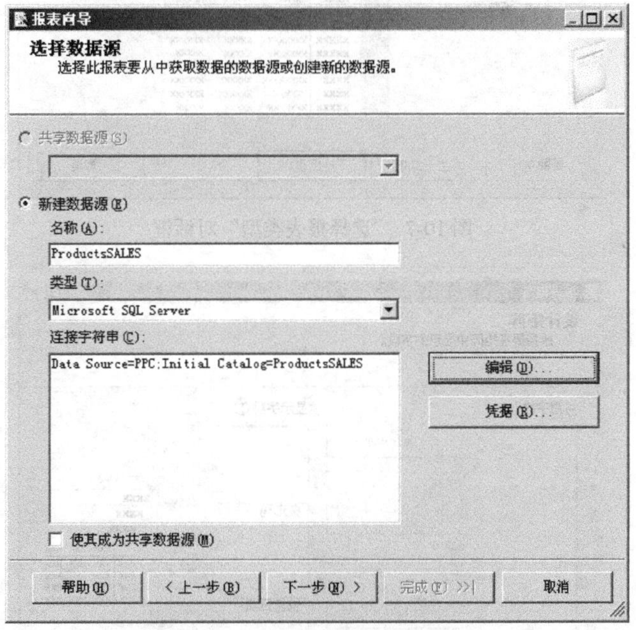

图 10-5 “选择数据源”对话框

（6）在“设计查询”对话框中，单击“查询生成器”按钮或在查询字符串文本框中输入要执行的查询语句，单击“下一步”按钮，如图 10-6 所示。

（7）在“选择报表类型”对话框中，选择要创建的报表类型（本例选择“矩阵”）后，单击“下一步”按钮，如图 10-7 所示。

（8）在“设计矩阵”对话框中，分别将可用字段放至“列”、“行”及“详细信息”文本框中，单击“下一步”按钮，如图 10-8 所示。

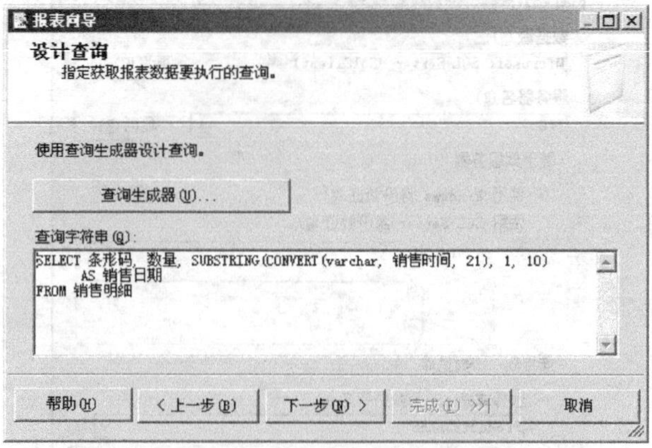

报表向导
设计查询
指定获取报表数据要执行的查询。
使用查询生成器设计查询。
查询生成器(U)...
查询字符串(Q):
SELECT 条形码, 数量, SUBSTRING(CONVERT(varchar, 销售时间, 21), 1, 10)
AS 销售日期
FROM 销售明细
帮助(H)
< 上一步(B)
下一步(N) >
完成(F) >>|
取消

图 10-6 “设计查询”对话框

报表向导
选择报表类型
选择要创建的报表类型。
表格格式(T)
矩阵(M)
帮助(H)
< 上一步(B)
下一步(N) >
完成(F) >>|
取消

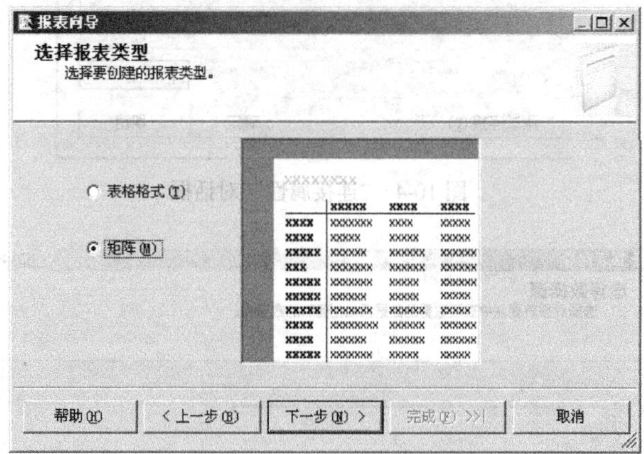

图 10-7 “选择报表类型”对话框

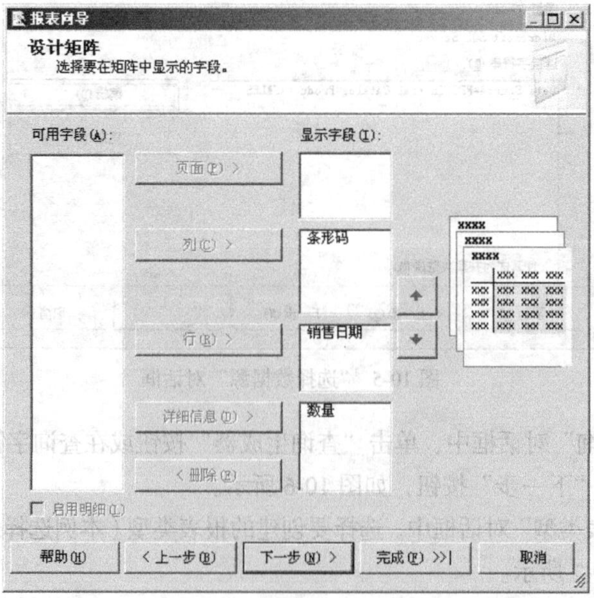

报表向导
设计矩阵
选择要在矩阵中显示的字段。
可用字段(A):
显示字段(I):
页面(P) >
列(C) >
条形码
行(R) >
销售日期
详细信息(D) >
数量
< 删除(E)
启用明细(L)
帮助(H)
< 上一步(B)
下一步(N) >
完成(F) >>|
取消

图 10-8 “设计矩阵”对话框

（9）在“选择矩阵样式”对话框中，选择需要的矩阵样式，单击“下一步”按钮，如图 10-9 所示。

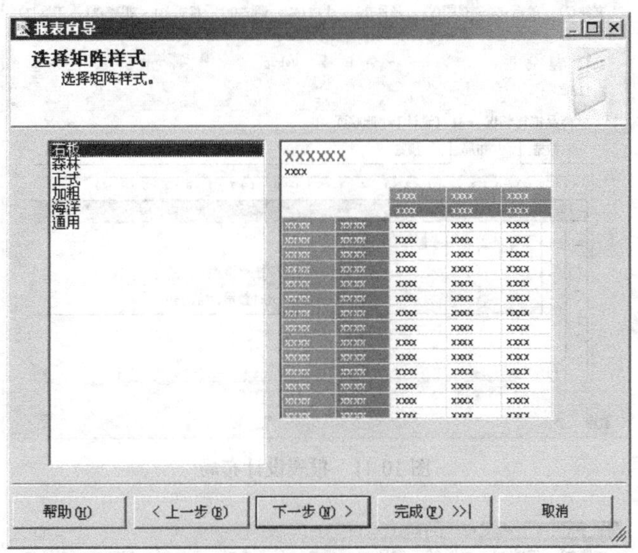

图 10-9　“选择矩阵样式”对话框

（10）在“选择部署位置”对话框中，输入报表服务器及所部署的文件夹，单击“下一步”按钮，如图 10-10 所示。

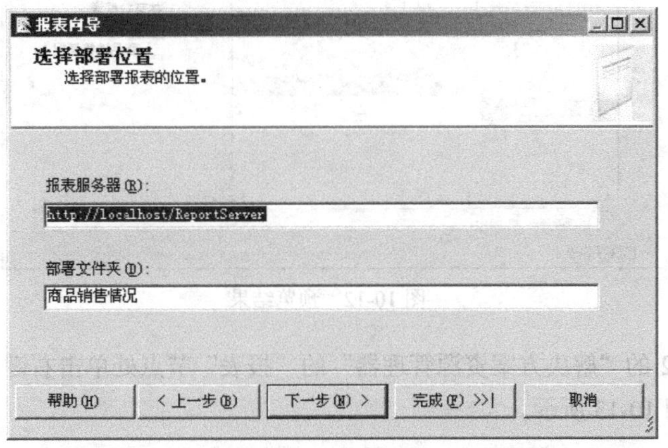

图 10-10　选择部署位置

（11）在“完成向导”对话框中，输入报表名称后，单击“完成”按钮后，关闭“报表向导”窗口，返回“Microsoft Visual Studio”设计窗口，在“商品销售情况.rdl”标签页的“布局”标签项中显示报表设计结果，如图 10-11 所示。

（12）单击保存选定项“💾”按钮保存报表项目，在“预览”标签项中预览报表显示的结果，如图 10-12 所示。

2. 创建表格式报表

【例 10-2】创建“销售情况”表格式报表，要求在报表中显示每种商品销售数量小计及全部商品销售总计，报表名为“销售情况报表.rdl”，保存在“D:\ProductsSALES\报表项目”文件夹下。

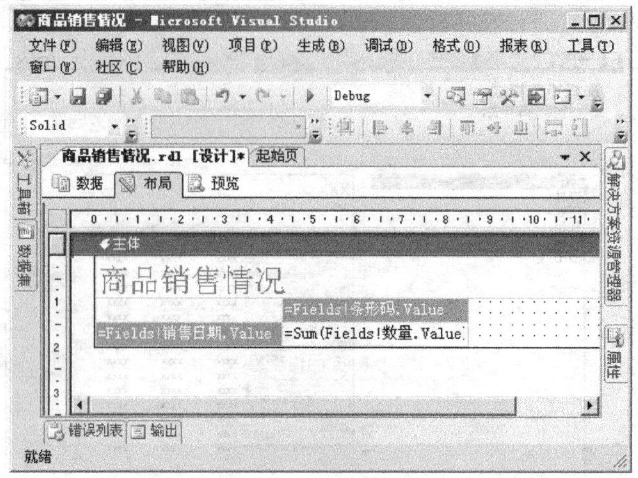

图 10-11　报表设计布局

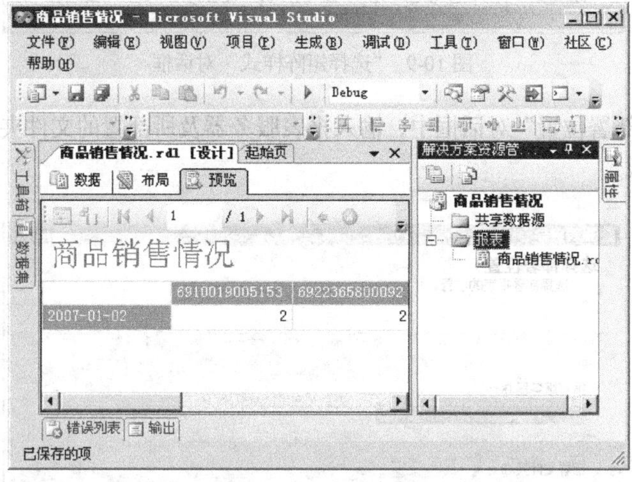

图 10-12　预览结果

（1）在图 10-12 的“解决方案资源管理器”的“报表”节点处单击右键，依次选择“添加”→“新建项”，如图 10-13 所示。

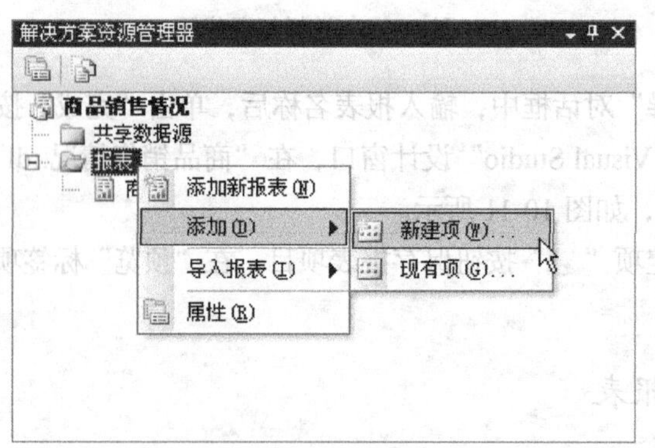

图 10-13　新建项

（2）在“模板”中选择“报表”项，并在名称文本框中输入报表的名称“销售情况报表.rdl”，单击“添加”按钮，如图 10-14 所示。

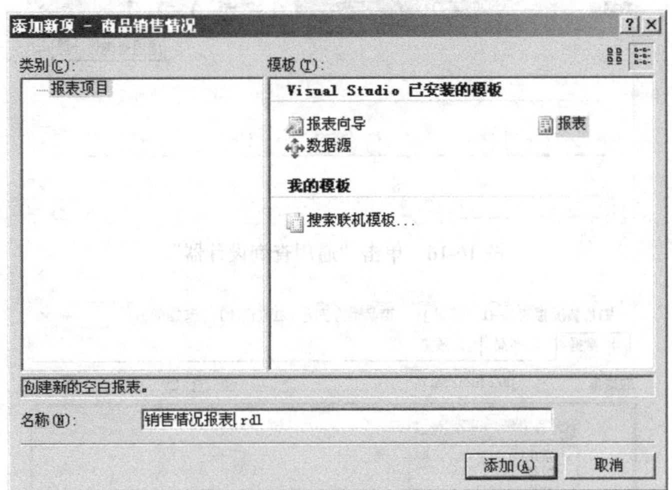

图 10-14　添加报表

（3）在设计页面项下的“数据”标签页中，单击“新建数据集”，如图 10-15 所示。

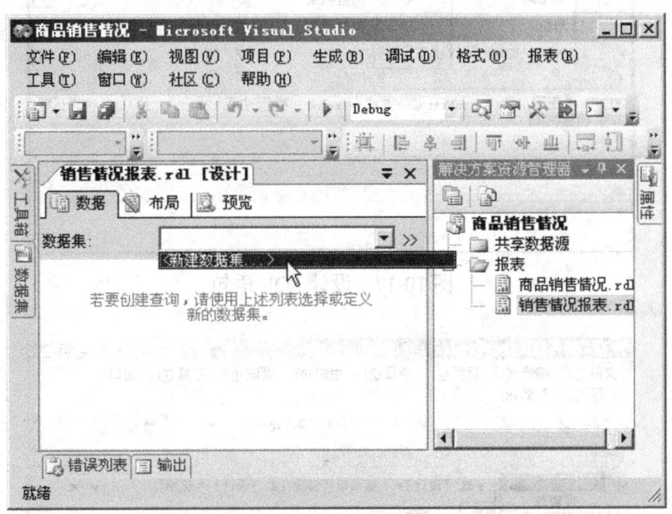

图 10-15　新建数据集

（4）建立数据源，设计的步骤与例 10-1 中的步骤（3）—（5）相同。

（5）单击通用查询设计器“ ”按钮，如图 10-16 所示。

（6）添加表并设计 SQL 语句，如图 10-17 所示。

（7）在“工具箱”的报表项中选择“ 表”，并将其拖放至“布局”标签项的“主体”内，如图 10-18 所示。

（8）在“数据集”标签页中分别选择“条形码”、“数量”、“销售日期”放入“布局”标签页的“详细信息”单元格内，在“表尾”单元格内输入“总计”及计算公式，如图 10-19 所示。

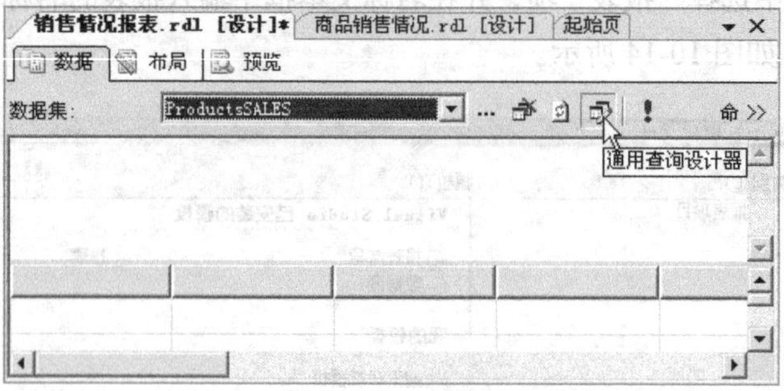

图 10-16 单击“通用查询设计器”

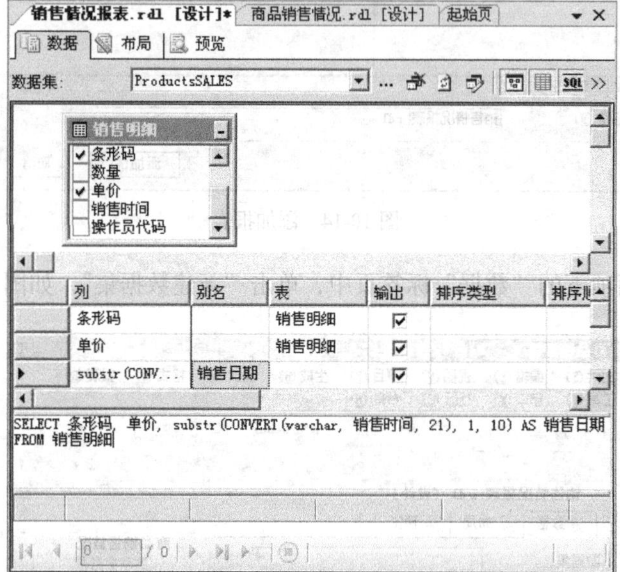

图 10-17 设计 SQL 语句

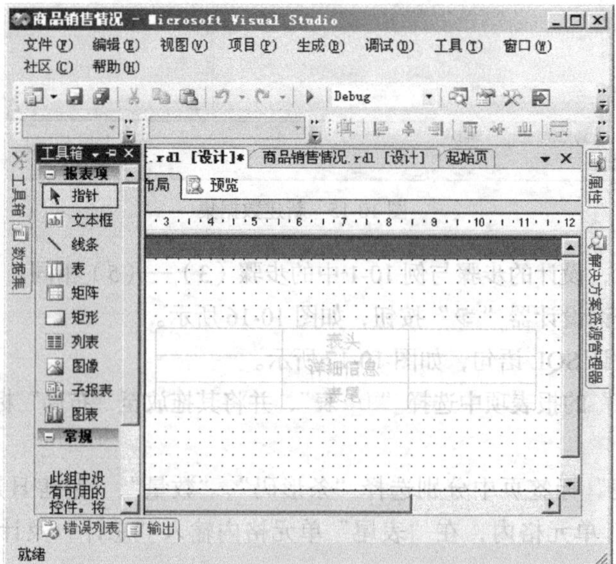

图 10-18 设计表格式报表布局

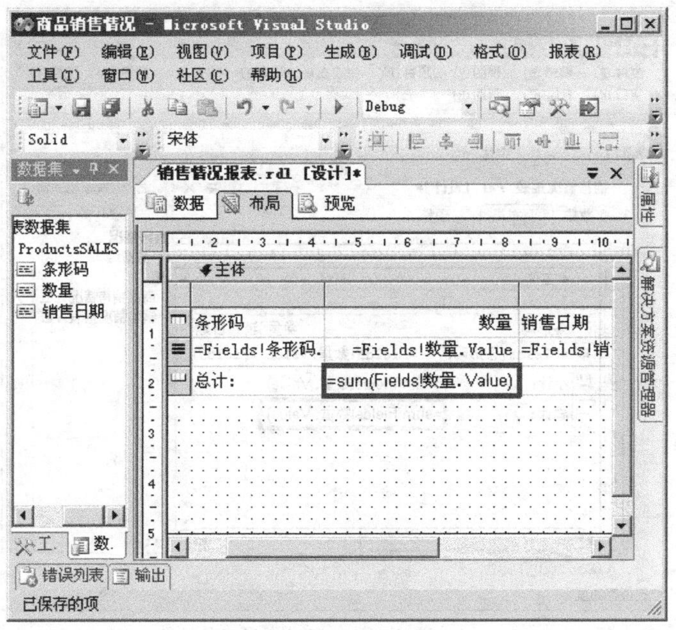

图 10-19　设计布局

（9）在“布局”标签页内“详细信息”行首前的“≡”处单击右键，在弹出的菜单中单击“插入组”，打开“分组和排序属性”对话框，在分组方式的表达式中选择“=Fields!条形码.Value”，并选定“包括组尾”复选框，单击“确定”按钮，如图 10-20 所示。

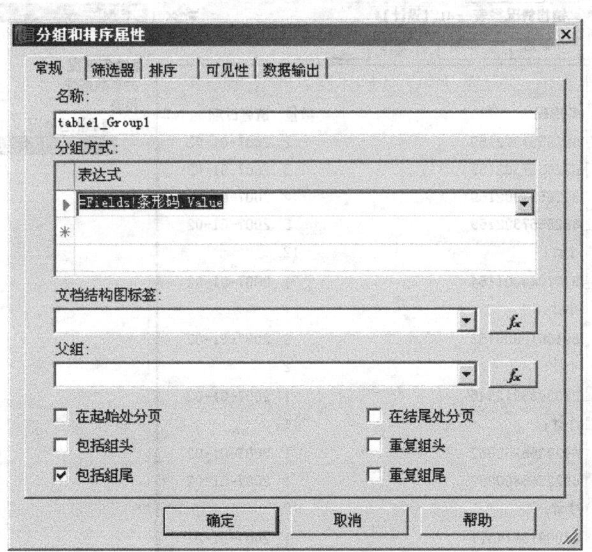

图 10-20　分组和排序属性

（10）在“布局”标签页中的表设计器的“分组”中输入“小计”及分组计算公式“=sum(Fields!数量.Value)”，如图 10-21 所示。

（11）单击保存选定项“”按钮保存报表项目，在“预览”标签项中预览显示的结果，如图 10-22 所示。

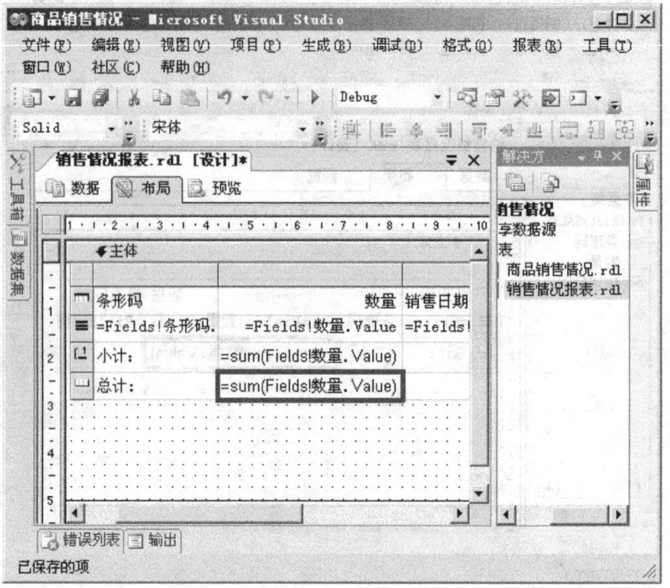

图 10-21 设计小计

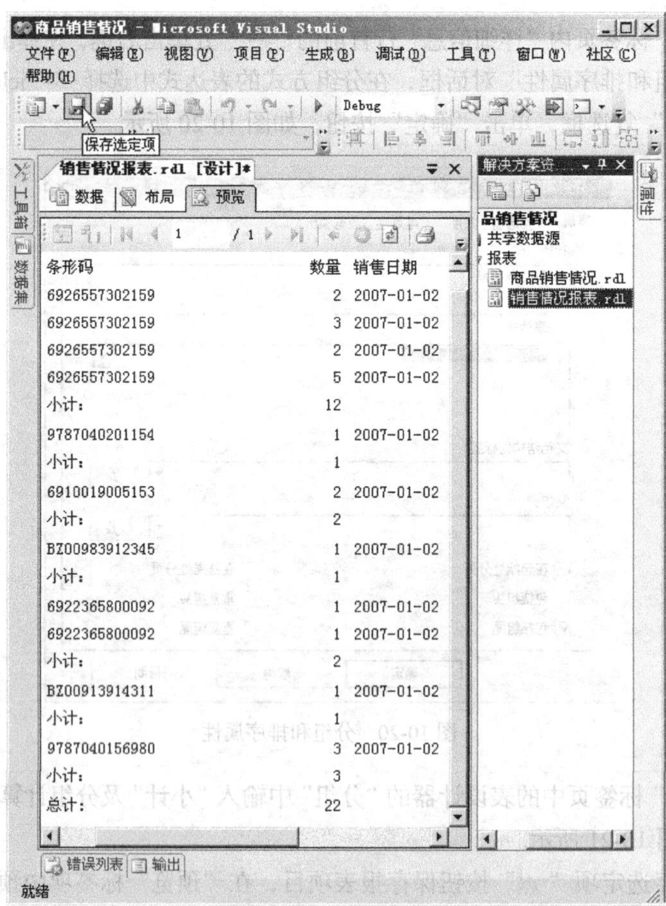

图 10-22 预览报表

10.2.2　输出报表文件

在实际应用中，需要将报表保存为一定格式的报表文件，并将其发布出去。Reporting Services 允许将报表的预览结果保存为具有报表数据的 XML 文件、CSV、TIFF、Acrobat（PDF）、Web 存档、Excel 等多种格式的报表文件。

在“预览”标签页的工具条中，单击导出“![]”按钮，弹出快捷菜单，选择导出文件类型（如选择“Excel”，则导出为 Microsoft Excel 格式的文件），如图 10-23 所示。

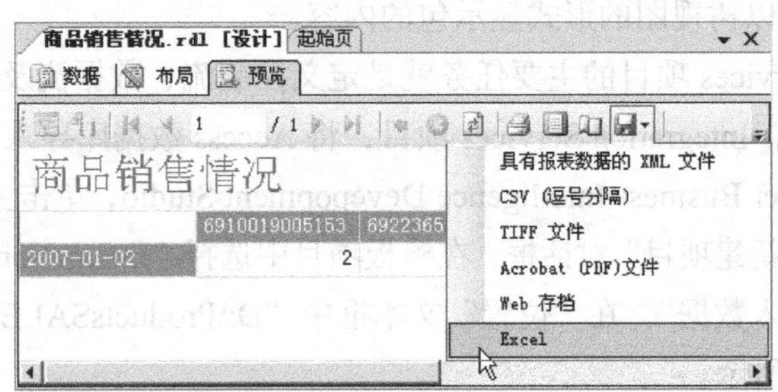

图 10-23　导出报表

10.3　数据集成服务

SQL Server Integration Services（SQK Server 数据集成服务，简称 SSIS）是生成高性能数据集成解决方案（包括数据仓库的提取、转换和加载（ETL）包）的平台。Integration Services 包含用于生成和调试包的图形工具和向导；用于执行工作流功能的任务，例如 FTP 操作、SQL 语句执行和电子邮件消息处理；用于提取和加载数据的数据源和目标；用于清理、聚合、合并和复制数据的转换；用于管理 Integration Services 的管理服务 Integration Services；以及对 Integration Services 对象模型进行编程的应用程序编程接口（API）。

创建 SQL Server Integration Services 解决方案项目的界面如图 10-24 所示。

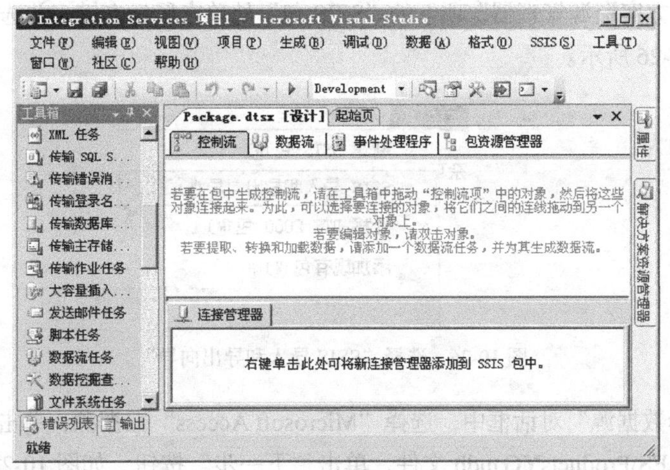

图 10-24　Intergration Services 项目

• 控制流：该选项卡能够在 SQL Server Integration Services（SSIS）包中生成及修改控制流。通过将代表 SSIS 任务及容器的图形对象由“工具箱”拖至“控制流”选项卡的设计图面，然后将一个对象的连接器拖至另一个对象来连接这些对象，即可创建控制流，每条连线均代表一个指定任务和容器的运行顺序的优先约束。

• 数据流：为所选数据流任务生成和修改数据流。从“工具箱”将表示源、转换和目标的图形对象拖至“数据流”选项卡的设计图面，再连接这些对象以创建确定转换运行顺序的路径即可创建数据流。

• 事件处理程序：可以生成和修改所选事件处理程序的控制流。

• 包资源管理器：以树视图的形式显示包的内容。

设计 Integration Services 项目的主要任务就是定义控制流、数据流及事件处理程序。

【例 10-3】设计一个 Integration Services 项目，将 Access 数据库导入到 SQL Server2008 中。

（1）启动 SQL Server Business Intelligence Devepopment Studio，单击主菜单的“文件”→“新建”→“项目”，打开“新建项目”对话框，在模板项目中选择“Integration Services 项目”，在“名称”文本框内输入“导入数据”，在“位置”文本框中“D:\ProductsSALES\数据集成”，单击“确定”按钮，如图 10-25 所示。

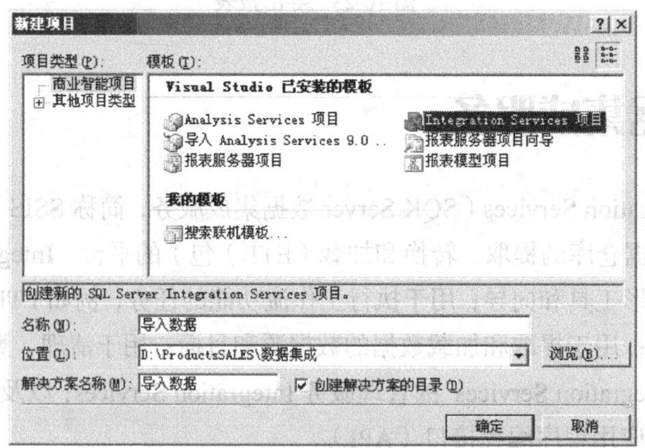

图 10-25 新建“Integration Services 项目”

（2）在“解决方案资源管理器”项下的“SSIS 包”处单击鼠标右键，并选择“SSIS 导入和导出向导”，如图 10-26 所示。

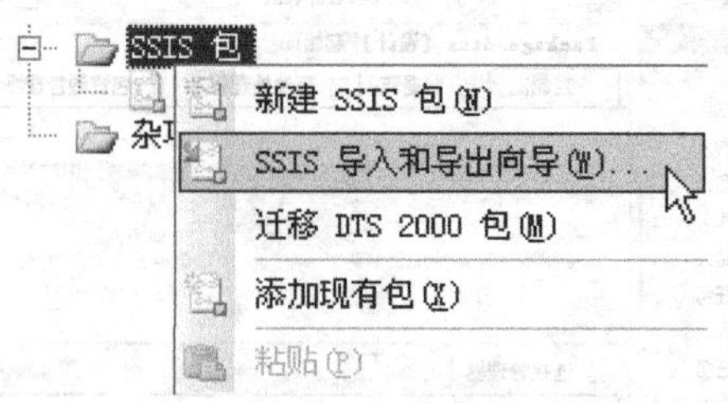

图 10-26 选择“SSIS 导入和导出向导”

（3）在“选择数据源”对话框中，选择“Microsoft Access”数据源，单击“浏览”按钮，选择 D:\ProductsSALES\ProductsYG.mdb 文件，单击“下一步”按钮，如图 10-27 所示。

图 10-27　选择数据源

（4）在“选择目标”对话框中，选择“目标”、“服务器名称”、“身份验证”的方式及数据库，单击“下一步”按钮，如图 10-28 所示。

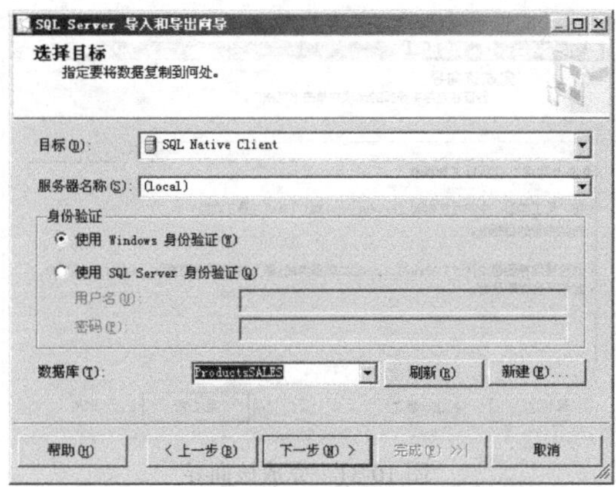

图 10-28　选择目标

（5）在“指定表复制或查询”对话框中，选择“复制一个或多个表或视图的数据”或“编写查询以指定要传输的数据”，单击“下一步”按钮，如图 10-29 所示。

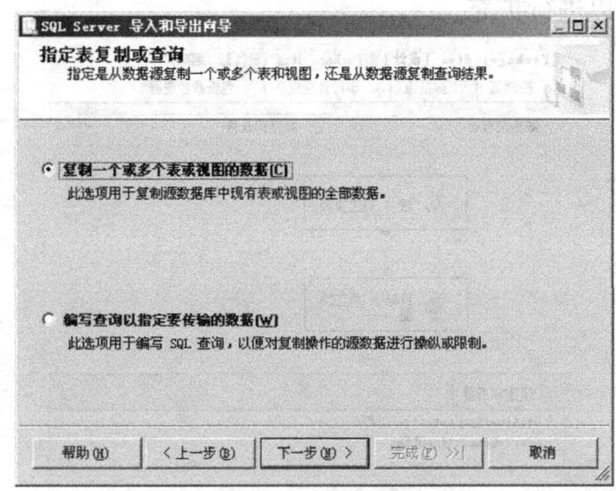

图 10-29　指定表复制或查询

（6）在“选择源表和源视图”对话框中，选择需要复制的表和视图，单击“下一步”按钮，如图 10-30 所示。

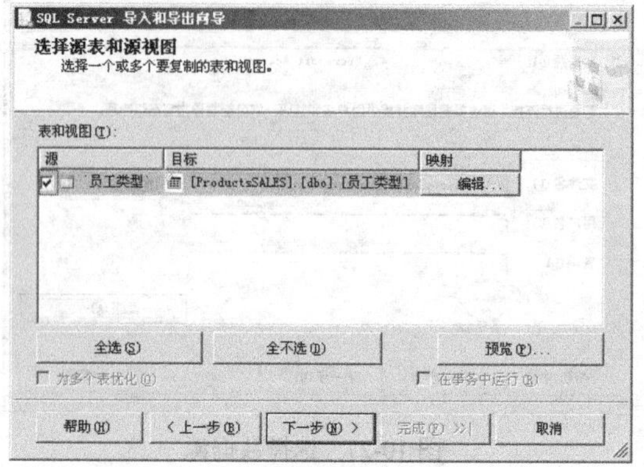

图 10-30　选择源表和源视图

（7）在“完成该向导”对话框中，验证在向导中选择的选项后单击“完成”按钮，如图 10-31 所示。

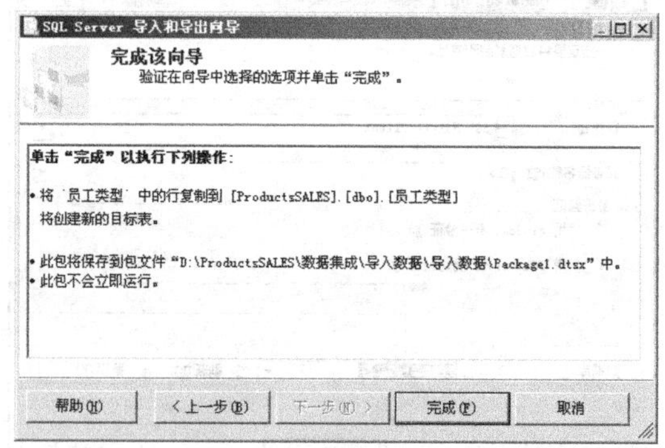

图 10-31　完成该向导

（8）导入的操作完成后，SSIS 工作界面的“连接管理器”中已经有了 DestinationConnectionOLEDB（导出的目标）及 SourceConnectionOLEDB（数据源）两个连接，如图 10-32 所示。在“控制流”、“数据流”及“包资源管理器”选项中有了相应的对象，这些选项下的对象可以被增删和修改，在默认生成的包的基础上可以进行扩充。

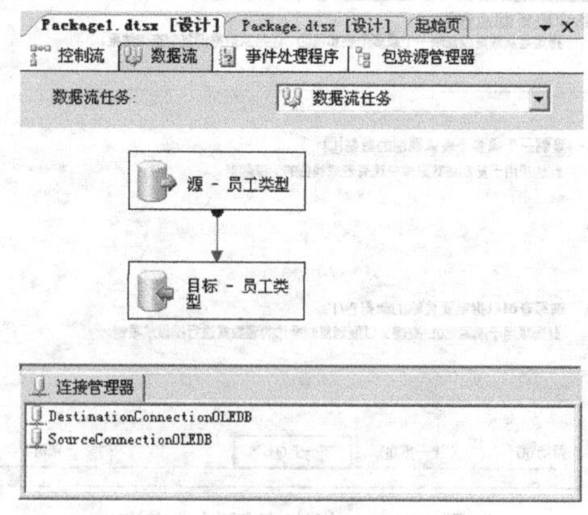

图 10-32　包生成完毕后 SSIS 的界面

（9）在“解决方案资源管理器”窗口下的“SSIS 包”项下的“Package1.dtsx”文件上单击鼠标右键，选择快捷菜单中的“执行包”，如图 10-33 所示。

（10）执行完毕后，查看 SQL Server Management Studio 中“对象资源管理器”项下的 ProductsSALES 数据库内的表中增加了“员工类型”表，如图 10-34 所示。

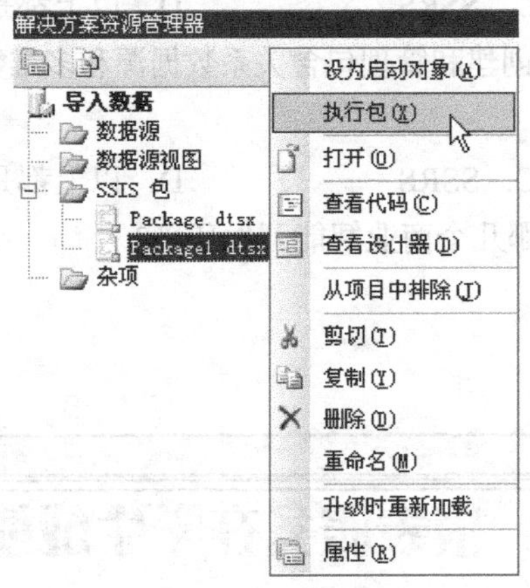

图 10-33　执行包

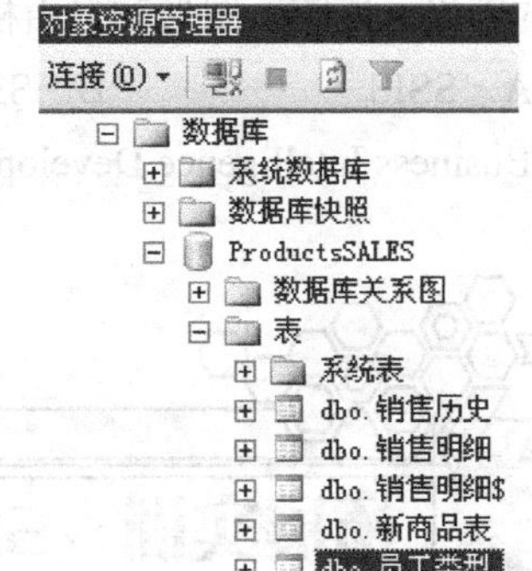

图 10-34　Management Studio 对象资源管理器

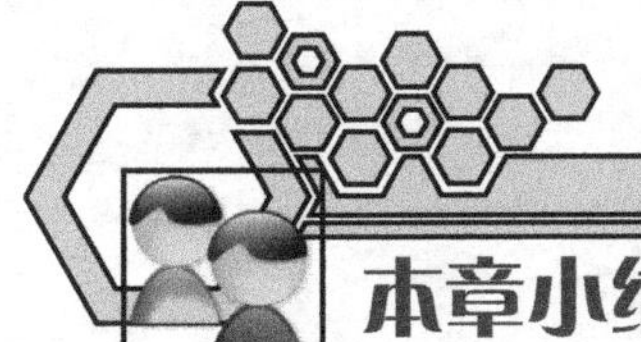

本章小结

- Business Intelligence Development Studio 包括以下三个商业智能开发环境。
  - ➢ SQL Server Integration Services（SQL Server 数据集成服务，简称 SSIS）。
  - ➢ SQL Server Analysis Services（SQL Server 联机分析服务，简称 SSAS）。
  - ➢ SQL Server Reporting Services（SQL Server 报表服务，简称 SSRS）。
- Reporting Services 允许将报表的预览结果保存为具有报表数据的 XML 文件、CSV、TIFF、Acrobat（PDF）、Web 存档、Excel 等多种格式的报表文件。

测试与练习

1．“可以从各种异构数据源中整合 Business Intelligence 需要的业务数据，同时实现与商务流程的统一。该项功能在 SQL Server 2008 以前版本是通过 DTS（数据转换服务）来实现的。”指的是（　　）。

A．SSIS　　B．SSAS

C．SSRS　　D．以上都是

2. “为商业智能应用程序提供联机分析处理（OLAP）和数据挖掘功能。”指的是（　　）。

A. SSIS　　B. SSAS　　C. SSRS　　D. 以上都是

3. “提供支持 Web 的企业级报告功能，以便创建可以从多种数据源获取内容的报表，以多种格式发布报表，并集中管理安全性和订阅。” 指的是（　　）。

A. SSIS　　B. SSAS　　C. SSRS　　D. 以上都是

4. （　　）是一种基于服务器的解决方案，用于创建和管理包含关系数据源和多维数据源中的数据的表格、矩阵、图形和自由格式的报表。

A. SSIS　　B. SSAS　　C. SSRS　　D. 以上都是

5. Business Intelligence Development Studio 包括哪几个商业智能开发环境？

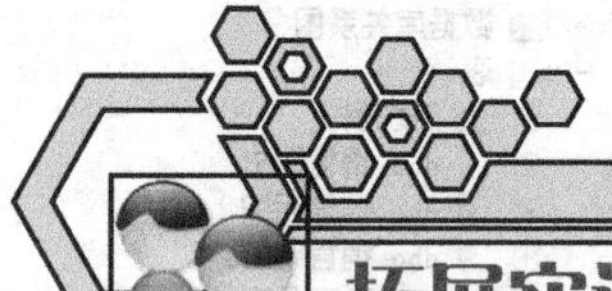

拓展实训　SQL Server 报表服务在学生成绩管理数据库中的应用

【实训目标】

掌握 SQL Server 2008 报表服务的应用。

【预估时间】

40 分钟

【实训步骤】

1. 创建矩阵式报表显示学生基本信息表中的学生基本信息。
2. 创建表格式报表显示学生成绩表中学生各门课程的成绩。
3. 将报表的预览结果保存为 PDF、Web 存档、Excel 等多种格式的报表文件。